アーキア生物学

日本Archaea研究会 [監修]
石野良純・跡見晴幸 [編著]

共立出版

執筆者一覧

浅川　晋	名古屋大学大学院生命農学研究科	2.2
跡見晴幸*	京都大学大学院工学研究科	6.1
石野園子	九州大学大学院農学研究院	4.1, 4.5, 4.6
石野良純*	九州大学大学院農学研究院	1章, 4.2, 4.3, 4.4, 7.2, 8.2
伊藤　隆*	国立研究開発法人理化学研究所バイオリソースセンター	2.4
今中忠行	立命館大学総合科学技術研究機構	9章, コラム2
内海利男	新潟大学理学部	5.4
大島泰郎	共和化工株式会社環境微生物学研究所	コラム1
大島敏久	大阪工業大学工学部	6.2.3(2), 8.1
金井昭夫*	慶應義塾大学先端生命科学研究所／同・環境情報学部	7.1
金井　保	京都大学大学院工学研究科	5.2
河原林裕	国立研究開発法人産業技術総合研究所	3.2
木村　誠	九州大学大学院農学研究院	5.3.1
神田大輔	九州大学生体防御医学研究所	3.4
櫻庭春彦	香川大学農学部	6.2.3(2)
佐藤喬章	京都大学大学院工学研究科	6.2.1, 6.2.2, 6.2.3(1)
里村武範	福井大学学術研究院工学系部門	8.1
嶋　盛吾	マックスプランク陸生微生物学研究所	6.3
田口裕也	九州大学生体防御医学研究所	3.4
土居克実	九州大学大学院農学研究院	2.6
永吉佑子	九州大学大学院農学研究院	2.6
布浦拓郎	国立研究開発法人海洋研究開発機構 海洋生命理工学研究開発センター	2.5
東端啓貴	東洋大学生命科学部	3.5.1
平田　章*	愛媛大学大学院理工学研究科	5.1
藤原伸介*	関西学院大学理工学部	3.5.2
峯岸宏明	東洋大学理工学部	2.3
村田菜摘	新潟大学大学院自然科学研究科	5.4.1(2)
森井宏幸	産業医科大学産業保健学部	3.1
八重嶋千彰	新潟大学大学院自然科学研究科	5.4.2
八波利恵	東京工業大学生命理工学院	6.4
山岸明彦	東京薬科大学生命科学部	2.1, 3.3
横川隆志	岐阜大学工学部	5.3.3
若木高善	（前）東京大学大学院農学生命科学研究科	6.5
渡邊洋一	東京大学大学院医学系研究科	5.3.2

（五十音順，氏名横の＊は章取りまとめ担当，再右列は執筆箇所）

はじめに

　「地球上の生物は大きく三つのグループに分けられる」という3ドメイン説は，最近では生物学の専門家だけではなく，多くの人が認識するようになってきた．しかし，それを正しく説明できる人はまだまだ少ないであろう．本書は「第三の生物」と呼ばれるアーキアに関する生物学の教科書であり，地球上の3種の生物のうちの一つとして進化してきたアーキアについての基本的な知識を提供するものである．

　筆者がアーキアを知ったのは1990年代の初めであり，好熱菌の生命現象に興味を持ち始めたときであった．80℃以上の高温で生育することができる超好熱菌と呼ばれる生物のほとんどが細菌（真正細菌）とは区別されるアーキアであることを知って大変驚いた．筆者はDNA鎖を合成することで知られるDNAポリメラーゼに興味を持っていた．当時，DNAポリメラーゼは大きく分けて，細菌が持つPol I型（大腸菌DNAポリメラーゼ I に代表される）と真核生物が有するα型（ヒトDNAポリメラーゼαに代表される）と呼ばれていたが，アーキアが真核生物と類似したα型の酵素を有することに大変興味をひかれた．複製装置の分子進化とその根本原理を理解するために，アーキアを研究材料としてDNA複製研究を行いたいと思い現在まで続けてきたが，この30年の間にアーキア研究によって多くの興奮を味わってきた．

　アメリカ合衆国イリノイ大学のCarl Woeseによって，アーキアが第三の生物として提唱されたのは1977年のことであるが，2017年はちょうど40周年にあたる．今から10年前の2007年11月には，イリノイ大学において，Woeseを讃えて"Hidden before our eyes"という，アーキア発見30周年を祝う記念シンポジウムが開催された．筆者はこのシンポジウムに参加し，Woeseがアーキアを発見した時の研究室を訪ねた．そこには30年前にリボソームRNAの解析をしたオートラジオグラフィーのフィルムがきれいに整理された箱がずらっと並んでいた．そこから取り出された1枚のフィルムは独特のスポット模様を示しており，それが，アーキアが第三の生物であることを示す生データであった．それから5年後，Woeseは2012年12月30日にこの世を去った．現在我々は，地球上の生物が三つのドメインに分けられるということを知っており，バクテリア，ユーカリアとともに，アーキアの生物学は日々発展している．

　わが国におけるアーキアの研究は，1988年に設立された「日本Archaebacteria研究会」が中心になって発展させてきた．2002年からは「日本Archaea研究会」と改名して活動を続けている．これまでにアーキアを主題にした英語のテキストは数冊刊行されてはいるものの，日本語で書かれたアーキアの教科書的な書籍は2冊しか刊行されておらず，1998年に出版され

た『古細菌の生物学』（東京大学出版会）から約20年が経過している．そこでWoeseによるアーキアの提唱から40周年にあたる本年，日本Archaea研究会で活動している研究者が分担してアーキアについての現在までの知見をとりまとめて上梓することで，アーキアに興味を持たれている高校理科の教員や大学学部・大学院生，また生物学に興味を持つ一般の方々に，アーキアをより理解していただこうと考えた．

　各章はそれぞれの内容を専門としている現役のアーキア研究者に執筆いただいたので，日進月歩であるアーキア研究の最先端の内容まで含んだものとなっている．専門家でないと少々難しい内容まで踏み込んでいるところもあるが，多くの読者に興味を持って読んでいただけることを願っている．本書が，多くの人々のアーキアという生物に対する理解につながり，また一人でも多くの若者にアーキア生物学の面白さを伝えられて，アーキアの研究をしてみたいという志を持ってもらえるきっかけになれば至福の喜びである．

　最後に，本書の出版にあたり日本Archaea研究会代表の大島泰郎先生をはじめとする幹事の先生方には多大なご協力をいただきました．また『古細菌の生物学』の編者である古賀洋介先生，亀倉正博先生からは多くの激励を賜りました．共立出版の日比野元氏には本書の企画から刊行までお世話になりました．深く感謝申し上げます．

2017年9月

編者代表　石野良純

目　　次

第 1 章　アーキア研究の歴史と展開　　1

1.1　原核生物内での深い進化系統分岐の発見から三つの生物ドメインの概念へ……………1
1.2　アーキアとユーカリアの驚くべき類似性 ………………………………………………3
1.3　ゲノム解析はアーキア研究を加速・拡大させた ………………………………………5
1.4　アーキア細胞表面の特徴 …………………………………………………………………7
1.5　アーキアとウイルスの世界 ………………………………………………………………7
1.6　拡張するアーキアの世界 …………………………………………………………………8
1.7　先駆者たちの遺産から発展へ …………………………………………………………10
文　　献 ……………………………………………………………………………………16

第 2 章　アーキアの進化と生態　　19

2.1　アーキアの進化 …………………………………………………………………………19
　　2.1.1　生物の二分岐説と三分岐説 ……………………………………………………19
　　2.1.2　全生物の共通祖先 ………………………………………………………………20
　　2.1.3　アーキアとユーカリアの起源 …………………………………………………20
　　2.1.4　ゲノム解析をもとにしたアーキアの進化モデル ……………………………21
2.2　メタン生成アーキア ……………………………………………………………………23
　　2.2.1　メタン生成アーキアの生息環境とその特徴 …………………………………23
　　2.2.2　メタン生成アーキアの種類 ……………………………………………………24
　　2.2.3　メタン生成アーキアの主な生息環境における生態とその特徴 ……………26
2.3　好塩性アーキア …………………………………………………………………………28
　　2.3.1　好塩性アーキアの特徴 …………………………………………………………28
　　2.3.2　好塩性アーキアの分類と生息環境 ……………………………………………29
　　2.3.3　新しい好塩性アーキア …………………………………………………………31
2.4　好熱性アーキア …………………………………………………………………………32
　　2.4.1　好熱性アーキアの系統分類 ……………………………………………………32

iii

目　次

2.4.2 好熱性アーキアの生息環境 …………………………… 34	
2.4.3 好熱性アーキアのエネルギー代謝の多様性 …………… 34	

2.5 海洋・陸圏のアーキア ……………………………………………… 35
  2.5.1 海洋・陸圏における未知アーキアの発見と探索 ………… 35
  2.5.2 海洋・陸圏における主要なアーキア系統群 ……………… 35
2.6 アーキアのウイルス ………………………………………………… 39
文　　献 ……………………………………………………………………… 42

第3章　アーキアの細胞学　　45

3.1 アーキアの膜構造 …………………………………………………… 45
  3.1.1 膜脂質の構造 ……………………………………………… 45
  3.1.2 膜脂質の生合成経路 ……………………………………… 48
3.2 アーキアのゲノム構造 ……………………………………………… 49
  3.2.1 アーキアのゲノム解析の歴史・現状 …………………… 50
  3.2.2 アーキアのゲノム情報 …………………………………… 50
  3.2.3 アーキアゲノムの特徴 …………………………………… 52
  3.2.4 アーキアゲノムの利用 …………………………………… 54
3.3 アーキアのタンパク質 ……………………………………………… 54
  3.3.1 超好熱菌のタンパク質の耐熱性 ………………………… 55
  3.3.2 高度好塩菌のタンパク質 ………………………………… 57
3.4 アーキアの糖鎖 ……………………………………………………… 57
  3.4.1 糖タンパク質の糖鎖 ……………………………………… 58
  3.4.2 アーキアのN型糖鎖修飾 ………………………………… 58
  3.4.3 オリゴ糖転移酵素 ………………………………………… 59
  3.4.4 アーキアのO型糖鎖 ……………………………………… 61
  3.4.5 GPIアンカー ……………………………………………… 61
  3.4.6 糖脂質 ……………………………………………………… 62
3.5 アーキアに見られるその他の細胞成分 …………………………… 62
  3.5.1 ヒストンタンパク質 ……………………………………… 62
  3.5.2 微生物のポリアミン ……………………………………… 65
文　　献 ……………………………………………………………………… 69

第4章　アーキアのDNA代謝　　73

4.1 アーキアのDNA複製 ………………………………………………… 73
  4.1.1 複製起点と起点認識タンパク質 ………………………… 73
  4.1.2 複製起点の二本鎖開裂とヘリカーゼの設置 …………… 76

	4.1.3	複製ヘリカーゼ	76
	4.1.4	プライマーゼ	77
	4.1.5	一本鎖 DNA 結合タンパク質	78
	4.1.6	DNA ポリメラーゼ	79
	4.1.7	PCNA クランプ	81
	4.1.8	RFC クランプローダー	82
	4.1.9	DNA リガーゼ	82
	4.1.10	フラップエンドヌクレアーゼ	84
	4.1.11	複製の終結	84
4.2		ゲノム分配機構	85
4.3		細胞分裂	86
4.4		細胞周期	87
4.5		DNA 修復	88
	4.5.1	ヌクレオチド除去修復	88
	4.5.2	複製フォーク停止修復	89
	4.5.3	塩基除去修復	90
	4.5.4	損傷乗り越え修復	92
	4.5.5	ミスマッチ修復	93
4.6		DNA 組換え	94
	4.6.1	RecA ファミリーリコンビナーゼ	94
	4.6.2	ホリディジャンクションリゾルバーゼ	95
	4.6.3	ホリディジャンクションの分岐点移動	95
	4.6.4	二本鎖切断の末端修飾	96
文　献			97

第5章 アーキアの遺伝情報発現　　　　　　99

5.1		アーキアの転写	99
	5.1.1	転写装置	100
	5.1.2	転写開始	102
	5.1.3	転写伸長・終結	103
5.2		アーキアの転写制御	104
	5.2.1	アーキアの転写制御因子	104
	5.2.2	転写制御因子を介した転写制御の例	105
	5.2.3	基本転写因子を介した転写制御	106
5.3		アーキアの転写後修飾	107
	5.3.1	RNA プロセシング	107
	5.3.2	RNA スプライシング	113

目　次

| | 5.3.3 | RNA 修飾 | 118 |

5.4　アーキアの翻訳 121
　　5.4.1　翻訳装置 122
　　5.4.2　翻訳開始 125
　　5.4.3　翻訳伸長 125
　　5.4.4　翻訳終結とリサイクリング 127
文　　献 127

第6章　アーキアにおける物質変換　131

6.1　アーキアにおける糖中央代謝 131
　　6.1.1　解糖系 132
　　6.1.2　糖新生 135
6.2　生体分子生合成 137
　　6.2.1　核酸の生合成 137
　　6.2.2　アミノ酸の生合成 139
　　6.2.3　補酵素の生合成 142
6.3　メタン生成代謝 147
　　6.3.1　メタン生成代謝で発見された補酵素 148
　　6.3.2　メタン生成代謝 149
　　6.3.3　エネルギー代謝 151
6.4　高度好塩性アーキアのエネルギー転換系代謝 151
　　6.4.1　レチナールタンパク質 152
　　6.4.2　光駆動型イオンポンプ（bR および hR） 152
　　6.4.3　光センサー（sRI および sRII） 153
6.5　フェレドキシン代謝 154
　　6.5.1　鉄／硫黄と原始生命 154
　　6.5.2　フェレドキシン 154
　　6.5.3　フェレドキシンの関与する代謝系 155
　　6.5.4　2-オキソ酸:フェレドキシン酸化還元酵素 156
文　　献 156

第7章　網羅的分子生物学的手法とアーキア研究　159

7.1　アーキアの non-coding RNA 159
　　7.1.1　アーキアの tRNA 160
　　7.1.2　アーキアの rRNA とその修飾に関わる snoRNA 164
　　7.1.3　RNase P RNA と SRP RNA 165

目　次

| 7.1.4 | アーキアの small RNA | 165 |

7.1.5　機能性 RNA ドメイン ………………………………………………… 167

7.2　CRISPR/Cas システム ……………………………………………………… 168

7.2.1　CRISPR の発見 ………………………………………………………… 168

7.2.2　CRISPR の保存性 ……………………………………………………… 169

7.2.3　Cas タンパク質ファミリー …………………………………………… 170

7.2.4　CRISPR の機能予測 …………………………………………………… 171

7.2.5　獲得免疫システムとしての CRISPR/Cas …………………………… 171

7.2.6　CRISPR/Cas の分類 …………………………………………………… 172

7.2.7　カスポゾンの同定 ……………………………………………………… 174

7.2.8　CRISPR/Cas の応用 …………………………………………………… 174

文　献 ……………………………………………………………………………… 175

第8章｜アーキアとバイオテクノロジー　　177

8.1　産業用酵素 ……………………………………………………………………… 177

8.1.1　加水分解酵素 …………………………………………………………… 178

8.1.2　酸化還元酵素 …………………………………………………………… 181

8.2　遺伝子工学用酵素 ……………………………………………………………… 183

8.2.1　DNA ポリメラーゼ …………………………………………………… 184

8.2.2　dUTPase ………………………………………………………………… 186

8.2.3　DNA 結合タンパク質 ………………………………………………… 186

8.2.4　PCNA クランプ ………………………………………………………… 187

8.2.5　DNA ヘリカーゼ ……………………………………………………… 187

8.2.6　DNA ポリメラーゼの改変 …………………………………………… 188

8.2.7　DNA リガーゼ ………………………………………………………… 189

文　献 ……………………………………………………………………………… 189

第9章｜アーキア研究の展望　　193

文　献 ……………………………………………………………………………… 196

コラム 1　アーキア―その夜明けのころ ……………………………………… 14

コラム 2　「Archaea」は細菌ではない ………………………………………… 195

索　引 ……………………………………………………………………………… 197

vii

第 1 章

アーキア研究の歴史と展開

　アーキアと生物の3ドメインが提唱されてから40年になる．アーキアの研究は細菌や真核生物の研究からは遅れて始まったが，地球上の生物の3ドメイン説が認識されるにつれ，研究者が徐々に増え，生態学，生化学から進み始めた．ゲノム解析時代に入ると，極限環境生物としての興味と応用の可能性から，積極的に各種のアーキアのゲノムが読まれるようになり，アーキアの理解は急速に進んだ．ポストゲノム時代の現在，生化学，遺伝学的手法に加えて，網羅的に解析するオミクスや，メタゲノム手法による新種の同定など，生命科学の研究手法の発展とともに，アーキア研究は他のドメインに追いついた．アーキアにはまだまだ未知の生命現象が埋まっており，生物学者を多くの興奮へ誘うであろう．

1.1 ｜ 原核生物内での深い進化系統分岐の発見から 三つの生物ドメインの概念へ

　1977年に米国のイリノイ大学アーバナ・シャンペーンにおいて，Carl Woese と George Fox（図1.1〜1.4）が，微生物学の大きな変革の提唱を行った[1]．Woese は，実用的な DNA シーケンシング法が開発されていない時代に生体分子の構造の比較をもとに微生物を分類する方法を考えた．リボソームは細胞が生命活動をする上で必須の分子であり，すべての生物に共通に保存されているので，生物の進化系統関係を解析するのに適している．またリボソームは細胞内に多量に存在し，粒子として独立しているので，細胞から単離精製するのが容易であるのも重要な特徴である．リボソームの小サブユニットを構成するバクテリアの 16S rRNA（真核生物では 18S rRNA）の長さは約1600ヌクレオチドであり，分析の難易度と情報量からも進化系統解析に適していると考えて，Woese はリボソーマル RNA（rRNA）の配列を解析し，その違いを比較することによって，微生物を分類する方法を開発していた[2,3]．と言っても RNA の配列を直接解読する方法はなかったので，グアニン特異的に切断するリボヌクレアーゼ T1（RNaseT1）を用いて rRNA を消化し，生じるオリゴリボヌクレオチドを分析したのである．二種の生物間で rRNA 切断断片を比較し，共通のオリゴヌクレオチドが存在する割合を S_{AB} 値で表した．すなわち，調べた二種の生物の rRNA 配列が似ているほど高い S_{AB} 値が得られる（章末コラム参照）．実際にはリンの放射性同位体（^{32}P）で標識した rRNA を RNaseT1 で切断してクロマトグラフィーで分離した断片をオートラジオグラフィーで分析す

第1章　アーキア研究の歴史と展開

図1.1　Woese研究室にはrRNAのカタログ化を進めていた時のオートラジオグラムが規則正しく整理されて，保存されている．

図1.2　3ドメイン説を示す実際のオートラジオグラムとCarl Woeseとともに．右はPatrick Forterre（2007年イリノイ大学Woese研究室にて）．

図1.3　Carl Woeseとイリノイ大学の研究棟前に建ったアーキア提唱の記念プレート（2007年）．

図1.4　George Foxの講演．Carl Woese記念シンポジウムにて（2015年）．

るという方法（図1.5）を地道に繰り返すことでS_{AB}値を求め，rRNAのカタログ化を行っていったことにより，WoeseとFoxは従来の細菌とは進化的に大きく異なる第2の原核生物の生命形態が存在することを突き止めた[1]．彼らはこれをアーキバクテリアと名付けて発表した．従来の細菌はユーバクテリアと呼んで区別された．アメリカ科学アカデミー紀要に発表された彼らのオリジナル論文は[1]，1977年11月4日の朝日新聞で，「地球最古の生物か？　メタン生産菌　系統も異質」という見出しと共に紹介された．それは，彼らの分析したアーキバクテリアが嫌気環境下でメタンを産生するメタン菌であり，原始地球を思わせる環境下で生息していたことを想像させたからである．アーキバクテリアは「古細菌」，ユウバクテリアは「真正細菌」と翻訳されて我が国に広まった．これらの原核生物は真核生物と区別されるので，これが事実上の生物3ドメイン説の始まりである．その後，アーキバクテリアが，実際にはバクテリアとは異なるので，アーキア（Archaea）と呼び，真正細菌がバクテリア（Bacteria），そして真核生物をユーカリア（Eukarya）と呼んで，三つの生物を区別することが提唱され[4]，これが現在理解されている生物の3ドメイン説となっている（図1.6）．本書では3ドメインについて，以降この名称を使用する．

1.2 アーキアとユーカリアの驚くべき類似性

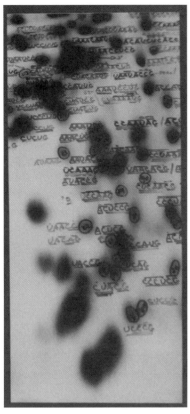

図 1.5 Woese が生物の進化系統関係を解析するために用いた RNaseT1 分解による rRNA カタログ化のためのオートラジオグラム.

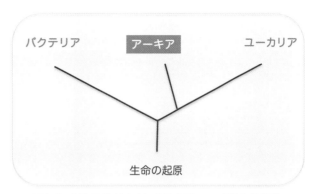

図 1.6 生物の 3 ドメインを示す Woese の進化系統樹.

1.2 アーキアとユーカリアの驚くべき類似性

　生物の 3 ドメイン説は必ずしもすぐに受け入れられたわけではなく，微生物学者の間でも信じられなかった．例えば Science 誌に「Microbiology's Scared Revolutionary」という，それを表したタイトルの記事[5]が掲載されている．しかし，Otto Kandler と Wolfram Zillig（図 1.7）という 2 人のドイツ人科学者は Woese の新しい生物分類法を強く支持した．細菌の細胞壁の専門家であった Kandler は，メタン菌が細菌の典型的なムレイン含有細胞壁（ペプチドグリカン）を有していないことを Woese から学び[6]，メタン菌が従来の細菌とは異なる微生物であることを知って，当時ミュンヘンのマックスプランク研究所で RNA ポリメラーゼを専門に研究していた Zillig にこの微生物の研究をするように強く進めた．Zillig は超好熱菌のハンターであった Karl Stetter（図 1.8）と協力し，超好熱菌の菌体を Woese の研究室に送って rRNA 分析を進めることにより，アーキアの世界を広げていった[7]．さらに，Zillig による RNA ポリメラーゼの研究によって，アーキアがユーカリアの RNA ポリメラーゼと極めて類似した酵素を有しており，サブユニットの構成も同じであることが示された．この発見は初めてアーキアとユーカリアとの進化的なつながりを直接示した例であるが[8]，単細胞の原核生物よりも，形態がより複雑な高等真核生物になるほど，遺伝子の転写を担う RNA ポリメラーゼ

図 1.7 Wolfram Zillig. モンタナ州立大学 Thermal Biology Institute にて（Bozeman, Montana, 2001）．

図 1.8 Karl Stetter と凍結保存されている超好熱性アーキア（2014年レーゲンスブルグ大学アーキアセンターにて）．

も複雑な形をとるだろうという予想に反するもので，多くの分子生物学者を刺激してアーキア研究へ導いたと言える．

アーキアとユーカリアとの近い関係は，好塩性アーキアの DNA 複製が，ユーカリアの DNA ポリメラーゼの特異的阻害剤であるアフィディコリンに感受性であるという1980年代の Forterre らの発見からも予想された[9]．1990年代に入って実際にアーキアから単離された DNA ポリメラーゼがユーカリアの複製酵素である DNA ポリメラーゼ α と類似した酵素であることが，Perler[10]，Pisani[11]，そして Ishino[12] らのグループから遺伝子のクローニングによって証明された．さらに超好熱性アーキア *Pyrococcus furiosus* から発見された二つ目の DNA ポリメラーゼが，それまで知られていた他の生物のどの酵素とも似ていないものであり[13]，新しいファミリー D が提唱され，PolD と呼ばれるようになった[14]．多くのゲノム配列が明らかになった現在では，この酵素はクレンアーキオータを除く多くのアーキアに存在し，他のドメインには全く見つからないので，アーキアゲノムの目印にもなっている．

アーキアはトポイソメラーゼの研究者にも大きな興味をもたらした．超好熱性アーキア *Sulfolobus acidocaldarius* から Kikuchi らにより初めて見つけられた I 型 DNA トポイソメラーゼは，二本鎖 DNA に正のスーパーコイルを導入するものであり，リバースジャイレースと名付けられた[15]．実際に，*Sulfolobus shibatae* から単離されたアーキアのウイルスである SSV1 の DNA は正のスーパーコイルを形成していることが示された[16]．リバースジャイレースは，全ての超好熱性アーキアに存在し，さらにアーキアだけではなく超好熱性バクテリアにも存在することがわかった（おそらく水平伝搬と考えられる）．興味深いことにこれまで知られているかぎり，このタンパク質は超好熱性の菌だけに存在する唯一の酵素である[17]．

また，Forterre らはアーキアに存在する II 型トポイソメラーゼの中に，ユーカリアの II 型酵素とは異なる性質の酵素を発見して Topo VI と名付けた．その 2 種のサブユニットのうちの一つはユーカリアの減数分裂時に相同配列の DNA に切断を入れ，組換えを開始するエンドヌクレアーゼである SPO11 のホモログであることがわかった[18]．さらに，このアーキアの Topo VI のホモログが植物で発見され，その遺伝子の変異体は植物個体の成長が阻害されることがわかった[19]．すなわち，Topo VI は植物サイズの決定に関与することを示している．

また，Ishino らによるユーリアーキオータの DNA 組換え研究から発見された新たなタンパク質が，フォーク構造の DNA を特異的に認識し，ヘリカーゼ活性とエンドヌクレアーゼ活性を発揮することから Hef（Helicase-associated endonuclease for fork structure）と名付けられたが[20,21]，後にヒトの Hef ホモログ（hHef）が遺伝病の一つであるファンコニ貧血の原因遺伝子産物の一つの FANCM であることがわかった[22,23]．さらに，より最近では，クレンアーキオータから新規の一本鎖 DNA 結合タンパク質（SSB）が発見されたが，ヒトのゲノム上にこのタンパク質のホモログをコードする遺伝子が存在し[24]，これが DNA 損傷認識，DNA 修復および哺乳類における組換えにおいて主要な役割を果たす新しいタンパク質であることが発見された[25]．このような結果は，アーキア分子生物学がヒトのゲノム安定性維持機構の理解に貢献している例である．このように，アーキアとユーカリアの密接な関わりは，アーキアを分子生物学の対象とすることへの積極的なモチベーションとなったと言える．

1.3 ゲノム解析はアーキア研究を加速・拡大させた

アーキアは提唱の当初から極限環境微生物であると考えられてきた．すなわち，我々が地球上で生命活動を営む現在の環境とは違って，砂漠，火山，温泉源，高濃度の塩湖，深海などの我々の生活，また我々が目にする動植物から見れば明らかに苛酷な環境で生息していると言える．アーキアは，生物としての進化系統学的な興味とともに，極限環境下での生命活動に対する生物学的興味や，その環境下で働きうる酵素の性質をバイオテクノロジーへ応用することへの期待などから，ゲノム解析の時代に入ってから，バクテリアやユーカリアに遅れることなくアーキアのゲノム解読が進められた．1996 年にメタン菌の一つ *Methanococcus janasschii* の全塩基配列が Venter のグループから発表されたのは[26]，2 種類のバクテリアとユーカリアの出芽酵母に次いで 4 番目と早かった．この全ゲノム配列の結果から，それまで全く知られていなかった新規遺伝子が半分以上（56％）あることに加えて，一般的にエネルギー生産，細胞分裂，物質代謝系の遺伝子産物がバクテリアに近く，遺伝情報伝達に関わる遺伝子産物はユーカリアのものと類似しているということであった．アーキア初の全ゲノム配列解読に関する多くの記事の中で特筆されたことの一つとして，ゲノム DNA の複製や修復に必要な DNA ポリメラーゼをコードする遺伝子が一つしか見つからないということだった[27,28]．上に述べた 2 番目の DNA ポリメラーゼである PolD のホモログがゲノム上に存在するにもかかわらず，PolD の論文が受理されておらず，この酵素は知られていなかった．また，ゲノム編集技術に利用されていることで，最近一躍有名になった CRISPR と呼ばれる繰り返し配列が多く存在することがわかったが，当時はまだその生理的役割がわかっていなかったので注目されなかった．我が国でも積極的にアーキアのゲノム解析が進められ，種類の異なる 3 種類のアーキア（*Pyrococcus horikoshii*[29]，*Aeropyrum pernix*[30]，*Sulfolobus tokodaii*[31]）の全ゲノム配列が相次いで解読された．また世界各地でアーキアのゲノム解析が急速に進んだ．

2003 年にヒトゲノム配列解読終了宣言が出ると，生物学はポストゲノム時代と呼ばれるようになった．遺伝子情報がわかったら，次はその暗号から造られるタンパク質を知らなければならないということで，世界がタンパク質研究に注目し始めたが，我が国でもタンパク 3000

プロジェクトが始まり，タンパク質の立体構造解析を主眼とする大プロジェクトが推進された．政府が推進するタンパク質の構造解析のプロジェクトは5年ごとに名称を変え，現在まで続いている．

ゲノム解析が進んでいることによって，ユーカリアで知られている生命現象やそれに関わる因子の中で，アーキアにも存在するものの数が増えている．例えば，最近新しく認識されたタウムアーキオータ門において[32]，ユーカリアの複製や転写時の正のスーパーコイルを緩和するための主要酵素であるトポイソメラーゼIB（Topo IB）の類似酵素が見つかった[33]．Topo IBは抗腫瘍薬の標的になる分子の一つとして有名なもので，アーキアにおける類似酵素の発見は注目される．さらに重要なことに，真核細胞の細胞内輸送分配系ESCRT-III（タンパク質のソーティング以外にもウイルスの出芽，細胞質分裂にも関係する）や，真核生物の細胞骨格形成タンパク質であるアクチンやチューブリンのホモログが，クレンアーキオータおよびタウムアーキオータ門のゲノムで検出された[34-37]．さらに，ユビキチンタンパク質改変システムのホモログがCandidatus *Caldiarchaeum*で発見された[38]．これらの発見は，アーキアとユーカリアの近縁性が，遺伝情報伝達系ばかりでなく，その他の生命現象へも拡大していることを示している．

最近，急速に研究が盛んになったCRISPR/Casの研究は，原核生物の獲得免疫機能を担うことと，ゲノム編集技術への応用のために，特に注目を集めているが，CRISPR/Casとアーキア研究との関わりは大きい．ゲノム情報が蓄積するにつれて，CRISPRの配列比較ができるようになったが，当初CRISPRが超好熱菌に多いことから耐熱性と関わっている可能性も考えられたし，ヘリカーゼやヌクレアーゼなど，DNAに関わる酵素に類似したアミノ酸配列モチーフを有するタンパク質群を見つけたKooninらは（図1.9，図1.10），これらが何か未知のDNA修復関連機能を担うと予想して，超好熱菌の有するRAMP（repair-associated mysterious protein）と名付けたが[39]，それがCas（CRISPR-associated protein）であることが判明している．KooninらはまたアーキアのゲノムKooninらはまたアーキアのゲノム配列を詳細に解析し，CRISPR/Casの起源が転移因子（casposonと名付けた）に由来することを提唱している[40]．CRISPR/Casは多くのアーキアゲノムに存在するため，アーキア研究の中でも，現在もっとも盛んな領域になっている．

図1.9 サンプリング隊．左からM. Krupovic, E. Koonin, D. Prangishvili（2015年別府地獄にて）．

図1.10 アーキオウイルス単離のためのサンプリング（2015年別府地獄にて）．

1.4 アーキア細胞表面の特徴

アーキアの細胞膜脂質に関する研究は，我が国のアーキア研究のパイオニアである Koga のグループで 1980 年当初から始まり，メタン菌の培養，膜脂質の構造と生合成経路に関する先駆的な研究が輝いている[41, 42]．アーキアのリン脂質は sn-グリセロール-1-リン酸で構成され，これはバクテリアやユーカリアのリン脂質である sn-グリセロール-3-リン酸とは鏡像異性体である．この相違には例外がなく，アーキア細胞の決定的な特徴であるという提唱は，現在広く認識されている．Koga による精力的な研究の継続により，"Lipid Divide" と称されるこのリン脂質構造の違いがアーキアとバクテリアの分化の要因になっていることが，リン脂質の生合成酵素と関連付けて提唱されている[43]．

アーキア細胞運動に関する最近の研究もいくつかの驚きをもたらした．アーキア細胞の観察から，アーキアがバクテリアとよく類似した鞭毛構造を有することは早くから知られていたが，鞭毛構成タンパク質については最近までよくわかっていなかった．最近の Albers らの研究から，アーキアの鞭毛はバクテリアの鞭毛タンパク質 flagellum とは進化的に全く異なるタンパク質（archaellum と名付けられた）から構成されていることがわかった[44]．バクテリアの鞭毛の駆動トルクは水素イオンやナトリウムイオン濃度差をエネルギー源としているのに対して，アーキアでは ATP の加水分解により得ている[45, 46]．Archaellum はバクテリアのタイプ IV 型線毛に類似しており，エンベロープの基部に位置する．一方，細菌の鞭毛は，伸長するフィラメントの先端に付加するために細胞質から個々のサブユニットを鞭毛の内部を通って輸送するタイプ III の分泌系によって組み立てられる．バクテリアのエンベロープとアーキアのそれは大きく異なっており，アーキア細胞にはムレインでできた細胞壁がなく，大部分は S レイヤーという糖タンパク質に囲まれた単一膜で構成されている[47]．両方のドメインとも，細胞接着，表面運動，細胞凝集および DNA 交換などの多種多様な機能のために IV 型線毛を使用するのは共通である[48, 49]．しかしながら，アーキアの構造とバクテリアの構造との間には著しい違いがある．例えば，アーキアの線毛を構築するために必要な成分は，一つの S レイヤー膜のみを通過すればいいので，アーキアの IV 型線毛の構築は，バクテリアに比べてより容易であると考えられる．表面の運動を達成するために線毛が伸長し，続いて分解する一連の運動は，現在までにバクテリアにおいてのみわかっており，アーキアでも解明が待たれる．Archaellum は回転することができるが，バクテリア型 IV 線毛が回転できることを示す証拠は未だない．これらの発見は，バクテリアの flagellum とアーキアの archaellum が 2 種類の異なる運動性構造体であることを示したものであり，生物ドメイン決定の一つの大きな特徴とみなすことができることの証拠である．

1.5 アーキアとウイルスの世界

ウイルスはリボソームを持たないので，Woese の方法による分類ができない．しかし，Zillig はアーキアの RNA ポリメラーゼと転写調節機構の研究を進めるうえにおいて，ウイルスが重要な実験材料であると考えて当時まったく知られていなかった超好熱性アーキアに感染す

第1章　アーキア研究の歴史と展開

るウイルスの研究を始めた．その結果，多様なライフサイクルとユニークな形態型を持つ多数のウイルスを発見し，四つの新しいウイルスのファミリー，*Fuselloviridae*，*Lipothrixviridae*，*Rudiviridae*，*Guttaviridae* のウイルスを同定した[50]．例えば，*Sulfolobus* 属に感染する 2 種のウイルスとして，*Sulfolobus islandicus* の棒状ウイルス 2（SIRV2）および *Sulfolobus* のタレット状の 20 面体ウイルス（STIV）は，単一のタンパク質で構成された独自の 7 面ピラミッドのような形をし，溶解前の宿主細胞膜から突出したものが捉えられている．しかし今日までに，成熟したウイルス粒子の放出メカニズムはまだわかっていない[51, 52]．

SSV1 ウイルスはアーキアで初めて転写のプロモーター，転写制御配列とターミネーターを同定するのに用いられた[53, 54]．さらに，インビトロ転写システム[55]および初めての組換えベクターに基づく遺伝子操作系が超好熱性アーキアで構築された[56]．Prangishvili（図 1.9）らがさらにアーキオウイルスの同定を進め，新しく 6 種のウイルスを報告し[57]，アーキア細胞内におけるウイルスの痕跡がアーキアを一つの生物ドメインとして特徴づけていることが示された[58]．すなわち，アーキアのウイルスに関する研究によって，三つのウイルスの世界が三つの生物ドメインを特徴づけることによって，3 ドメイン説をさらに支持したことになる[59, 60]．アーキアのウイルス研究は，それまで原核生物に感染するバクテリオファージと真核生物に感染するウイルスの 2 界分類されていたウイルスの世界を変えるもので，バクテリアに感染するバクテリオウイルス，アーキアに感染するアーキオウイルス，そしてユーカリアに感染するユーカリオウイルスと呼ぶことを提唱した[58]．アーキオウイルスの研究は，最近のジャイアントウイルスの発見とともに[61]，ウイルスの起源，性質，生物進化における主要な役割について生物学者の新たな関心に大きく寄与している[62]．

1.6 拡張するアーキアの世界

Woese が初期にアーキバクテリアとして同定した生物はメタン菌，嫌気性好塩菌，嫌気性好熱菌，好酸性菌，などすべて嫌気性環境に限定された極限微生物であった．これは，アーキアが原始に生きた生物に近い子孫であることを連想させ，現代の生物から見たら，生命の限界を超えた環境で生きる生命を探索することを促した．わが国におけるアーキア研究も，特殊環境からの微生物探索に力が注がれた．わが国で最初にメタン菌を培養したのは前述の Koga のグループであるが[63]，日本初の新種メタン菌の単離は Kamagata らによる *Methanosaeta thermophile* であった[64]．これは旧通産省が組織したアクアルネッサンス 90 という国家プロジェクトの成果である．また，科学技術振興機構の ERATO 掘越特殊環境微生物プロジェクトからは，三角形平板状の形態を持つ高度好塩性アーキアの新種が発見され，*Haloarcula japonica* と名付けられた[65]．また Kamekura らも新属の高度好塩性アーキア *Natrialba asiatica* を単離し[66]，我が国の好塩性アーキア研究をリードした．好熱菌に関しては，Brock が 1972 年にイエローストーン国立公園（米国）の温泉から *S. acidocaldarius* を単離してはいたが，Stetter と Zillig が温泉などの高温環境においても，我々が生息する通常温度環境と同じように膨大な種類の微生物が存在することを最初に認識した研究者であろう．Stetter と Zillig がイタリア南部の温泉へサンプリングに行った際は，サンプルに含まれる好熱性の微生物生物が運搬中に

死ぬことを心配し，サンプルの温度をできるだけ下げないようにサーモフラスコを使用した．そして彼らは 80℃ 以上の温度で繁栄している生命体（後に超好熱菌（hyperthermophiles）と呼ばれるようになった）を発見した最初の研究者となった．超好熱菌のほとんどはアーキアであった．Stetter は，所属するレーゲンスブルク大学の中に Archaea Center を作って，単離された超好熱菌を培養する設備を整え菌株の保存と利用に貢献している（図 1.8）．

　超好熱性アーキアの単離同定については，我が国の貢献も顕著である．好熱菌研究のパイオニアである Oshima らによって単離された好熱好酸性アーキア *Sulfolobus tokodaii*[67] と Sako らによって単離された絶対好気性超好熱性アーキア *Aeropyrum pernix*[68] は，その後前述のように我が国のプロジェクトとして全ゲノム配列が解読された．また，Takai らはメタン菌 *Methanopyrus kandleri* の 122℃ での培養に成功した[69]．これが地球上の生命の最高温度記録である．また，Imanaka らによって単離された超好熱性アーキア *Thermococcus kodakarensis* は[70]，生化学に加えて遺伝子操作実験系が確立されて，Imanaka グループを始め，世界の多くの研究室で利用されている．

　超好熱性アーキアの中でこれまで最も研究されてきた *Pyrococcus furious*（2015 年の時点で 6348 報の論文が出ている）が，イタリア南部のボルカノ島で採取された海水サンプルから単離同定されてから，ちょうど 30 周年を迎えた昨年（2016 年），超好熱菌の関連研究者がボルカノ島に集まり，記念シンポジウムを開いた．その際には，発見者の Stetter が，30 年前に採取した同じ場所で，サンプリングを実演した（図 1.11）．メタゲノム解析によって，そのサンプル中の微生物分布を分析した結果が，本記念シンポジウム参加者全員を著者として本年発表された[71]．

　生命現象は，当初モデルとなるいくつかの微生物について集中的に解析されたが，より広範な微生物に対する研究が進むにつれ，モデル微生物とは根本的に異なる生命システムを利用する微生物が存在することがわかってきた．特に極限環境微生物は従来から研究されてきたモデル微生物とは異なる環境・選択圧のもとで進化を繰り返してきたことから，それらの生命を支える機能システムは従来のモデル微生物と大きく異なる可能性がある．まだ断片的な知見ではあるが，Atomi らの研究で，実際に代謝システムにおいては一部の超好熱性アーキアの糖分解，核酸分解，アミノ酸生合成，補酵素生合成に関わる代謝システム（経路）が教科書に記載されているモデル生物に見られるものとは大きく異なることが明らかになってきている[72]．また様々な環境因子に応答するシステムや自らの遺伝情報を守るための DNA 修復機構においてもモデル微生物のものと大きく異なるケースが報告されている[73]．さらに基盤的な生体分子の構造においても顕著な多様性が報告されている．一部のアーキアやバクテリアで利用されている 22 番目のアミノ酸ピロリシン，アーキアに見られるエーテル型膜脂質などが代表的なものであるが，その他ドメイン特異的な核酸修飾や前述の細胞表層糖構

図 1.11　Karl Stetter によるサンプリングの実演．30 年前に *Pyrococcus furiosus* が単離された同じ場所で行った（2016 年イタリアボルカノ島にて）．

第1章　アーキア研究の歴史と展開

造などがその例である.

　進化系統解析マーカーとして rRNA 遺伝子を使用する Woese のアプローチは，分類学および系統発生における標準的な技術になるだけでなく，現代の微生物生態学において強力な分析手段となっているメタゲノム解析にとっても欠かせない. すなわち，種々の環境試料から微生物を単離することなく，直接 DNA を取り出して rRNA 遺伝子を PCR 増幅して配列を分析することにより，微生物の多様性と豊富さ，そして地球上の物質循環におけるそれらの役割についての我々の認識を大きく変えた[74,75]. それは，アーキアドメインのすべてのメンバーが極限環境での生息に限定されているわけではないという，根本的に新しい認識をもたらしたことである. 海洋や土壌から採取したサンプルのメタゲノム解析から，アーキアが見つかり，それらがアンモニアモノオキシゲナーゼ酵素遺伝子を有していることがわかった[76,77]. これは，アンモニアを亜硝酸塩に酸化する窒素循環の第1段階および律速段階を担う酵素をアーキアが有しているということで，海洋および土壌環境に存在するアーキアが地球規模の窒素循環の役目を果たしているという認識につながった. それまでは，環境中のアンモニア酸化は特定のプロテオバクテリアによって独占的に行われると考えられていたが，タウムアーキオータと名付けられた3番目のアーキア門に属するアーキアが普通の海洋や土壌環境に膨大に生息し，これらが地球上の窒素循環にとっての主役であることが明らかになってきている. 太古の地球で発生したこれらのアーキアは広範囲の生息地に首尾よく定着し，未だ同定されていない嫌気性メタン酸化アーキア[78]と共に，地球上の化学物質循環に重要な役割を果たしているであろう.

1.7 | 先駆者たちの遺産から発展へ

　1980年代，90年代のアーキアに関する先駆的な研究は，その後の発展に大きく貢献している. アーキアのタンパク質がヒト細胞での遺伝情報伝達系に関わるタンパク質解析の良いモデルとなることに加えて，超好熱性アーキアの産生するタンパク質は安定性に優れ，構造解析に適していることから，アーキアの遺伝情報系タンパク質が構造生物学者の研究対象として注目された. 実際に現在までに，超好熱菌の多くのタンパク質が構造決定され，細胞が営む共通の生命現象解明に貢献している. 最近は，タンパク質の結晶構造解析技術が進歩してきて，ヒトのタンパク質でも構造決定される数と速度は増加してきている. しかし，タンパク質が細胞内で機能を発揮する際に，一つのタンパク質が単独で働く場合と，同一のタンパク質が多量体を形成する場合，また異なる複数のタンパク質が複合体を形成して働く場合があり，特に細胞内でのDNA代謝系ではタンパク質複合体として重要な機能を担う場合が多く（複製や組換え修復などではレプリソーム，レコンビノソーム，リペアソームなどと呼ばれる複合体を形成する），そのようなDNAを含む多分子複合体の構造解析となると，難易度は飛躍的に上がるので，特に超好熱性アーキア由来の安定なタンパク質が威力を発揮することになる（図1.12)[79-82]. 最近は，電子顕微鏡を用いた単粒子解析技術の進歩が著しく，クライオ電顕技術により，超分子複合体の高分解能での構造解析が成されるようになってきたので，超好熱性アーキア由来のタンパク質の活躍の場が広がると期待される.

　また，近年の種々の分子生物学的実験手法の発展によって，アーキア研究の手法にも広がり

10

PCNA-RFC-DNA **PCNA-PolB-DNA** **PCNA-Lig-DNA**

図 1.12　タンパク質複合体の構造解析．DNA 複製に関わるタンパク質が複合体を形成して DNA に作用するところを電子顕微鏡で単粒子解析した例．

を見せている．すなわち，遺伝学から発展した好塩菌研究は生化学へ，また，生化学・構造生物学の発展に大きく貢献してきた好熱菌，超好熱菌で，遺伝子破壊，導入などの手法が発展してきた[83]．最近のアーキアの分子生物学のクオリティの高い論文は，生化学データと遺伝学データの両方を示し，アーキア細胞内での機能をできるかぎり忠実に議論しているものが増えている．

　次世代シークエンシングを用いた Human Microbiome Project のような微生物がヒトの健康にどのように関わっているかを解明するプロジェクトから，最近の研究で，タウムアーキオータがヒトの皮膚に存在したり[84]，体内のメタン菌とヒトの肥満との関連が示唆されている[85]．また以前から指摘されているメタン菌と歯周病の関係や[86]，最近の脳脊髄炎と好塩性アーキアとの関係など[87]，疾病との関係も注目される．このようなヒト-微生物の相互作用が今後どんどん解明される可能性が高い．さらに，特徴の不明なアンモニアおよびメタン酸化アーキアの代謝活性をより詳細に研究することによって，アーキアが地球上の窒素と炭素の循環において重要な役割を果たしていることが解明されるであろう．これらの微生物ベースのサイクルが，温室効果ガスであるメタンおよび亜酸化窒素の排出に影響を与えるので，環境中のアーキアの理解は，地球上の環境維持を考えていく上で，極めて重要である．

　アーキア提唱から 30 周年を記念して，Woese の所属するイリノイ大学で記念式典とシンポジウムが開催された．その際に Woese 研究室があるビルディングの前にアーキア記念プレートが建った（図 1.3）．Woese の使用していた研究室は，現在もそのまま保存されている（図 1.13）．記念シンポジウムのロゴマークは生物の進化系等関係がより明確になったことを象徴的に示すものであった（図 1.14）．Woese はイリノイ大学のゲノムバイオロジー研究所（Institute for Genomic Biology）の設立に尽力したが，2012 年 12 月に他界したのち，研究所は「Carl Woese Institute for Genomic Biology」となり（図 1.15），記念シンポジウムが 2015 年 9 月に開催された（図 1.16）．研究所に付設して Woese の遺品や記念品が展示されたコーナーがあり，生物の 3 ドメインを示した系統樹模型（図 1.17）の前の床には "If I have seen further than others, it is because I was looking in the right direction. ― Carl Woese" と記されている．

　アーキアの国際学会として，アーキアをテーマとした Gordon Conference（Archaea: Ecology, Metabolism and Molecular Biology）と Molecular Biology of Archaea が 2 年ごとに開催されている．それらに加えて 2 年ごとに開催される *Extremophiles*（国際極限環境生物学

第1章　アーキア研究の歴史と展開

図1.13　イリノイ大学の微生物学部のWoese研究室は，現在もそのまま保存されている．

図1.15　ゲノミクス研究のために設立された研究所がCarl Woese Institute for Genomic Biologyと改名されて2015年にスタートした（2015年イリノイ大学にて）．

会）の中でもアーキアは主要な部分を占めているし，*Thermophiles*（国際好熱菌学会），*Halophiles*（国際好塩菌学会）など個別にも2年ごとに開催されてきた．国内におけるアーキア学会はない．主に極限環境生物学会とアーキア研究会での活動とともに，それぞれ分子生物系，生態系，工学系の各種学会で議論されている．生化学，構造生物学，生理学，生態学，遺伝学および進化学を含む40年にわたるこれらの学会での議論を通して，我々は今，アーキアドメインの広範な基礎知識を得るとともに，この生物ドメインが最初に提示した謎を解明してきた．アーキアに関する日本語の教科書的書物は1988年刊行の『古細菌』（古賀洋介著，東京大学出版会）と1998年刊行の『古細菌の生物学』（古賀洋介，亀倉正博編，東京大学出版会）の2冊がある．アーキア提唱から30周年が過ぎた際に，月刊誌『蛋白質 核酸 酵素』（共立出版）の中で企画されたアーキアの特集号「アーキア：第3の不思議な生物」を経て，本書は約20年ぶりの教科書である．本章では，紙面の関係で全ての重要な知見を紹介しきれていない

1.7 先駆者たちの遺産から発展へ

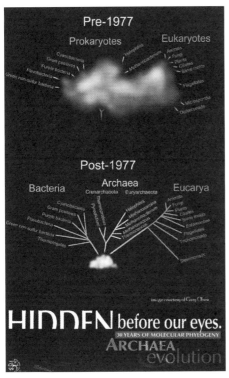

図1.14 アーキア発見30周年記念シンポジウム「Hidden before our eyes」のためにデザインされたシンボル図（2007年11月，イリノイ大学）．

図1.16 Carl Woese Institute for Genomic Biology 開設記念シンポジウム（2015年イリノイ大学）．

図1.17 Carl Woese Institute for Genomic Biology には生物の3ドメインを示す系統樹の模型が展示されている（2015年イリノイ大学にて）．

が，アーキアについて理解し，またこれからアーキア研究を始める際にも，これまでの書物とともに，本書に記された基礎情報を大いに活用されたい．科学者の間でさえも未だアーキアとバクテリアの区別がついていない場面に遭遇することもしばしばあるが，アーキアは形態的に類似したバクテリアの中のちょっと変わった一グループではなく，生物学的に独立した一つのドメインであることは疑いようのないものである．アーキア領域の研究者は，アーキアを，ただ古典的なモデル生物としてだけではなく，より多くの隠された宝物を提供してくれる研究対象として考えている．前世紀末から盛んになったアーキアの生物学研究は，今世紀に入ってさらに進展し，今後も新種のアーキアや，生物学上の多くのユニークな発見により生物学者に興奮を与え続けるものと思う．

コラム1　アーキア—その夜明けのころ

第三の生物

　1977年11月初頭のある日，新聞各紙は「第三の生物発見」といういささか扇情的な見出しで，アメリカ科学アカデミーの紀要（*Proc. Natl. Acad. Sci. USA*）に掲載されたWoeseとFoxの論文を紹介した[88]．「第三の…」という見出しは，記事のもととなった外電が論文中の"the third kingdom of life"を引用しており，それが直訳されたのであろう．Archaeaはこのように華々しく登場してきた．当初はArchaebacteria（古細菌）と呼ばれ，後に生物分類の最上位にDomain（領域）という階層を設け，その一つArchaea（アーキア）という呼び名で落ち着くまで何年かかかった．共著者のFoxは，生命の起原に関する「原始タンパク質」モデルとしてアミノ酸の混合物の加熱重合体をプロテイノイドと名づけて，これを原田馨氏（のち筑波大教授）と組んで長年にわたり研究をしていたSidney Fox[89]の子息である．

　20世紀中葉まで，生物の分類は古典的な五界法が主流であった．これは生物界を五つの界＝Kingdomに分類するもので，モネラ界（原核生物），プロチスタ界（原生動物），菌界（粘菌，担子菌など），植物界，動物界から分類が始まる考え方である．これに対し急速に進展してきた生化学は，動物と植物の間に基本的な差異はなく，原核生物と真核生物の間に大きな違いがあることを明らかにしてきたので，生物界を原核生物と真核生物の二つの大きなグループに分ける二界法が急速に支持される状況が生まれつつあった．第三の生物とは，原核生物界，真核生物界に並ぶ第三の界，Archaebacteria界が見つかったという意味であった．

分子進化

　1950年代にSanger[90]がインスリンのアミノ酸配列を決定したことに始まるタンパク質のアミノ酸配列データの急速な蓄積は，それまでの生物体の形態に基づく進化や分類学に「分子分類」「分子進化」の概念を導いた．ほぼ並行して，DNAの二重らせん構造の発見や，ミオグロビンやヘモグロビンの立体構造の解明が進行しており，旧来の生物学に大革命を起こそうという時代であった．Sangerは，全配列決定に先立って，インスリンのアミノ酸配列が動物ごとに違うことを見出していたが，分子進化概念誕生の先陣を切ったのはPaulingとZuckerkandleで共著の論文[91]の中で，ヒトとウマのヘモグロビンのアミノ酸配列を比較し，化石の証拠に基づくヒトとウマの分岐年代をアミノ酸の置換数で割って，アミノ酸残基の置換が起こる平均の時間を計算した．この研究は，一種の遊びだったのではないかと想像しているが，その後，アミノ酸配列が決まると多くの研究者が，同様な遊びを計算するようになり，やがて予想外の結果を導いた．アミノ酸残基の置換率は，タンパク質ごとに一定だとわかり，これが木村　資生先生（国立

遺伝研）の「分子進化中立説」[92]を生み出した．木村先生に少し遅れてJukes[93]も同様な概念を「非ダーウィン進化」と名づけて提案している．

S_{AB}

　ヘモグロビンのアミノ酸配列を比較していると，高等動物種間の系統関係は論じられるが，細菌など血液を持たない生物は対象にできない．リボソームは，これをもたない生物はいないから，全生物を対象とすることができるが，1960年代はもとより70年代でも塩基配列を決めることはできなかった．Woeseはこれを巧みに解決する方法を考案した．日本で，江上不二夫先生（名大・東大教授，私の恩師でもある）が精力的に研究していたリボヌクレアーゼT1は，厳格な基質特異性を持ち，グアニル酸残基しか切断しない[94]．これを用いてリボソームのRNAを切断すると，末端がグアニル酸残基となる短いオリゴ・ヌクレオチドが多数作り出される．二つの生物種の間で比較して，同じ塩基配列となるオリゴ・ヌクレオチド（厳密に配列決定を行い比較したのではない．電気泳動で同じような移動度を与えるオリゴマーは配列が同じとする近似法が用いられた）が何パーセントかを計算し，その値をS_{AB}と名づけて，生物種間の進化系統関係を論じる研究をしていた．当時は，S_{AB}は配列相同性とは同じ結果を与えないという数式を絡めた異論もあったが，今となって見返すと，少なくとも結果オーライのような気がする．S_{AB}も2界法を支持していた．近縁種の生物種間のS_{AB}は大きな値となるが，真核生物の間では比較的大きな値となるのに対し，真核生物と原核生物の間は，いつも低い値であった．しかも，高等植物のクロロプラストのリボソームRNAと原核生物であるシアノバクテリアのrRNAの間のS_{AB}は高い値を示し，Margulisの細胞進化共生説を支持していた．

　やがてWoeseはメタン細菌のリボソームの配列を取り上げた．その頃から，エネルギー源の枯渇とか地球環境の保全が関心を集めるようになったことが背景にある．そして，何種類かのメタン細菌が原核生物であるにもかかわらず，他の細菌類との間に高いS_{AB}値を示さず，真核生物のrRNAに対しても原核生物のrRNAに対しても似たようなS_{AB}値を与えることを見出した．そこで，メタン細菌は，原核生物にも真核生物にも属さない第三の生物群と結論した論文[88]が，「第三の生物発見」と報じられたのである．

　S_{AB}値を求めて，進化系統関係を論じるWoeseの研究は，進化に関心のある研究者が注目していたのであるが，あまり日本の研究者は参加していない．あるいは，私が知らないだけのことかもしれないが，S_{AB}の研究にかかわった日本人研究者は，東大農学部で学位をとったのちポスドクとしてWoese研に滞在した結城　惇さんだけではないだろうか．江上研からは，当時，助手をしていた内田庸子さん（のち三菱化学生命科学研究所・研究部長）が純度の高いリボヌクレアーゼを持参し，そのまましばらくWoese研に滞在していたことがある．Woeseは次項のDahlem Konferenzenにも，その後，ZilligらがMax Plank Instituteで何回か開催したArchaeabacteriaの会にも出てきたことはない．「会議嫌いなのだろう．少し偏屈なのかな」と思っていたが，引退後，大西洋上の小島の別荘に引き込んだWoeseを，古賀洋介先生（産業医大教授）が訪ねている．その話を伺うと，気さくな人だったようである．

Dahlem Konferenzen

　衝撃的な「第三の生物界」報道から1年後，1978年11月，当時東ドイツの中に孤立していた西ベルリンで行われるDahlem Kaferenzenが「Strategies of Microbial Life in Extreme Environment」と題して行われた[95]．Dahlem Konferenzenは，会場も戦争の悲惨さを伝える爆撃で破壊されたままのカイザー・ウィルヘルム教会に近いビルで行われ，自然科学全分野を対象として，次々テーマを代えて毎週果断なく開催することで，東側からの電撃的な侵攻

を防ぐための「科学者の盾」とうわさされていた会議である．まさに東西冷戦時代を象徴するような会議であった．

　この会議はWoeseの「第三の生物」論文の発表時点で，すでに大枠の計画は決められていた．しかし，好熱菌，好酸菌，好塩菌，さらに嫌気性菌，特にメタン菌の研究者が集まっていたから，必然的に，これらの菌の一部もメタン菌とともに「第三の生物界」に属するのではないかという話が持ち上がり，急遽予定を変更してこの問題が取り上げる会も開かれた．すでに一部の菌については，S_{AB}値が測定されていた．なぜこれらの菌が「第三の生物」の仲間と思ったかというと，いずれも風変わりな生化学を持っていることが，知られていたからである．特に，二つの点，細胞の表層構造とタンパク質生合成系の生化学において．タンパク質生合成系はジフテリア・トキシン感受性があること，細胞表層構造はペプチド・グリカンを持たず，脂質がエーテル脂質であることが知られ始めていた．しかも，全部の菌ではない．たとえば，*Bacillus*に属する好酸好熱菌は，タンパク合成も細胞膜構造も，通常の細菌のものと同じである．しかし，*Thermoplasma*属の好酸好熱菌は，ジフテリア毒感受性であり，エーテル脂質膜をもち，ペプチドグリカンを持たない．だから好酸好熱菌には，原核生物に属するものと「第三の生物」に属するものがある．S_{AB}値は誰にも簡単には決められないので，簡便に「第三の生物」か否かを調べるには，ジフテリア毒感受性か，細胞の表層構造を調べるのがよい，特にエーテル脂質の存在が最も簡便な方法でないかといった議論がされていた．この会議の高揚した雰囲気は忘れがたい．これらの菌の膜脂質がエーテル脂質であることは，Langworhtyの功績[96]で，このころは精力的にいろいろな菌の膜脂質の化学構造を次々と決めていた．それから10年ほど，何があったのか彼は突然研究をやめ，研究の世界から去っていった．少し気の弱い，おだやかな人柄で日本人以上に物静かな人であった．かって共同研究のため数か月日本に滞在したLangworthyに伴われ，一緒に日本で生活したことある彼の娘さんは，アメリカの（残念ながら超一流ではないが）オーケストラのクラリネット奏者になり，そのオーケストラが来日した際，突然電話をかけてくれた．一緒に食事をしたが，父親のことは，一緒に住んでないということ以外，何も話しがなかった．そのとき贈られたオケの名入りのキーホルダーは，今も車のエンジンキーをつけて使っているのだが．

細胞進化共生説

　Margulisの細胞進化共生説の宿主が古細菌であろうという推測は，古細菌の生化学的諸性質を考えれば誰もが思いつくであろう．細胞進化共生説は「Margulisの…」として知られているが，彼女は地球外文明探査で超有名な天文学者Carl Saganの最初の妻で，1967年に細胞進化共生説を提唱したときはSagan姓であった[97]．しかし，この論文を読んだ人は多くないらしく，その数年後に書いた総説[98]が有名で，このときはすでに再婚しMargulis姓だった．厳密には「Saganの細胞進化共生説」というべきなのかもしれない．残念ながら二人とも亡くなってしまった．今となってはどうでもいいか．

（大島泰郎）

文　献

■ 1.1
1)　C. W. Woese and G. E. Fox: *Proc. Natl. Acad. Sci. USA* **74**, 5088 (1977)
2)　G. E. Fox *et al.*: *Proc. Natl. Acad. Sci. USA* **74**, 4537 (1977)

3) N. R. Pace *et al.*: *Proc. Natl. Acad. Sci. USA* **109**, 1011 (2012)
4) C. R. Woese *et al.*: *Proc. Natl. Acad. Sci. USA* **87**, 4576 (1990)

■ 1.2
5) Morell, V: *Science* **276**, 699 (1997)
6) O. Kandler and H. Konig: *Arch. Microbiol.* **118**, 141 (1978)
7) K. O. Stetter: *Biochem. Soc. Trans.* **41**, 416 (2013)
8) J. Huet *et al.*: *EMBO J.* **2**, 1291 (1983)
9) P. Forterre *et al.*: *J. Bacteriol.* **159**, 800 (1984)
10) F. B. Perler *et al.*: *Proc. Natl. Acad. Sci. USA* **89**, 5577 (1992)
11) F. M. Pisani *et al.*: *Nucleic Acids Res.* **20**, 2711 (1992)
12) T. Uemori *et al.*: *Nucleic Acids Res.* **21**, 259 (1993)
13) T. Uemori *et al.*: *Genes Cells* **2**, 499 (1997)
14) I. Cann and Y. Ishino: *Genetics* **152**, 1249 (1999)
15) A. Kikuchi and K. Asai: *Nature* **309**, 677 (1984)
16) M. Nadal *et al.*: *Nature* **321**, 256 (1986)
17) P. Forterre *et al.*: *Trends Genet.* **18**, 236 (2002)
18) A. Bergerat *et al.*: *Nature* **386**, 414 (1997)
19) Y. Yin *et al.*: *Proc. Natl. Acad. Sci. USA* **99**, 10191 (2002)
20) K. Komori *et al.*: *Genes Genet. Syst.* **77**, 227 (2002)
21) K. Komori *et al.*: *J. Biol. Chem.* **279**, 53175 (2004)
22) G. Mosedale *et al.*: *Nat. Struct. Mol. Biol.* **12**, 763 (2005)
23) A. R. Meetei *et al.*: *Nat. Genet.* **37**, 958 (2005)
24) D. J. Richard *et al.*: *Nature* **453**, 677 (2008)
25) J. R. Skaar *et al.*: *J. Cell Biol.* **187**, 25 (2009)

■ 1.3
26) C. J. Bult *et al.*: *Science* **273**, 1058 (1996)
27) M. W. Gray: *Nature*, **383**, 299 (1996)
28) V. Morell: *Science* **273**, 1043 (1996)
29) Y. Kawarabayasi *et al.*: *DNA Res.* **5**, 147 (1998)
30) Y. Kawarabayasi *et al.*: *DNA Res.* **6**, 83, 145 (1999)
31) Y. Kawarabayasi *et al.*: *DNA Res.* **8**, 123 (2001)
32) C. Brochier-Armanet: *Nature Rev. Microbiol.* **6**, 245 (2008)
33) C. Brochier-Armanet, *et al.*: *Biol. Direct* **3**, 54 (2008)
34) K. S. Makarova *et al.*: *Nature Rev. Microbiol.* **8**, 731 (2010)
35) K. S. Makarova and E. V. Koonin: *Biol. Direct* **5**, 33 (2010)
36) N. Yutin and E. V. Koonin: *Biol. Direct* **7**, 10 (2012)
37) N. Yutin *et al.*: *Biol. Direct* **4**, 9 (2009)
38) T. Nunoura: *Nucleic Acids Res.* **39**, 3204 (2011)
39) M. S. Makarova *et al.*: *Nucleic Acids Res.* **30**, 482 (2002)
40) M. Krupovic *et al.*: *Curr. Opin. Microbiol.* **38**, 36 (2017)

■ 1.4
41) Y. Koga *et al.*: *Microbiological Rev.* **57**, 164 (1993)
42) Y. Koga and H. Morii: *Microbiological Rev.* **71**, 97 (2007)
43) Y. Koga: *J. Mol. Evol.* **78**, 244 (2014)
44) K. F. Jarrell and S. V. Albers: *Trends Microbiol.* **20**, 307 (2012)
45) S. Reindl *et al.*: *Mol. Cell* **49**, 1069 (2013)
46) S. V. Albers and B. H. Meyer: *Nature Rev. Microbiol.* **9**, 414 (2011)
47) K. Lassak *et al.*: *Res. Microbiol.* **163**, 630 (2012)
48) M. Pohlschroder *et al.*: *Curr. Opin. Microbiol.* **14**, 357 (2011)
49) W. Zillig *et al.*: *Extremophiles* **2**, 131 (1998)

■ 1.5
50) A. Bize *et al.*: *Proc. Natl Acad. Sci. USA* **106**, 11306 (2009)
51) S. K. Brumfield *et al.*: *J. Virol.* **83**, 5964 (2009)
52) W. D. Reiter *et al.*: *Nucleic Acids Res.* **16**, 1 (1988)

53) W. D. Reiter *et al.*: *Nucleic Acids Res.* **16**, 2445 (1988)
54) U. Hudepohl *et al.*: *Proc. Natl. Acad. Sci. USA* **87**, 5851 (1990)
55) M. Jonuscheit *et al.*: *Mol. Microbiol.* **48**, 1241 (2003)
56) D. Prangishvili: *Annu. Rev. Microbiol.* **67**, 565 (2013)
57) D. Prangishvili *et al.*: *Nature Rev. Microbiol.* **4**, 837 (2006)
58) D. Prangishvili *et al.*: *Virus Res.* **117**, 52 (2006)
59) M. Pina *et al.*: *FEMS Microbiol. Rev.* **35**, 1035 (2011)
60) B. La Scola *et al.*: *Science* **299**, 2033 (2003)
61) P. Forterre and D. Prangishvili: *Curr. Opin. Virol.* **3**, 558 (2013)
62) N. R. Pace: *Science* **276**, 734 (1997)

■ 1.6
63) H. Morii *et al.*: *Agric. Biol. Chem.* **47**, 2781 (1983)
64) Y. Kamagata *et al.*: *Int. J. Syst. Bacteriol.* **42**, 463 (1992)
65) T. Takashina *et al.*: *Syst. Appl. Microbiol.* **13**, 177 (1990)
66) M. Kamekura and M. L. Dyall-Smith: *J. Gen. Appl. Microbiol.* **41**, 333 (1995)
67) T. Suzuki *et al.*: *Extremophiles.* **6**, 39 (2002)
68) Y. Sako *et al.*: *Int. J. Syst. Bacteriol.* **46**, 1070 (1996)
69) K. Takai *et al*: *Proc. Natl Acad. Sci. USA* **105**, 10949 (2008)
70) H. Atomi *et al.*: *Archaea*, **1**, 263 (2004)
71) G. Antranikian *et al.*: *Extremophiles*, **21**, 733 (2017)
72) Y. Makino *et al.*: *Nat. Commun.* **7**, 13446 (2016)
73) S. Ishino *et al.*: *Nucleic Acids Res.* **44**, 2977 (2016)
74) C. Schleper *et al.*: *Nature Rev. Microbiol.* **3**, 479 (2005)
75) M. Tourna *et al.*: *Proc. Natl Acad. Sci. USA* **108**, 8420 (2011)
76) C. Wuchter *et al.*: *Proc. Natl Acad. Sci. USA* **103**, 12317 (2006)
77) S. Leininger *et al.*: *Nature*, **442**, 806 (2006)
78) A. Boetius *et al.*: *Nature*, **407**, 623 (2000)

■ 1.7
79) T. Miyata *et al.*: *Proc. Natl. Acad. Sci. USA* **102**, 13795 (2005)
80) K. Mayanagi *et al.*: *Proc. Natl. Acad. Sci. USA* **106**, 4647 (2009)
81) H. Nishida *et al.*: *Proc. Natl. Acad. Sci. USA* **106**, 20693 (2009)
82) K. Mayanagi *et al.*: *Proc. Natl. Acad. Sci. USA* **108**, 1845 (2011)
83) J. A. Leigh *et al.*: *FEMS Microbial. Review*, **35**, 577 (2011)
84) A. J. Probst *et al.*: *PLoS ONE*, **8**, e65388 (2013)
85) E. Angelakis *et al.*: *Future Microbiol.* **7**, 91 (2012)
86) K. Yamabe *et al.*: *Mol. Oral Microbiol.* **25**, 112 (2010)
87) Y. Sakiyama *et al.*: *Neurol Neuroimmunol. Neuroinflamm.* **2**, e143 (2015)

■ コラム
88) C. R. Woese and G. E. Fox: *Proc. Natl. Acad. Sci. USA*, **74**, 5088 (1977)
89) S. W. Fox and K. Harada: *Nature* **205**, 328 (1965)
90) F. Sanger and H. Tuppy: *Biochemical Journal* **49**, 463 および 481 (1951)
91) E. Zuckerkandl and L. Pauling: In "Horizons in Biochemistry", M. Kasha and B. Pullman (eds.), Academic Press (1962) および "Convergence in Proteins in Evolving Genes and Proteins", V. Bryson and H. Vogel (eds.), Academic Press (1965)
92) M. Kimura: *Nature* **217**, 624 (1968)
93) J. L. King and T. H. Jukes: *Science* **164**, 788 (1969)
94) T. Uchida and F. Egami: *Methods in Enzymology*, **12**, 288 (1967)
95) M. Shilo (ed.): "Strategies of Microbial Life in Extreme Environment", Dahlem Konferenzen (1979)
96) T. A. Langworthy: In "The Bacteria 8" (C. R. Woese and R. S. Wolf eds.), Academic Press (1985)
97) L. Sagan: *J. Theor. Biol.*, **14**, 225 (1967)
98) L. Margulis: "Origin of Eukaryotic Cells", Yale Univ. Press (1970)

第**2**章

アーキアの進化と生態

　1970年代後半に発見されたアーキアは，当初クレンアーキオータ（*Crenarchaeota*）とユーリアーキオータ（*Euryarchaeota*）の二つの系統群が見出されていた．それ以後に分離培養されたアーキアはそれらのいずれかに含まれるものであったが，1990年代には分子生態学的手法の発展によってタウムアーキオータ（*Thaumarchaeota*，発見当初は Marine Group I archaea や mesophilic *Crenarchaeota* とも称された）や *Korarchaeota* などのアーキアが発見され，それ以降アーキアは系統学的にも生態学的にも多様な生物群であることが認識されてきている（図2.1）．本章はアーキアの進化に関するこれまでの議論を解説し，さらにメタン生成アーキア，好塩性アーキア，好熱性アーキア，非極限環境アーキアのそれぞれについての多様性と生態学的特徴，アーキオウイルスについて概説する．

DPANNグループ	TACKグループ	ユーリアーキオータグループ
Aenigmarchaeota	クレンアーキオータ	ユーリアーキオータ
Diapherotrites	タウムアーキオータ	
Micrarchaeota	*Aigarchaeota*	その他のグループ※
Nanoarchaeota	*Bathyarchaeota*	*Lokiarchaeota*
Nanohaloarchaeota	*Geoarchaeota*	*Thorarchaeota*
Pacearchaeota	*Korarchaeota*	
Parvarchaeota	*Verstraetearchaeota*	
Woesearchaeota		

図2.1　アーキアの高次分類群．図中の学名は門（phylum）レベルに相当し，グループについては上門（superphylum）と呼ばれることがある．なお，アーキア・バクテリアの分類階級として門・綱（class）・目（order）・科（family）・属（genus）・種（species）・亜種（subspecies）が一般的に使用されており，綱から亜種までの学名は原核生物命名規約の適用を受けている．門については本命名規約の対象外であるが，その範囲を門まで拡げることが現在提案されている．高次分類群の系統学体系は研究途上にあり，今後その名前や範囲が替わりうる可能性があることに注意されたい．図中にカタカナの太字で示した門には培養系が確立し，命名規約上承認された種名または正式発表された種名のアーキアが存在する．これら培養株が存在する門および *Korarchaeota*, *Nanoarchaeota* を除き未培養株のゲノム塩基配列に基づくものである．また図中に示したもの以外に 16S rRNA 遺伝子配列のみが知られている未培養アーキア系統群が存在している．
※その他のグループとした *Lokiarchaeota*, *Thorarchaeota* は，最近になって他の未培養アーキアとともに新たなグループとして ASGARD に含められた（2.5節脚注参照）．

2.1 | アーキアの進化

2.1.1　生物の二分岐説と三分岐説

　アーキアがどのように進化したかに関してはいくつかの議論がある．その一つは生物界をいくつに分けるかという点である．Woese（1990）はバクテリアとユーカリアに加えて，アーキ

19

第 2 章 アーキアの進化と生態

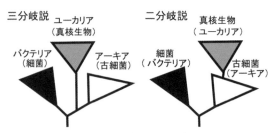

図 2.2 三分岐説と二分岐説．三分岐説ではバクテリア，ユーカリア，アーキアが独立の枝になり，二分岐説では，真核生物はアーキアの枝に入る．

アを第三の生物群として提案し，生物界を三つに分けた[1]．一方 Lake は生物界を二つに分ける系統樹を提案した[2]．Lake の系統樹では真核生物はアーキア（古細菌）の一部になる．これは，Woese の三分岐説に対して二分岐説と呼ぶことができる（図 2.2）．

2.1.2 全生物の共通祖先

三分岐説，二分岐説とすこし別に議論されたのが，全生物の共通祖先である．全生物はDNAを転写し，同じ遺伝暗号を用いた翻訳によってできるタンパク質を用いている．この遺伝の仕組みは，バクテリア，ユーカリア，アーキアを問わず全生物で共通している．これは，遺伝の仕組みが全生物の共通祖先から引き継がれていると考えるとわかりやすい．

しかし，アーキアの提案を行った Woese は当初三つのグループが誕生する前には，遺伝の仕組みがまだ整っていないと考え，遺伝子以前の生物という意味のプロゲノート（progenote）という名称を与えた[3]．Woese の提案は，プロゲノートという遺伝の仕組みのまだ定まらない段階から，遺伝の仕組みと細胞壁を獲得する過程で三つのグループが誕生したという仮説である．

Woese のプロゲノート仮説は脂質の進化と結びついてさらに具体的な進化仮説となった．アーキアは，ユーカリアやバクテリアと全く異なった脂質を持っている（3.1節参照）．脂質膜は細胞を囲む細胞膜の成分であり，細胞膜を持たない細胞はあり得ない．この説では，遺伝の仕組みが次第にできあがるのと並行して，バクテリア，ユーカリア，アーキアがそれぞれ異なった細胞膜に包まれた生物として3回独立に誕生したと提案された[4]．この仮説の論拠とされたのは異なった脂質成分が混合した状態は不安定なのではないかという懸念であった．しかし，バクテリア型脂質とアーキア型脂質を混合しても膜は安定であることが示されており[5]，仮に全生物の共通祖先が両者を混合した細胞膜を持っていても一定の進化期間存在しうる．また多くの遺伝子の系統解析からも，アーキアとバクテリアの分岐前に共通祖先が存在していたということが有力な仮説となっている[6]．

この全生物の共通祖先に関しては，系統樹の解析から超好熱菌だったのではないかという提案が行われ，多くの議論が行われた[6]．全生物の共通祖先の遺伝子を再現する実験から，全生物の共通祖先生物は至適生育温度が 80°C 以上の（超）好熱菌であった可能性が高い[6]．

2.1.3 アーキアとユーカリアの起源

生命の分岐や全生物の共通祖先に関する研究とともに，ユーカリアがどのように誕生したの

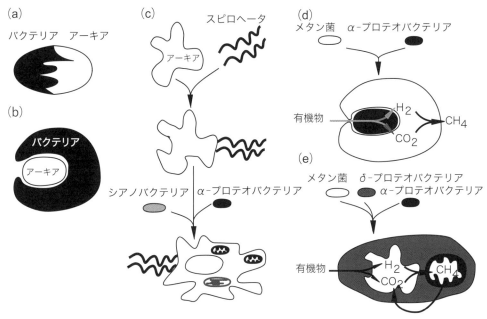

図2.3 ユーカリア誕生モデル．(a)アーキアとバクテリアが融合した[7]．(b)バクテリアがアーキアを取り込んだ[8]．(c)アーキアにスピロヘータ，シアノバクテリア，α-プロテオバクテリアが細胞内共生した[9]．スピロヘータが共生した証拠は確認されていない．(d)α-プロテオバクテリアが有機物を分解して放出する水素をメタン菌が利用する生態系から誕生した[10]．(e)(d)にさらにδ-プロテオバクテリアも融合した[11]．

かというのが，アーキアの進化に関わる三番目の大きな問題点であった．これまで，多くのユーカリア誕生に関する仮説が提唱されている（図2.3）．これらの仮説は，一つの遺伝子あるいは微生物の生態系に着目して，そこからユーカリアの誕生を説明しようとするものであったが，その論拠は不十分であり，その見直しが進行している．

これらの説の中では，図2.3(c)の細胞内共生説[9]が広く受け入れられている．この説は，ミトコンドリアはα-プロテオバクテリアというバクテリアの一種が，葉緑体はシアノバクテリアが細胞内共生して誕生したという説である．この二つの細胞小器官の起源は多くの証拠で支持されている．細胞内共生説では宿主となる細胞の由来が不明であるが，もし三分岐説が正しい場合にはユーカリアの祖先となる種はアーキアでもバクテリアでもないことになる．二分岐説でも，ユーカリアの起源で宿主となったアーキアが何であるのかに関しては未解決の問題であった．

2.1.4 ゲノム解析をもとにしたアーキアの進化モデル

2000年代に入ると，多種のゲノム解析が報告されるようになり，ゲノムデータに基づいた系統解析が行われるようになった．表2.1にはゲノムデータに基づく進化系統解析結果をまとめた．これらの解析では，ゲノム解析から得られた多数の遺伝子を連結して，一つの配列として解析するという方法がとられた．表2.1で遺伝子の数は，解析のために連結した遺伝子の数である．連結して解析に用いられた遺伝子としては，全ての生物で保存されている転写翻訳系遺伝子が多く用いられた．配列の情報量が増えることで，信頼性の高い系統樹が作製される．これらの解析の結果は三分岐説を支持する場合もあるが，多くの解析は二分岐説を支持し

第 2 章　アーキアの進化と生態

表 2.1　ゲノム配列解析からの進化モデルとユーカリアの近縁アーキア[13-23].

著者と出版年	遺伝子の数	モデル	ユーカリア近縁アーキア
Ciccarelli *et al.* (2006)	31	三分岐	
Pisani *et al.* (2007)	No data	二分岐	*Thermoplasma*
Yutin *et al.* (2008)	136	三分岐	
Cox *et al.* (2008)	45	二分岐	クレンアーキオータ門
Foster *et al.* (2009)	41	二分岐	クレンとタウム
Kelly *et al.* (2011)	320	二分岐	タウムアーキオータ門
Guy and Ettema (2011)	26	二分岐	TACK 上門
Williams *et al.* (2012)	29	二分岐	TACK 上門
Rinke *et al.* (2013)	38	三分岐	
Williams *et al.* (2014)	29	二分岐	TACK 上門
Embley and Willams (2015)	36	二分岐	*Lokiarchaeota* 門

ていた.

　いくつかの系統解析ではタウムアーキオータ門, *Aigarchaeota* 門, クレンアーキオータ門, *Korarchaeota* 門が一つの系統群に含まれる事が示され, TACK 上門と名付けられた. 二分岐説では TACK 上門がユーカリアと最も近縁であるという結果が得られている.

　さらに, TACK 上門のなかでもとりわけユーカリアに近縁なアーキア, *Lokiarchaeota* 門が発見された†. *Lokiarchaeota* 門は北極海域のメタゲノム解析から発見され, 系統解析からユーカリアにとりわけ近縁であることが明らかとなった[23]. また, ユーカリアに特有と考えられる遺伝子を *Lokiarchaeota* 門が多く保持している点からも, この系統関係は支持された.

　ただし, ゲノム解析は万能ではない. それは, 表 2.1 で解析によって結果が微妙に異なることに見て取ることができる. 結果が異なる理由はいくつかあるが, その最大のものは多数の遺伝子を連結して解析するという方法にある. 解析に用いた遺伝子が全て宿主と進化を共にしている場合には問題にならないが, 遺伝子の水平伝播がある場合には, 本来別の進化系統樹を混合してしまうことになる. 一方 Thiergart らは, 571 遺伝子をそれぞれ独立に解析した[24]. その結果, ユーカリアに近縁な遺伝子を最も多数持つバクテリアは α-プロテオバクテリアであった. しかしその他にも δ-プロテオバクテリアや γ-プロテオバクテリアから多数の遺伝子がユーカリアに水平伝播していた. すなわち複数の生物がユーカリア誕生に関与していた可能性が高い. アーキアでは, ユーリアーキオータから最も多数の遺伝子がユーカリアの起源となっていた. そこで, 彼らはユーリアーキオータがユーカリアの起源であると結論した.

　しかし, この解析は各遺伝子の自動解析に基づいており, その結論の正当性にはまだ問題があるかもしれない. より正しい系統解析を行うには個々の遺伝子ごとの解析を考慮しながら生物としての進化を考察していかなければならない. Furukawa らは[25], 全生物が持つ重要な遺伝子であるアミノアシル tRNA 合成酵素 (ARS) の 22 遺伝子の解析を行った. その結果, 全ての遺伝子で二分岐モデルが支持された. ユーカリアに近縁なアーキアは複数あるが, ユーリアーキオータ門と TACK 上門, それにさらに DPANN グループがユーカリア誕生に関与したと推定した. こうした結果を総合すると, *Lokiarchaeota* 門がユーカリアの祖先である点に関

---

　†*Lokiarchaeota* 門は, 最近になって ASGARD グループに含めることが提案されている (2.5 節脚注参照).

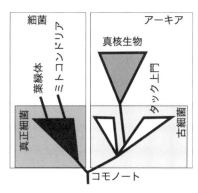

図2.4 新しい二分岐説[25]．コモノート[26]（全生物の共通祖先）からバクテリア，アーキアに分岐する．TACK上門とユーリアーキオータ，真正細菌の融合で真核生物が誕生した．真核生物（ユーカリオート）はアーキアに分類される．バクテリアとアーキアの中で原核生物だけを指す場合には真正細菌（ユーバクテリア）および古細菌（アーキバクテリア）と呼ぶ．

してはかなりの証拠がそろっている（図2.4）．これにユーリアーキオータ門などの他のアーキアやバクテリアからの多くの遺伝子がユーカリア誕生に寄与した可能性もある．今後，もっと多くの遺伝子の解析によってこれらのモデルが検証され，より正しいモデルに近づいていくと予想される．

2.2 メタン生成アーキア

メタン生成アーキアはメタン生成過程より唯一の生育のエネルギーを得る絶対嫌気性のアーキアである．本節ではメタン生成アーキアの生息環境の特徴を述べた上で，メタン生成アーキアの種類，主な生息環境における生態とその特徴について解説する．また，メタン生成と逆向きの代謝により嫌気的にメタンを酸化する[27]嫌気性メタン酸化アーキアについても触れる．

2.2.1 メタン生成アーキアの生息環境とその特徴

有機物は酸素が存在する環境では好気性生物の作用により最終的には二酸化炭素と水へと分解される．一方，無酸素環境下では有機物はさまざまな嫌気性微生物の作用を受け，図2.5に示すような複雑な過程を経て分解される[28]．すなわち，多糖，タンパク質，脂質などの高分子化合物は加水分解により単糖，アミノ酸，グリセロール，脂肪酸などになり，次いで発酵等の酸生成作用によりモノカルボン酸（有機酸）やアルコールへと分解される．さらに，水素生成・酢酸生成反応により水素，二酸化炭素，酢酸などへと代謝され，最終的にメタンが生じる．特に，モノカルボン酸やアルコールから水素と酢酸が生成する反応はエネルギー的に不利な反応であり，メタン生成アーキアが生成物の水素を利用して濃度を低下させないと進行しない（このような分解菌とメタン生成アーキアの間の栄養共生関係は種間水素転移と呼ばれる）[29]．したがって，メタン生成反

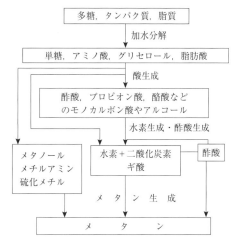

図2.5 有機物の嫌気的分解過程．
（出典：浅川晋：『土の環境圏』，岩田進午・喜田大三（監修），（フジ・テクノシステム，1997），p.300）

応は嫌気的環境における有機物分解の最終過程と位置づけられる．ただし，嫌気的環境であっても，硝酸イオン，鉄やマンガンの酸化物，硫酸イオンの濃度が高い場合には，それらを電子受容体として酸素の代わりに利用し嫌気呼吸を行う嫌気性微生物による有機物の分解がメタン生成よりも優位に進行する[30]．一方，硫酸イオン濃度が高い海洋の底質表層部では硫酸還元反応と共役した嫌気的なメタン酸化が生じる[31]．

　メタン生成アーキアは，湖沼，河川，河口域，沿岸，海洋などの底質，水田土壌，泥炭地，塩沢地，油田の油層，深海の熱水湧出孔，人間や動物の腸内，反芻動物のルーメン（反芻胃），シロアリやゴキブリなどの節足動物の腸内，人間の口腔内，原生動物，メタン発酵消化槽，埋立地など広範な嫌気的環境に生息している[32]．メタン生成アーキアが利用する主要な生育基質は水素＋二酸化炭素，ギ酸，酢酸，メタノール，メチルアミン類など比較的少数の低分子化合物に限られる．地球内部のエネルギーに由来する水素＋二酸化炭素が基質となる火山性の噴気孔や深海の熱水湧出孔を除くと，いずれのメタン生成アーキアの生息環境においても，これらの生育基質は多種多様な嫌気性微生物が関わる有機物の嫌気的分解過程により生じたものである．また，メタン生成アーキアが適応できる温度，pH，塩濃度などの生理条件は極めて広い[33]．南極エース湖より分離された *Methanogenium frigidum* は0℃でも生育する（最適生育温度は15℃）[34]のに対し，深海の熱水湧出孔から分離された *Methanopyrus kandleri* には加圧条件下の122℃で生育することが確認されている株がある[35]．pHでは中性からややアルカリ性が生育の最適条件である場合が多いが，*Methanosarcina barkeri* ではpH4.0で増殖が認められた株があり[36]，*Methanocalculus* 属や *Methanosalsum* 属ではpH10.2までの生育が確認されている[37]．また，塩濃度については淡水環境から飽和食塩水の濃度に近い環境まで生息が認められており，NaCl濃度5.1Mで増殖する *Methanohalobium evestigatum*[38]も知られている．このように，他の嫌気性微生物がメタン生成を凌駕する条件でなければ，メタン生成の基質が生じる嫌気的環境では，地球上のほぼどこにでもメタン生成アーキアは普遍的に生息しているといえよう．

2.2.2　メタン生成アーキアの種類

　これまでに分離されたメタン生成アーキアは全てユーリアーキオータ門に属し，好塩性アーキアとは異なり複数の系統群からなり，5綱7目15科34属157種が記載されている（**表2.2**，2016年3月現在）．これらの中で，*Methanomassiliicoccales* 目は非メタン生成性の好熱性アーキアとともに *Thermoplasmata* 綱に含まれている[39]．メタン生成アーキアの細胞形態は，桿状，球状，不定形球状，らせん状，プレート状，サルシナ（小荷物）状，糸状などと多様である．

　表2.3にメタン生成アーキアの生育基質を目ごとに示した．前項であげた代表的な生育基質の中で，水素＋二酸化炭素を利用するメタン生成アーキアが最も多い．一方，図2.5に示したように酢酸は有機物の嫌気的分解過程で重要な代謝産物であるが，生育基質として利用できるメタン生成アーキアは *Methanosarcinales* 目の中の *Methanosarcina* 属と *Methanothrix*（*Methanosaeta*†）属に限られる．ギ酸は水素＋二酸化炭素を生育基質とするメタン生成アー

---

　† *Methanosaeta* は *Methanothrix* の異名であるが現在は非合法名（illegitimate name）と見なされている．

2.2 メタン生成アーキア

表 2.2 これまでに分離・記載されたメタン生成アーキア（属名と各属の種数，2016 年 3 月現在）.

綱（class） 　目（order） 　　科（family） 　　　属（genus）	種（species）数	綱（class） 　目（order） 　　科（family） 　　　属（genus）	種（species）数
Methanobacteria		*Methanomicrobiales*（続き）	
Methanobacteriales		*Methanoregulaceae*	
Methanobacteriaceae		*Methanolinea*	2
Methanobacterium	25	*Methanoregula*	2
Methanobrevibacter	15	*Methanosphaerula*	1
Methanosphaera	2	*Methanospirillaceae*	
Methanothermobacter	8	*Methanospirillum*	4
Methanothermaceae		*Methanosarcinales*	
Methanothermus	2	"*Methanosaetaceae*"	
Methanococci		*Methanothrix*（"*Methanosaeta*"）	3
Methanococcales		*Methanosarcinaceae*	
Methanocaldococcaceae		*Methanimicrococcus*	1
Methanocaldococcus	7	*Methanococcoides*	4
Methanotorris	2	*Methanohalobium*	1
Methanococcaceae		*Methanohalophilus*	4
Methanococcus	4	*Methanolobus*	8
Methanothermococcus	2	*Methanomethylovorans*	3
Methanomicrobia		*Methanosalsum*	2
Methanocellales		*Methanosarcina*	14
Methanocellaceae		*Methermicoccaceae*	
Methanocella	3	*Methermicoccus*	1
Methanomicrobiales		*Methanopyri*	
Methanocalculaceae		*Methanopyrales*	
Methanocalculus	6	*Methanopyraceae*	
Methanocorpusculaceae		*Methanopyrus*	1
Methanocorpusculum	4	*Thermoplasmata*	
Methanomicrobiaceae		*Methanomassiliicoccales*	
Methanoculleus	11	*Methanomassiliicoccaceae*	
Methanofollis	5	*Methanomassiliicoccus*	1
Methanogenium	4		
Methanolacinia	2		計 157
Methanomicrobium	1		
Methanoplanus	2		

キアの一部が利用する．メタノールとメチルアミン類は *Methanosarcinales* 目の中の *Methanosarcinaceae* 科および *Methermicoccaceae* 科のメタン生成アーキアにより生育基質として利用される．これらのほか，2-プロパノールなどの第二アルコール（一部にはエタノールなどの第一アルコール）と二酸化炭素からメタンを生成する菌が *Methanobacteriales* 目と *Methanomicrobiales* 目のメタン生成アーキアに，一酸化炭素を生育基質とする菌は *Methanobacterium* 属と *Methanosarcina* 属のメタン生成アーキアに認められている．*Methanobacteriales* 目の中の *Methanosphaera* 属，*Methanomassiliicoccales* 目（*Methanomassiliicoccus* 属），*Methanosarcinales* 目の中の *Methanimicrococcus* 属は水素の存在下でのみメタノール（一部にはメチルア

第2章 アーキアの進化と生態

表 2.3 メタン生成アーキアの生育基質.

Methanobacteriales	水素＋二酸化炭素*, ギ酸*, 一酸化炭素*, 2-プロパノール＋二酸化炭素*, 2-ブタノール＋二酸化炭素*, メタノール＋水素*, メチルアミン類＋水素*
Methanococcales	水素＋二酸化炭素, ギ酸*
Methanocellales	水素＋二酸化炭素, ギ酸*
Methanomicrobiales	水素＋二酸化炭素, ギ酸*, 2-プロパノール＋二酸化炭素*, 2-ブタノール＋二酸化炭素*, シクロペンタノール＋二酸化炭素*, 1-プロパノール＋二酸化炭素*, 1-ブタノール＋二酸化炭素*, エタノール＋二酸化炭素*
Methanosarcinales	水素＋二酸化炭素*, 一酸化炭素*, 酢酸*, メタノール*, メチルアミン類*, 硫化ジメチル*, メタンチオール*, メタノール＋水素*, メチルアミン類＋水素*
Methanopyrales	水素＋二酸化炭素
Methanomassiliicoccales	メタノール＋水素

*限られた種のみ利用する.

ミン類）を利用する．また，*Methanosarcinales* 目の一部の菌は硫化ジメチルやメタンチオールを利用する．なお，分離培養はされていないが，陸上地下環境等のメタゲノム解析に基づく遺伝子情報から *Bathyarchaeota* 門や *Verstraetearchaea* 門に属するメタン生成アーキアの存在が推定されており[40]，ユーリアーキオータ門以外のアーキアの系統群にメタン生成アーキアの分布が広がる可能性を示したものとして興味深い．今後培養株等を用いメタン生成の検証を行う必要があろう．

嫌気性メタン酸化アーキアはいまだ分離されていないが，分子系統的にはメタン生成アーキアに近縁であり，ANME（anaerobic methanotrophic archaea）-1, 2, 3 のグループに分けられている[27,31].

2.2.3 メタン生成アーキアの主な生息環境における生態とその特徴

ここでは，2.2.1 項で述べた中で代表的な生息環境として湛水土壌・底質，動物腸内，嫌気消化槽（メタン発酵槽）を取り上げ，メタン生成アーキアの生態と特徴[32,41,42]を概観し，最後に人間生活との関わりを述べる．

(1) 湛水土壌・底質

図 2.5 に示したように有機物の嫌気的分解は進行し，多種多様なメタン生成アーキアがメタン生成過程に関わっている．淡水環境では主に酢酸と水素＋二酸化炭素からメタンが生成され，酢酸の寄与がより高いと考えられており[43]，*Methanosarcinales* 目，*Methanobacteriales* 目，*Methanomicrobiales* 目などのメタン生成アーキアが主として生息する．海洋の底質にはさらに *Methanococcales* 目のメタン生成アーキアが生息する．海水の影響を受け硫酸塩の濃度が高い底質環境では硫酸還元菌による硫酸呼吸が卓越するため，硫酸還元菌とは競合しない基質であるメチルアミン類やメタノール利用性の *Methanosarcinales* 目のメタン生成アーキアがメタン生成に関わっている．また，硫酸還元菌と共生した嫌気性メタン酸化アーキアが生息し，メタンの酸化に大きく寄与している[31].

なお，これらの生息環境の中で水田は毎年イネの栽培期間（約 100 日間）のみ湛水されメタンが生成する．それ以外の期間は水が落とされ土壌は好気的になりメタンが発生することはないが，土壌中のメタン生成アーキアの菌群構成や菌数は年間を通じて大きな変化はなく，よく

生残する[44]．さらに，好気的な畑土壌や砂漠土にも量は少ないながらもメタン生成アーキアが存在することが明らかにされている[45]．このように，絶対嫌気性であるメタン生成アーキアが好気的な土壌条件で生残・存在できるメカニズムはよくわかっていない．

(2) 動物腸内

反芻動物の第一胃（ルーメン）にはメタン生成アーキアが生息する．ルーメンでは食物の有機物が分解されて生じたプロピオン酸や酢酸は消化吸収されるため，水素利用性のメタン生成アーキアが優占し，*Methanobrevibacter* 属などが主要な菌群である．反芻動物以外の動物では，家禽類やウマの盲腸，人間やブタの大腸，シロアリの後腸などにもメタン生成アーキアが生息しており，やはり *Methanobrevibacter* 属が主要な菌群と考えられている[46]．また，人間の糞便とゴキブリの後腸からは水素の存在下でメタノールやメチルアミン類を利用する *Methanosphaera* 属，*Methanomassiliicoccus* 属，*Methanimicrococcus* 属が分離されている．

(3) 嫌気消化槽（メタン発酵槽）

嫌気消化槽（メタン発酵槽）は廃棄物処理や廃水処理に用いられており，淡水環境と同様に主に酢酸と水素＋二酸化炭素からメタンが生成され，酢酸利用性のメタン生成アーキアの寄与がより高いと考えられている．中でも，高速・高負荷で廃液処理の可能な上向流嫌気性汚泥床法（UASB 法）では，その高い処理能力の鍵を握っている顆粒状凝集体の形成に *Methanothrix*（*Methanosaeta*）属のメタン生成アーキアが大きな役割を果たしている[42]．

(4) メタン生成アーキアと人間生活との関わり

（a）温室効果ガスとしてのメタン

メタンは二酸化炭素に次いで地球温暖化への寄与が高いと考えられている温室効果ガスである．生物的すなわちメタン生成アーキアの作用によるメタンの発生源としては，放出量の多い順に湿地，ルーメン，埋立地・廃棄物処理，湖沼・河川，水田などがある[47]．湿地と湖沼・河川は自然発生源であり発生量の制御は難しいが，ルーメン，埋立地・廃棄物処理，水田については人間活動が原因であり，発生量増大の抑制が望まれる．ルーメンについては餌の組成の改良や脂肪酸の投与など[48]，水田では水管理と施用する有機物（稲わらなど）の管理など[49]によりメタンの発生量を削減できる場合がある．

（b）人間の病気とメタン生成アーキア

人間の体内には腸内以外にも口腔内の歯槽膿漏の歯周ポケットに *Methanobrevibacter* 属のメタン生成アーキアが生息している．これまで，メタン生成アーキアだけではなくアーキアには直接的な人間への病原性はないとされてきたが，歯周炎局部の免疫応答への関与などから歯周病の病原因子の一つではないかと疑われている[50]．

（c）メタン発酵としての利用

メタン生成アーキアはいわゆるメタン発酵として廃棄物や廃水の処理に古くから利用されている．好気的処理の活性汚泥法に対し，発生する余剰汚泥量が少ない，曝気のためのエネルギーが不要，燃料としてメタンが得られるなどの利点を持つ．一方で，処理速度が遅い，処理できる有機物の濃度に制限があるなどの欠点もあり，高速・高負荷化への処理技術の開発が続けられている[51,52]．

2.3 | 好塩性アーキア

微生物はその増殖最適NaCl濃度によって分類される．ほとんどの土壌微生物が非好塩菌（増殖最適NaCl濃度：0～0.2 M）に含まれ，海洋細菌の多くは低度好塩菌（0.2～0.5 M）に含まれる．非好塩菌の中には耐塩菌も含まれ，10%以上の塩中でも増殖可能である．中度好塩菌（0.5～2.5 M）の多くは，さまざまな含塩試料から多数分離される．そして，高度好塩菌（2.5 M<）は岩塩層，塩湖などの高濃度塩環境中から分離され，そのほとんどはユーリアーキオータ門 *Halobacteria* 綱に分類される．例外的に，絶対嫌気性であるメタン生成アーキア *Methanohalobium evestigatum*[53] は2.6～5.1 M（15～30 w/v%）のNaCl濃度で増殖し，最適NaCl濃度が25%の高度好塩性微生物であるが，ここでは詳細な説明は割愛する．本節では *Halobacteria* 綱に属する好塩性アーキアについて説明する．

2.3.1 好塩性アーキアの特徴

Halobacteria 綱に属する好塩性アーキアは一部の例外を除き好気性グラム陰性の化学合成従属栄養生物である．多くの好塩性アーキアは寒天培地上に赤いコロニーを形成する．その細胞形態は桿菌，球菌，または三角形（*Haloarcula japonica* など）や四角形（*Haloquadratum walsbyi* など）を含む平板状の菌が知られている．

(1) 好塩性アーキアの増殖

好塩性アーキアの増殖には酸素を必要とし，カザミノ酸，酵母エキス，ペプトンなどの有機物を炭素源とする．これらの中には，ジメチルスルホキシド，アルギニンやフマル酸などを利用し，嫌気条件下でも増殖可能な種も存在する．ロシアのクルンダ・ステップにある塩湖から分離された *Halanaeroarchaeum sulfurireducens* は偏性嫌気性菌として知られている[54]．前述のとおり，多くの好塩性アーキアは高度好塩性を示すが増殖最適NaCl濃度が1.7 M（9.9 w/v%）の *Haloferax volcanii*[55]，*Halorubrum sodomense*[56]，*Halorussus ruber*[57] など中度好塩性を示す種も報告されている．また，NaCl濃度0.8 M（4.7 w/v%）で増殖可能な *Haladaptatus pauchihalophilus*（増殖最適NaCl濃度は2.6～3.1 M）など，より低塩濃度環境に適応した種の報告も増えてきている[58]．

好塩性アーキアの多くは，その増殖最適pHが7程度である．増殖最適pHを9.0以上を示す好アルカリ性好塩性アーキアも知られるが，220種中22種とその数は少ない（2016年12月時点）．好塩性アーキアの中で最も好アルカリ性を示す *Natronobacterium gregoryi* はpH 12にて生育が可能であり[59]，2001年に好アルカリ細菌 *Alkaliphilus transvaalensis*[60] が発見されるまでは最も好アルカリ性の強い生物として知られていた．一方でpH 5.0以下に増殖至適を持つ好酸性好塩性アーキアは *Halarchaeum acidiphilum* が唯一である[61]．

好塩性アーキアはそのほとんどが37℃付近に最適増殖温度を有する．低温で増殖可能な好塩性アーキアとしては *Halorubrum lacusprofundi* の4℃が最も低い[62]．一方，60℃以上で増殖可能な種はわずか9種であり，その最高増殖温度は *Natribaculum breve*，*Natribaculum longum* の62℃である[63]．

2.3 好塩性アーキア

(2) 好塩性アーキアの生理的特徴[64,65]

　高塩濃度環境下で増殖可能な好塩性アーキアは，常に外界の塩の影響を受けている．好塩性アーキアの多くは細胞壁を持たず，代わりにS層（Sレイヤー）と呼ばれる糖タンパク質からなる層が存在する．一方で，*Halococcus*属などの球菌はヘテロ多糖の細胞壁を有し，低張液中でも溶菌しない．

　好塩性アーキアは他のアーキア同様にグリセロールにイソプレノイドアルコールがエーテル結合したエーテル型脂質を膜脂質として有する（第3章参照）．好塩性アーキアでは，リン脂質としてアーキチジルグリセロール，アーキチジルグリセロリン酸，アーキチジルグリセロ硫酸，糖脂質としてはジグリコシルアーキオール，トリグリコシルアーキオールなど，これまでにグリセロールの*sn-1*位に結合している糖の種類と数，また糖間の結合様式と硫酸基の結合位置から約10種類ほどの糖脂質の構造が決定されている．好塩性アーキアの細胞膜中の脂質はジエーテル型のみでテトラ型エーテルは見出されていない．好塩性アーキアの細胞膜はナトリウムイオンにより安定化され，ナトリウムイオンは，過剰な負電荷の中和や塩析効果による疎水構造の安定化に寄与していると考えられている．例外として，生育に高濃度のマグネシウムイオンを必要とする*Halobaclum*属はマグネシウムイオンが細胞膜の安定化に機能している．

　ある種の好塩性アーキアは，レチナールを発色団に持つ色素タンパク質（レチナールタンパク質）を細胞膜上に有している．これらのうち，ユーカリアの視覚色素ロドプシンに似ている紫色の光合成色素であるバクテリオロドプシンやハロロドプシンは光駆動性のイオンポンプとして働いており，バクテリオロドプシンはプロトンポンプとして，ハロロドプシンはアニオンポンプとして働く．さらに，好塩性アーキアはプロトンの電気化学ポテンシャル差を利用してナトリウムイオンを排出するナトリウムイオン／プロトン対抗輸送体を有する．また，*Halobacterium halobium*（現在の学名は*Halobacterium salinarum*）は膜小胞に光駆動性のナトリウムポンプを有している．このように様々な生体機構により高塩濃度環境に適応している．

　また，好塩性アーキアの細胞内には高濃度の塩（カリウムイオン）が蓄積しており，それによって細胞外の高い浸透圧に適応している．そのためか好塩性アーキアの菌体内酵素は，ナトリウムイオンよりもカリウムイオンに依存する酵素が多く，生理的に必要な塩は塩化カリウムであると考えられている．

2.3.2　好塩性アーキアの分類と生息環境
(1) 好塩性アーキアの分類

　2016年12月時点で，*Halobacteria*綱には3科54属220種が公式に記載されている（表2.4）．10年ほど前までは，わずかに1目（*Halobacteriales*）1科（*Halobacteriaceae*科）10属であり，多様性の小さい系統群であった．その後，報告される属種が増えるにつれその系統関係について，再検討の必要が指摘され2015年にGuptaらは好塩性アーキアのゲノム配列をもとに，これまで1目1科であった*Halobacteeria*綱を*Halobateria*目（*Halobacteriaceae*科，*Haloarculaceae*科および*Halococcaceae*科の3科），*Haloferacales*目（*Haloferacaseae*科，*Halorubraceae*科の2科）および*Natrialbales*目（*Natrialbaceae*科）の3目として再分類した[66,67]．

第 2 章　アーキアの進化と生態

表 2.4　これまでに分離・記載された好塩性アーキア（各属の基準種と種数，2016 年 12 月現在）．

属	種数	属	種数	属	種数
Haladaptatus [*Hap.*] 　*Hap. paucihalophilus*	4	*Halomarina* [*Hmr.*] 　*Hmr. oriensi*	2	*Halostella* [*Hsl.*] 　*Hsl. salina*	1
Halalkalicoccus [*Hac.*] 　*Hac. tibetensis*	3	*Halomicroarcula* [*Hma.*] 　*Hma. pellucida*	3	*Haloterrigena* [*Htg.*] 　*Htg. turkmenica*	9
Halanaeroarchaeum [*Has.*] 　*Has. sulfurireducens*	1	*Halomicrobium* [*Hmc.*] 　*Hmc. mukohataei*	3	*Halovarius* [*Hvr.*] 　*Hvr. luteus*	1
Halapricum [*Hpr.*] 　*Hpr. salinum*	1	*Halonotius* [*Hns.*] 　*Hns. pteroides*	1	*Halovenus* [*Hvn.*] 　*Hvn. aranensis*	3
Halarchaeum [*Hla.*] 　*Hla. acidiphilum*	6	*Haloparvum* [*Hpv.*] 　*Hpv. sedimenti*	2	*Halovivax* [*Hvx.*] 　*Hvx. asiaticus*	4
Haloarchaeobius [*Hab.*] 　*Hab. iranensis*	5	*Halopelagius* [*Hpl.*] 　*Hpl. inordinatus*	3	*Natrialba* [*Nab.*] 　*Nab. asiatica*	6
Haloarcula [*Har.*] 　*Har. vallismortis*	9	*Halopenitus* [*Hpt.*] 　*Hpt. persicus*	3	*Natribaculum* [*Nbl.*] 　*Nbl. breve*	2
Halobacterium [*Hbt.*] 　*Hbt. salinarum*	4	*Halopiger* [*Hpg.*] 　*Hpg. xanaduensis*	4	*Natrinema* [*Nnm.*] 　*Nnm. pellirubrum*	7
Halobaculum [*Hbl.*] 　*Hbl. gomorrense*	2	*Haloplanus* [*Hpn.*] 　*Hpn. natans*	6	*Natronoarchaeum* [*Nac.*] 　*Nac. mannanilyticum*	3
Halobellus [*Hbs.*] 　*Hbs clavatus*	8	'*Haloprofundus*' [*Hpd.*] 　'*Hpd. marisrubri*'	1	*Natronobacterium* [*Nbt.*] 　*Nbt. gregoryi*	2
Halobiforma [*Hbf.*] 　*Hbf. haloterrestris*	3	*Haloquadratum* [*Hqr.*] 　*Hqr. walsbyi*	1	*Natronococcus* [*Ncc.*] 　*Ncc. occultus*	4
'*Halobium*' [*Hbm.*] 　'*Hbm. palmae*'	1	*Halorhabdus* [*Hrd.*] 　*Hrd. utahensis*	3	*Natronolimnobius* [*Nln.*] 　*Nln. baerhuensis*	2
Halocalculus [*Hcl.*] 　*Hcl. aciditolerans*	1	*Halorientalis* [*Hos.*] 　*Hos. regularis*	3	*Natronomonas* [*Nmn.*] 　*Nmn. pharaonis*	3
Halococcus [*Hcc.*] 　*Hcc. morrhuae*	9	*Halorubellus* [*Hrb.*] 　*Hrb. salinus*	2	*Natronorubrum* [*Nrr.*] 　*Nrb. bangense*	6
Haloferax [*Hfx.*] 　*Hfx. volcanii*	12	*Halorubrum* [*Hrr.*] 　*Hrr. saccharovorum*	35	*Salarchaeum* [*Sar.*] 　*Sar. japonicum*	1
Halogeometricum [*Hgm.*] 　*Hgm. borinquense*	4	*Halorussus* [*Hrs.*] 　*Hrs. rarus*	4	*Salinarchaeum* [*Saa.*] 　*Saa. laminariae*	1
Halogranum [*Hgn.*] 　*Hgn. rubrum*	4	'*Halosiccatus*' [*Hsc.*] 　'*Hsc. urmianus*'	1	*Salinigranum* [*Sgn.*] 　*Sgn. rubrum*	2
Halohasta [*Hht.*] 　*Hht. litorea*	2	*Halosimplex* [*Hsx.*] 　*Hsx. carlsbadense*	4	*Salinirubrum* [*Srr.*] 　*Srr. litoreum*	1
Halolamina [*Hlm.*] 　*Hlm. pelagica*	5	*Halostagnicola* [*Hst.*] 　*Hst. larsenii*	4		

[　] は推奨省略表記．

（2）好塩性アーキアの生息環境

　好塩性アーキアの分離源は世界中に分布する塩湖や塩田が最適である．塩湖ではアメリカ合衆国ユタ州のグレート・ソルト湖，アラビア半島北西部に位置する死海やケニアのマガディ湖，中国奥地やチベット高原にある塩湖から，多くの新属新種が分離報告されている．また，約 4 億 1900 万年前の古生代シルル紀から約 180 万年前の更新世ジェーラ期までの地質年代の岩塩鉱床からも数多く発見されている[68]．岩塩鉱床からの分離は，好塩性アーキアを含む塩水が岩塩層の裂け目からしみ込んで結晶化したものではないかとも考えられている[69]．さら

に、フランスのゲランド塩田、メキシコのゲレロネグロ塩田といった世界各地の塩田、市販天日塩や煎ごう塩、塩蔵食品からも分離されている.

　日本は高濃度塩環境に乏しいため、これまで好塩性アーキアの分離報告例はわずか2報であった. 1990年に能登塩田の砂から分離された *Haloarcula japonica* が初めての報告である[70]. 1996年には海岸近くの塩がこびりついた砂から分離された *Natrialba asiatica* が報告された[71]. 以降10年以上、日本における好塩性アーキアの報告例は皆無であったが、2010年には新潟県産の煎ごう塩から分離された *Natronoarchaeum mannanilyticum* が新属として提唱された[72]. 2011年には沖縄県産の市販塩から新属 *Salarchaeum japonicum*[73]、2013年に秋田県産の煎ごう塩から好マグネシウム性の *Halobaculum magnesiiphilum*[74]、2015年には沖縄県産の天日塩から分離された新属である耐酸性好塩性アーキア *Halocalculus aciditolerans*[75]と沖縄県産の煎ごう塩から分離された *Halarchaeum grantii*[76]が報告された. このように市販塩は好塩性アーキアの分離源として非常に有用であり、今後も新規好塩性アーキアの発見が期待される. 海水由来の分離株として初めて報告されたのは *Halomarina oriensis*[77]であり、東京大学海洋研究所にある海水水槽から分離された. また、パプアニューギニアのマヌス海盆パックマヌスサイトの熱水噴出孔から *Haloarcula* 属のクローンが検出されている[78]. さらに、ロシア（カムチャッカ）と米国（ハワイ、ニューメキシコ、カリフォルニアおよびワイオミング）の活火山の噴煙エアゾルからも *Haloarcula* 属が検出され、イエローストーンの噴出口からは75℃で5〜30分耐える株が分離された[79].

　好塩性アーキアは世界中の高塩濃度環境に普遍的に存在しており、塩湖、岩塩、天日塩の由来はいずれも海水であることから、好塩性アーキアの由来は海洋と推定されているが、その起源についてはいまだ謎である.

　このように好塩性アーキアの多くは環境中から分離されているが、近年では動植物からの分離報告例も増えている. その一例として、地中海や大西洋の島々に分布し、海中を15mの深さまで潜ることが可能であるオニミズナギドリ（*Calonectris diomedea*）の鼻孔にある塩類腺（海水から過剰に摂取した塩分を排出する分泌腺）からは *Halococcs* 属に近縁な株が分離されている[80]. また、好塩性アーキアはヒトの炎症性腸疾患患者の消化管粘膜から検出されている[81]. さらに、認知症患者の脳組織の一部にも好塩性アーキアに由来する DNA 断片が多数見つかったことが報告されている[82]. 決して高塩濃度環境とはいえない人間の消化管や脳組織から、これまで病原性がないとされてきた好塩性アーキアが検出されたことは非常に興味深い.

2.3.3　新しい好塩性アーキア

　これまで好塩性アーキアといえば、*Halobacterium* 綱のことを指していたが、近年これまでとは全く異なる分類群の *Nanohaloarchaeota* の存在が報告された[83,84]. *Nanohaloarchaeota* は現在三つの分類群が報告されており、独立の門とする説と、ユーリアーキオータ門の一つとする説がある. それらのうち、"*Ca.* Haloredivivus sp."[†]、"*Ca.* Nanosalina sp." および "*Ca.* Nano-

---

　[†] *Ca.*（*Candidatus*）は、分離株が得られていないために正式な学名が提案できない場合に、暫定的な学名を示す目的で用いられる. *Ca.*（*Candidatus*）はイタリック体とし、学名をローマン体で表記する.

salinarum sp." はゲノム解析が行われ，その推定サイズは約 1.2 Mbp とされた．これらは *Halobacteria* 綱の好塩性アーキアと同様に，スペインのサンタ・ポラ塩田やオーストラリアのティレル湖といった塩田，塩湖に生息する．今後，新たな分離法の確立や，いろいろな塩試料から，好塩性を有する新たな分類群が発見される可能性が考えられる．

2.4 | 好熱性アーキア

　一般に好熱性に関する明確な定義はないが，至適生育温度が 40℃ 以上にあるものを好熱菌と呼ぶことが多く，その中でも至適生育温度が 40〜60℃ を中等度好熱菌，60〜80℃ を高度好熱菌，そして 80℃ 以上にある微生物は超好熱菌（hyperthermophile）と定義されている[85]．超好熱菌に相当するバクテリア種はわずかな例しか知られておらず，またその最高生育温度も 100℃ までであるが，アーキアでは数多くの超好熱性アーキアが存在し，最高生育温度が 100℃ 以上のアーキア種も多数存在している[86]．超好熱菌を含めた好熱性アーキアは主に火山活動による地熱地帯に生息するが，高温運転している廃水処理槽や水田等の土壌などからも中等度好熱性アーキアが見出されている．本節では地熱地帯に生存する好熱性アーキアを中心にその多様性と生態学的特徴を概説する．

2.4.1　好熱性アーキアの系統分類

　これまでに分離培養されている好熱性アーキアはクレンアーキオータ門やユーリアーキオータ門に属しており，その分類と主な性状を表 2.5 に示す．クレンアーキオータ門は好熱性アーキアから構成される系統群で，*Sulfolobales* 目アーキアは好酸性で *Sulfolobus* 属や *Acidianus* 属のように数多くの好気性や通性嫌気性の属種を含んでいる．*Thermoproteales* 目は桿菌またはフィラメント状のアーキアで多くは硫黄呼吸によって嫌気的に生育するが，*Pyrobaculum* 属には酸素や硝酸を電子受容体として利用する種が存在している．*Desulfurococcales* 目は球状またはプレート状のアーキアで陸上温泉や海底熱水孔など幅広く分布し，発酵で生育する *Desulfurococcus* 属，水素 - 硫黄で独立栄養的に生育する *Ignicoccus* 属，好気的に生育する *Aeropyrum* 属など多様な代謝系を有するアーキアが存在している．系統学的にも多様であり今後再分類される可能性がある．*Acidilobales* 目・*Fervidicoccales* 目は陸上酸性温泉から分離された酸性または弱酸性のアーキアである．ユーリアーキオータ門は好熱性アーキアのみならずメタン生成アーキアや好塩性アーキアなど幅広い表現性状を有する系統群である．本門には *Thermococcus* 属や *Pyrococcus* 属のように発酵性で主に海洋熱水環境に生息している *Thermococcales* 目，硫酸還元性の *Archaeoglobus* 属や鉄酸化性の *Ferroglobus* 属などを含む *Archaeoglobales* 目，また *Thermoplasma* 属に代表される好気性・好酸性アーキアを含む *Thermoplasmatales* 目がある．本目のアーキアは細胞壁を欠くものが多いが *Picrophilus* 属には細胞壁が存在する．さらには *Methanopyrales* 目，*Methanobacteriales* 目，*Methanococcales* 目に超好熱性メタン生成アーキアが存在している．

　一方，培養に依存しない分子生態学的手法の発展によって，地熱環境中にはクレンアーキオータ門やユーリアーキオータ門にも属さない多様なアーキア系統群が生息していることが示さ

2.4 好熱性アーキア

表 2.5 好熱性アーキアの分類と主な性状.

門／綱／目／科 属名	種の数[1]	最高生育 温度（℃）	至適生育 （pH）	酸素 利用性	主な 分離源[2]	栄養性[3]	主な電子受容体または エネルギー代謝[4]
クレンアーキオータ／*Thermoprotei*／*Thermoproteales*／*Thermoproteaceae*							
Thermoproteus	3	90〜102	5.0〜5.6	嫌気	陸	通独, 従属	S^0, $S_2O_3{}^{2-}$, 発酵
Caldivirga	1	92	3.7〜4.2	嫌気	陸	従属	S^0, $S_2O_3{}^{2-}$
Pyrobaculum	8	97〜104	6.0〜7.0	通性好気, 嫌気	陸, 海	通独, 従属	S^0, $S_2O_3{}^{2-}$, O_2, $NO_3{}^-$, As(V)
Thermocladium	1	82	4.0	嫌気	陸	従属	S^0, $S_2O_3{}^{2-}$
Vulcanisaeta	3	89〜99	4.5〜5.0	嫌気	陸	従属	S^0, $S_2O_3{}^{2-}$
クレンアーキオータ／*Thermoprotei*／*Thermoproteales*／*Thermofilaceae*							
Thermofilum	2	＜95	5.0〜6.5	嫌気	陸	従属	S^0
クレンアーキオータ／*Thermoprotei*／*Acidilobales*／*Acidilobaceae*							
Acidilobus	2	90〜92	3.5〜4.0	嫌気	陸	従属	発酵, (S^0)
クレンアーキオータ／*Thermoprotei*／*Acidilobales*／*Caldisphaeraceae*							
Caldisphaera	1	80	3.5〜4.0	嫌気	陸	従属	発酵, (S^0)
クレンアーキオータ／*Thermoprotei*／*Desulfurococcales*／*Desulfurococcaceae*							
Desulfurococcus	2	87〜97	5.5〜6.5	嫌気	陸	従属	発酵, (S^0)
Aeropyrum	2	97〜100	7.0〜8.0	好気	海	従属	O_2
Ignicoccus	3	98	5.5〜6.0	嫌気	海	独立	S^0
Ignisphaera	1	98	6.4	嫌気	陸	従属	発酵
Staphylothermus	2	90〜98	6.0〜6.5	嫌気	陸	従属	S^0
Stetteria	1	102	6.0	嫌気	海	従属	S^0, $S_2O_3{}^{2-}$
Sulfophobococcus	1	95	7.5	嫌気	陸	従属	発酵
Thermodiscus	1	98	5.5	嫌気	海	従属	S^0, 発酵
Thermogladius	1	95	7.1	嫌気	陸	従属	発酵, (S^0)
Thermosphaera	1	90	6.5	嫌気	陸	従属	発酵
クレンアーキオータ／*Thermoprotei*／*Desulfurococcales*／*Pyrodictiaceae*							
Pyrodictium	3	110	5.5	嫌気	海	通独, 従属	S^0, 発酵
Hyperthermus	1	107	7.0	嫌気	海	従属	発酵, (S^0)
Pyrolobus	1	113	5.5	通性好気	海	通独	$NO_3{}^-$, O_2, $S_2O_3{}^{2-}$
クレンアーキオータ／*Thermoprotei*／*Fervidicoccales*／*Fervidicoccaceae*							
Fervidicoccus	1	85	5.5〜6.0	嫌気	陸	従属	発酵, (S^0)
クレンアーキオータ／*Thermoprotei*／*Sulfolobales*／*Sulfolobaceae*							
Sulfolobus	6	75〜95	2.0〜4.0	好気	陸	独立, 通 独, 従属	O_2, S^0 酸化
Acidianus	4	75〜95	1.5〜2.5	通性嫌気	陸	独立, 通独	O_2, S^0, S^0 酸化
Metallosphaera	5	75〜80	2.5〜3.5	好気	陸	通独	O_2, S^0 酸化
Stygiolobus	1	89	2.5〜3.0	嫌気	陸	独立	S^0
Sulfurisphaera	1	84	2.0	通性嫌気	陸	従属	O_2, S^0, S^0 酸化
Sulfurococcus	2	80〜85	2.0〜2.6	好気	陸	通独	O_2, S^0 酸化
ユーリアーキオータ／*Thermococci*／*Thermococcales*／*Thermococcaceae*							
Thermococcus	32	85〜103	5.8〜9.0	嫌気	海, 陸, 油田	従属	発酵, (S^0)
Palaeococcus	3	85〜95	6.0〜7.0	嫌気	海	従属	発酵, (S^0)
Pyrococcus	7	102〜112	6.8〜8.0	嫌気	海	従属	発酵, (S^0)
ユーリアーキオータ／*Archaeoglobi*／*Archaeoglobales*／*Archaeoglobaceae*							
Archaeoglobus	5	75〜95	6.0〜7.0	嫌気	海	通独, 従属	$SO_4{}^{2-}$, $SO_3{}^{2-}$, $S_2O_3{}^{2-}$
Ferroglobus	1	95	7.0	嫌気	海	通独	$NO_3{}^-$, Fe^{2+}酸化, H_2 酸化
Geoglobus	2	85〜90	6.8〜7.0	嫌気	海	通独	Fe^{3+}
ユーリアーキオータ／*Thermoplamata*／*Thermoplasmatales*／*Thermoplasmataceae*							
Thermoplasma	2	63〜67	1.0〜2.0	通性嫌気	陸	従属	O_2
ユーリアーキオータ／*Thermoplamata*／*Thermoplasmatales*／*Ferroplasmaceae*							
Ferroplasma	1	45	1.7	好気	陸	通独	O_2, Fe^{2+}酸化
Acidiplasma	2	63〜65	1.0〜1.6	通性嫌気	陸	通独	O_2, Fe^{2+}酸化
ユーリアーキオータ／*Thermoplamata*／*Thermoplasmatales*／*Picrophilaceae*							
Picrophilus	2	65	0.7	好気	陸	従属	O_2
ユーリアーキオータ／*Thermoplamata*／*Thermoplasmatales*／*Cuniculiplasmataceae*							
Cuniculiplasma	1	48	1.0〜1.2	通性嫌気	陸	従属	O_2
ユーリアーキオータ／*Thermoplamata*／*Thermoplasmatales*／Family Incertae sedis（科名不詳）							
Thermogymnomonas	1	68	3.0	好気	陸	従属	O_2
ユーリアーキオータ／*Methanopyri*／*Methanopyrales*／*Methanopyraceae*							
Methanopyrus	1	110（〜122）	6.3〜6.6	嫌気	海	独立	メタン生成（$H_2 + CO_2$）
ユーリアーキオータ／*Methanobacteria*／*Methanobacteriales*／*Methanothermaceae*							
Methanothermus	2	97	6.5	嫌気	陸	独立	メタン生成（$H_2 + CO_2$）
ユーリアーキオータ／*Methanococci*／*Methanococcales*／*Methanococcaceae*							
Methanothermococcus	2	70〜75	5.1〜7.0	嫌気	海	独立	メタン生成（$H_2 + CO_2$）
ユーリアーキオータ／*Methanococci*／*Methanococcales*／*Methanocaldococcaceae*							
Methanocaldococcus	7	89〜92	6.0〜7.0	嫌気	海	独立	メタン生成（$H_2 + CO_2$）
Methanotorris	2	83〜91	5.7〜6.7	嫌気	海	独立	メタン生成（$H_2 + CO_2$）

[1] 学名および属種数は 2016 年 12 月 1 日時点の承認種および正式発表された種（後行シノニムと思われる種を除く）に基づく.

[2] 生息地：陸は陸上温泉, 噴気孔など. 海は浅海もしくは深海の海底地熱帯や熱水孔などを含む.

[3] 栄養性：通独, 通性独立栄養性.

[4] 種によって異なる可能性があることに留意. (S^0) は硫黄による生育促進を示す.

れている[87,88]．その代表例として *Korarchaeota*[89]，*Aigarchaeota*[90]，*Nanoarchaeota*[91] と称される アーキアの一群があり，またタウムアーキオータ門の一部も見出されている[92]．このうち *Korarchaeota* は 16S rRNA 遺伝子の系統解析からクレンアーキオータとユーリアーキオータが分岐する以前に出現したと考えられていたが，ゲノム解析からクレンアーキオータにより近縁な可能性が示されている[92]．また *Nanoarchaeota* は超好熱性の *Ignicoccus* 属アーキアの一種に寄生する直径約 500 nm 程度の球菌状アーキアとして発見された[91]．当初は系統学的に早く分岐したアーキア系統群であると思われたが，一方では早く進化したユーリアーキオータ門アーキアである可能性も指摘されている[94]．

2.4.2 好熱性アーキアの生息環境

好熱性アーキアの最も一般的な生息地である陸上の温泉と海底の熱水孔について詳しく見てみよう[95,96]．火山活動が活発な地域では地下数 km に存在する高温岩盤（マグマ溜まり）から生じる高温の火山性ガスや蒸気が噴出している硫気孔地帯がしばしば形成されている．こうしたガス・蒸気は主に窒素，二酸化炭素，水素，硫化水素，亜硫酸ガスなどが含まれており，これによって地中内の pH はほぼ中性で，また硫化水素の存在によって嫌気的な状態が保たれている．一方，地表付近では硫化水素は生物学的あるいは非生物学的に硫酸に酸化されることによって表面土壌や湧出する温泉を酸性化している．こうした硫気孔地帯に形成される温泉溜まりには中性性嫌気性アーキアや好気性好酸性アーキアが共存し格好の分離源となっている．一方，硫気孔地帯の周辺にも温泉水が湧出していることが多いが，これは地中にしみ込んだ地下水が高温岩盤近辺で温められて，再び地表に押し上げられて生じると考えられている．これらの温泉水は地中内の岩石から溶出した無機塩を含み pH も中性やアルカリ性を呈している．

海底でも同様に火山活動によって熱水を湧出している地域があるが，この場合の熱水起源は海水となる．こうした熱水には硫化水素，水素，二酸化炭素などとともに鉄・マンガンなどの重金属を含んでいることも多い．熱水孔が深海中にある場合はその静水圧のために 100℃ 以上の熱水が存在している．特にブラックスモーカーと呼ばれる熱水孔は煙突のような堆積物（チムニー）の中心から 270〜380℃ の熱水とともに黒煙状に微粒の金属硫化物を噴出している．こうしたチムニー周辺では温度や酸化還元電位の勾配が形成され，それに応じた生育特性を有する好熱菌が生息している．

以上述べてきたような生息環境の物理化学的特徴はその環境に生息する好熱性アーキアの生育特性によく反映されていることが多く，その性状を理解するためにも生息環境についてよく知ることが重要である．

2.4.3 好熱性アーキアのエネルギー代謝の多様性

系統学的に幅広い好熱性アーキアからは様々なエネルギー代謝系が見出されている[97,98]．嫌気性の独立栄養性好熱性アーキアでは主に水素を電子供与体として硫黄を還元してエネルギー生成を行うが，*Archaeoglobus* 属などは硫酸やチオ硫酸などを利用している．また好熱性メタン生成アーキアも地熱環境中に存在する水素と二酸化炭素を利用してメタン生成を行う．好気的に生育する *Sulfolobales* 目アーキアは水素・硫黄・パイライトなどの硫化鉱物を酸化し独

立栄養的に生育することができる．炭酸固定としては好熱性メタン生成アーキアでは還元的アセチル CoA 経路，*Desulfurococcales* 目・*Thermoproteales* 目ではジカルボン酸/4-ヒドロキシブチル酸回路，*Sulfolobales* 目では 3-ヒドロキシプロピオン酸/4-ヒドロキシブチル酸回路と異なった炭酸固定代謝が存在している[99]．

　従属栄養性によるエネルギー生成系は発酵と好気的あるいは嫌気的呼吸に分けることができる．*Thermococcales* 目や一部の *Desulfurococcales* 目などは発酵によって従属栄養的に生育する．しかしこれらの多くは硫黄の存在によって生育促進され，その際に硫化水素を生成する．嫌気呼吸を行う *Thermoproteales* 目などでは硫黄やチオ硫酸を電子受容体として利用し有機物を CO_2 まで分解することができ，また一部の *Archaeoglobus* 属種は硫酸，亜硫酸を利用している．*Sulfolobales* 目や *Thermoplasmatales* 目の好気性従属性アーキアは酸素呼吸によって生育する．なお，*Thermoplasmatales* 目のうち酸性鉱山廃液中に生息する中温性の *Ferroplasmaceae* 科アーキアは鉄酸化によって混合栄養的に生育することができる[100]．

2.5 ┃ 海洋・陸圏のアーキア

2.5.1　海洋・陸圏における未知アーキアの発見と探索

　1980 年代まで，広範な嫌気的環境に生息するメタン菌を除き，アーキアは高温，酸性，高塩濃度という局所的な極限環境に適応した生物として認識されていた．このアーキア像は，1990 年代初頭の海水中からのアーキア由来リボソーム小サブユニット（SSU）rRNA 遺伝子の発見と，この成果に触発された分子生態解析の普及により一変した．海洋，陸圏，地下環境，さらには人体まで，ほぼ全ての生命圏において，未培養系統群も含む多様なアーキアの存在が明らかにされたのである．さらに現在では，単離・培養の試みの他，未培養系統群に対するメタゲノム解析，1 細胞ゲノム解析等の環境ゲノム解析が盛んに実施されている（第 7 章参照）．

2.5.2　海洋・陸圏における主要なアーキア系統群
(1) タウムアーキオータ†
(a)　分類

　海洋から最初に検出されたアーキア系統群（Marine Group I（MGI））を含むアーキア門であり，当初クレンアーキオータの未培養系統とされていた．しかし，既知のアーキア系統群とは異なるゲノム上の特徴から，現在では MGI および類縁系統群はタウムアーキオータとして分類される（第 2～5 章参照）．本門では，五つの主要なグループ，すなわち *Nitrosopumilales*（MGI あるいは Group I.1a），*Nitrososphaerales*（Soil Crenarchaeotic Group（SCG）あるいは Group I.1b），*Nitrosotalea* グループ（South Africa Gold Mine Crenarchaeotic Group（SAGMC）），Forest Soil Crenarchaeotic Group（FSCG）（あるいは Marine Benthic Group A（MBGA），psL12 group，Group I.1c），*Ca.* Nitrosocaldales（あるいは Hot Water Crenar-

---

†タウムアーキオータ，*Bathyarchaeota* および *Aigarchaeota* は，（超）好熱菌からなるクレンアーキオータとともに，TACK グループに属すとされる．*Lokiarchaeota* も，ゲノムが報告された当初は TACK グループに属すとされていた[101]．

chaeotic Group III（HWCGIII））が知られる[102]．FSCG を除く系統群は，いずれもアンモニア酸化（$2NH_3 + 3O_2 \rightarrow 2NO_3^- + 2H_2O + H^+$）によりエネルギーを獲得し，3-hydroxypropionate/4-hydroxybutyrate 回路（第6章参照）によって炭酸固定を行い増殖する[103]．一方，FSCG はアンモニア酸化能を欠く従属栄養系統群である可能性が高いとされる[104]．

(b) タウムアーキオータの生態

タウムアーキオータは，海洋水塊，海洋底表層堆積物，土壌，陸水環境，70℃ 程度までの温泉など高温環境を含む多様な酸化的環境に生息する地球上で最も繁茂するアーキアである[102]．そして，アンモニア酸化の主要な担い手として，また，温暖化ガス N_2O の生産者として窒素循環に大変重要な役割を果たす．特に海洋では，MGI が海洋表層から堆積物表層に至る環境に広く分布し，時には微生物群集の数十％にまで達する．一方，極端な酸素極小層や嫌気的堆積物，強い日光を嫌う．陸上環境では，*Nitrososphaerales* が土壌を中心に広範な環境に分布し，ヒトの皮膚からも検出される．MGI も河川や湖沼等の陸水環境から見出される．なお，*Nitrosotalea* グループや FSCG は酸性土壌等の比較的限られた環境に，また，*Ca.* Nitrosocaldales は，70℃ 以下の高温環境に生息する[102]．

アンモニア酸化タウムアーキオータの生態学的特徴として，タウムアーキオータ系統間の，そしてアンモニア酸化バクテリア（AOB）との棲み分けがある．これらの棲み分けには塩濃度，温度，pH，日光等が影響すると指摘されるが，中でもアンモニア濃度／フラックスが重要である．*Nitrosopumilus* は AOB より低いアンモニア濃度を好む[102]．また，実際に深海環境でも MGI のサブグループ（α, β, δ, γ）間の棲み分けが観察される（図 2.6）．そして，土壌で広範に分布する *Nitrososphaerales* は，海洋環境では海水中よりアンモニア濃度が高い堆積物にて高頻度で検出される．これらの事象は各系統群が個々の環境におけるアンモニア濃度／フラックスに適応した kinetic に棲み分けをしていることを示す．その他，熱帯の貧栄養域では，光阻害に対する耐性が比較的高い AOB や *Nitrosopelagicus* グループ（β MGI）が有光層で優占する[105]．

(c) アンモニア酸化経路

AOB と同様にアンモニア酸化の起点は ammonia mo-

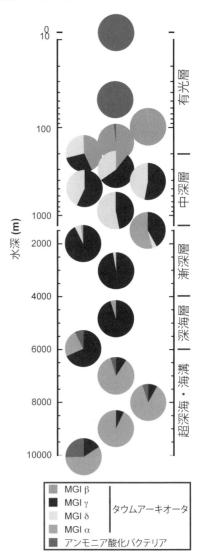

図 2.6　マリアナ海溝におけるアンモニア酸化菌群の棲み分け．アンモニア生産量の小さい全微生物群集に占める従属栄養系統群の割合が低い水塊においてγおよびδ MGI が，アンモニア生産量が大きい従属栄養系統群が優占する水塊においては '*Nitrosopulimus*' グループ（α MGI）が優占する．なお，α・γおよびδ MGI が検出されない堆積物中でも MGI が頻繁に検出されることも，この棲み分け現象がアンモニア濃度／フラックスに支配されるとする解釈を補強する．

nooxygenase（Amo）であり，NH_2OH が中間代謝物として生じると考えられる[102]．NH_2OH はさらに酸化されて NO_2 が生産されるが AOB でこの過程を担う hydroxylamine dehydrogenase のホモログは AOA には存在せず，未知の機構の存在が示唆されている[102]．一方，NO のスキャベンジャー（PTIO：c2-phenyl-4, 4, 5, 5,-tetramethylimidazoline-1-oxyl-3-oxide）の投与により，AOA の増殖が完全に阻害されることから，HNO がアンモニア酸化の中間代謝物として存在する可能性も指摘されている[102]．また，Nitrite reductase（Nir）が広範に保存されているが，その機能は不明である．さらに，N_2O も好気条件下で NH_4 と NO_2 から生産されるが，その仕組みは明らかではない[102]．

(2) *Bathyarchaeota* および *Aigarchaeota*

Miscellaneous Crearchaeotic Group（MCG），Marine Benthic Group C（MBGC）あるいは Rice Cluster IV とされてきた．海洋堆積物，河川堆積物，土壌など，極めて多様な環境から検出され，また，グループ内の多様性も非常に高い．SSU rRNA 遺伝子系統解析のみに基づいて提唱されたが，その後，既知のアーキア門とは異なるゲノム構成を有することが確認された[106]．これまで，複数の環境ゲノム解析により，この系統群が多様な代謝を有することが示唆されている．河口域堆積物の集団からは，バクテリオクロロフィル合成に関わる遺伝子や芳香族化合物分解に関わる遺伝子が検出されている[107]．また，沿岸域の浅海堆積物に生息する集団を対象にした1細胞ゲノム解析は，タンパク質分解等によって増殖する従属栄養性を示した[108]．さらに，地下水集団のショットガンメタゲノム解析は，メタン生成の鍵酵素であるメチル補酵素 M 還元酵素（Methyl CoM reductase）を含むメタン生成関連遺伝子の存在を示した[109]．極めて多様性の高いグループであり，今後（分離）培養による詳細なゲノム解析が待たれている．その他，*Bathyarchaeota* やタウムアーキオータの未培養姉妹系統群として *Aigarchaeota* 門が知られる[110]．この系統群は 70〜85℃ 度程度の高温環境で優占することが観察されており，環境ゲノム解析から炭素固定能および有機物の利用能が示されている[111]．

(3) ユーリアーキオータ系統群

（a） *Hadesarchaea*

South Africa Gold Mine Euryarchaeotic Group（SAGMEG, Mediterranean Sea Brine Lakes Group 1（MSBL1））と呼ばれてきた系統群であり，*Thermococci* 等と比較的近い系統である．深海底堆積物，陸上地下環境，温泉等多様な環境，特に地下環境から高頻度で検出される．温泉および河口域の集団を対象としたショットガンメタゲノム解析は，*Hadesarchaea* が従属栄養生物としての機能を有することを示した．さらに，カルビンベンソン回路や CO dehydrogenase 経路による炭酸固定能や異化的な一酸化炭素酸化や水素酸化能を有す可能性も示唆されている[112]．この多様なエネルギーおよび炭素代謝系は，エネルギーが限られる地殻内環境と還元的なエネルギーの豊富な温泉等という両極端な環境に効率的に適応するための仕組み，と理解されている．

（b） *Thermoplasmata* 類縁系統群：

Deep-sea Hydrothermal Vent Euryarchaeotic Group I（DHVEG I）

低温，中性の環境から検出される *Thermoplasmata* 近縁な複数の系統群である．これまでに Terrestrial Miscellaneous Euryarchaeotic Group（TMEG あるいは Rice Cluster III）の少

なくとも一部はメタン菌であることが明らかになり，*Methanomassillicoccales* が提案された（2.2節参照）．現在，全く未培養な系統として，海洋水塊に生息する Marine Group II（MGII），海洋水塊・堆積物や湖沼等から検出される Marine Group III（MGIII，Marine Benthic Group D（MBGD）あるいは Deep-sea Hydrothermal Vent Euryarchaeotic Group 1（DHVE1））が知られる．

MGII は海洋表層から深海までの水塊に分布し，タウムアーキオータと共存する水塊では通常，アーキア群集の1割程度を占める．MGIIa，bの2系統が知られ，MGII.b はメタゲノム情報に基づき *Thalassoarchaea* が提案された．MGIIa，b ともに，タンパク質分解等を行う従属栄養生物であり，また，海洋表層の集団は，光エネルギー利用を示すプロテオロドプシンを有する[113]．MGIII（MBGD，DHVE1）は海洋水塊中および海底下生命圏に及ぶ海底堆積物に分布する．環境ゲノム解析により，水塊中，堆積物中の集団共，タンパク質分解等を行う従属栄養生物であることが確認されている[108, 114]．

(4) *Lokiarchaeota*†

Lokiarchaeota は Deep Sea Archaeal Group（DSAG）あるいは Marine Benthic Group B（MBGB）と呼ばれてきた未培養系統群である．主に比較的有機物に富む嫌気的な海洋堆積物中に生息し，海底下生命圏におけるアーキア群集の主要な構成種である．貧栄養海域の堆積物中からは検出されない．海洋底堆積物を対象としたショットガンメタゲノム解析により，クレンアーキオータ，ユーリアーキオータ，タウムアーキオータのいずれとも異なるゲノム上の性質を有することが示され，新しいアーキア門，*Lokiarchaeota* として提唱された[101]（第2〜5章参照）．水素酸化によりエネルギーを獲得し，Wood-Ljungdahl 経路（第6章参照）による炭酸固定を行う可能性が指摘されている[116]．

(5) *Thorarchaeota*†

SSU rRNA 遺伝子多様性解析では，おそらく PCR バイアスのために過小評価され，従来認識されていなかった河口域や海底堆積物に生息するグループであり，ショットガンメタノムゲノム解析により存在が明らかにされた[119]．ゲノム情報からは，タンパク質等を分解する従属栄養であり，硫黄還元を行うことが明らかにされた．その他，Wood-Ljungdahl 経路（第6章参照）による炭酸固定を行う可能性も指摘されている．この他，近縁なグループとして，同様に海洋堆積物等から検出される *Heimadallarchaeota* の存在が知られている．

(6) DPANN グループ

ユーリアーキオータの一群と考えられてきたが，機能遺伝子等を用いた系統解析から，ユーリアーキオータとは異なる複数の門からなるスーパーグループとして提案された（ただし，他のアーキアに共生する *Nanoarchaeota* を含むゲノムサイズの小さなグループであり，最終的な分類学的位置は議論が続いている）．このグループの中では，Deep sea Hydrothermal Vent Euryarchaeotic Group II（DHVEG II）とまとめられる複数の未培養系統群が海底堆積物，湖沼，土壌等から頻繁に検出される．特に Deep sea Hydrothermal Vent *Euryarchaeota* 5 およ

---

†海洋堆積物等から検出される *Heimadallarchaeota*，熱水活動域等に生息する *Odinarchaeota* のゲノム情報の獲得に伴い，*Lokiarchaeota* および *Thorarchaeota* は，*Heimadallarchaeota* および *Odinarchaeota* とともに，ユーカリアに最も近縁なグループ ASGARD として定義された[115]．

び 6（DHVE5, DHVE6）は，海洋堆積物，海洋水塊，湖沼堆積物，土壌等，広範な環境に分布し，環境ゲノム解析により，タンパク質分解等を行う従属栄養生物であることが明らかにされた．そして，独立した門，*Pacearchaeota, Woesearchaeota* として提唱されている[114,117]．また，海洋堆積物や湖沼等から検出される Deep Sea Euryarchaeotic Group（DSEG あるいはDHVE3）は，部分ゲノム配列より *Aenigmarchaeota* と提案され，カルビンベンソン回路による炭酸固定能を有す可能性も指摘されている[117]．この他，熱水噴出域より検出された SSU rRNA 遺伝子（pMC2A384）に代表される系統群も，陸上地下環境集団の解析により，タンパク質分解等を行う従属栄養系統群 *Diapherotrites* として提案されている[118]．このグループには Marine Benthic Group E（MBGE）等も知られるが，SSU rRNA 遺伝子配列を除き，充分な情報は得られていない．

　ゲノム解析技術，特にメタゲノム解析の急速な進歩によって，日々ゲノム配列情報が増えている．それに伴ってアーキアの高次分類，進化に関する議論は大変複雑な状況にある．したがって，本節における分類に関する記述は必ずしも確定したものではないことに留意されたい．

2.6 ｜ アーキアのウイルス

　ウイルスは，核酸とタンパク質から構成される緻密な構造を有し，地球上に 10^{31} 個のウイルス粒子が存在すると見積もられている[120]．バクテリアやアーキアはユーカリアと比較すると，はるかに多く存在することから，それらに感染するウイルスは生物圏において最も豊富な生物資源であるといえる．アーキアに感染するウイルスであるアーキオウイルス（Archaeal virus）は，アーキアが生物界の第三のドメインとして提唱される以前（1974 年）に発見されていたにもかかわらず[121]，これまでに得られた情報は極めて限られている．現在までに約 100 種のアーキオウイルスが発見されているが，その数はバクテリアに感染するウイルスであるバクテリオファージ（bacteriophage, ファージ）の発見例（約 6000 種）に比べわずかな数に過ぎない．その理由として，宿主となるアーキアの生息環境が特異的で，アーキオウイルスの分離例が極めて限定されていることがあげられる．これらのウイルスは，発見当初はファージまたはアーキオファージと呼称されていたが，現在はアーキオウイルスと表記されている[122]．
　アーキオウイルスの多くは，原始地球環境に類似するといわれている高温環境や高塩濃度環境などの極限環境に生息し，好熱好酸性アーキアの *Sulfolobus* 属，*Acidianus* 属，超好熱性アーキアの *Aeropyrum* 属，*Pyrobaculum* 属，好塩性アーキアの *Haloarcula* 属，*Halorubrum* 属などを宿主としている．アーキオウイルスの特徴として，ファージよりも形態学的に多様性がある点があげられる（図 2.7）[123]．国際ウイルス命名委員会（International Committee on Taxonomy of Viruses, ICTV）によると，アーキオウイルスは，アーキオウイルスのみで構成される 15 の科（family），もしくは，ファージとアーキオウイルスが含まれる 10 の科に分類される（表 2.6）．ファージの形態が 9 種しか確認されていないのに対し，アーキオウイルスでは 16 の異なる形態が報告されている[120]．新規の形態を持つこれらのアーキオウイルスはほとんどがクレンアーキオータ門に感染する．アーキオウイルスはゲノム構造にも特徴があり，

第 2 章　アーキアの進化と生態

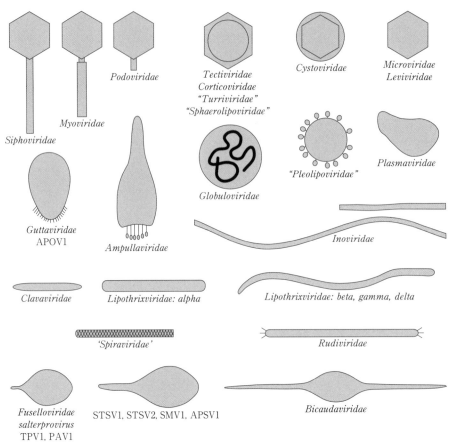

図 2.7　アーキオウイルスの形態．各ウイルス粒子の下に ICVT によって制定された科名を示す．引用符をつけた科名は ICTV の承認審査中のものを示す．いずれの属名も科名も定まっていないものはウイルス名を記している．

ACV，HRPV-1 などを除き，5〜144 kb の環状または線状の二本鎖 DNA を有する．これまでのところ，アーキオ RNA ウイルスは単離されていないが，メタゲノム解析の結果から，自然界にアーキオ RNA ウイルスの存在が示唆されている．

　アーキオウイルスの生活環における初期の事象である宿主細胞への吸着と DNA 注入についての知見はほとんどない．また，宿主細胞上のウイルスレセプターについても分子構造はわかっていない．ウイルス DNA の複製はゲノムの形態に依存している．線状二本鎖 DNA を持つウイルスのほとんどはゲノム末端がタンパク質で結合されているが，SIRV1 が属する *Rudiviridae* 科ウイルスゲノムの末端は共有結合で結ばれている．

　Rudiviridae 科ウイルスゲノム上には，ローリングサークル型複製（RCR）に関与する複製開始タンパク質（Rep）がコードされているが，複製機構は RCR にもローリング-ヘアピン型複製（RHR）にも似ていない[125]．環状二本鎖 DNA を持つウイルスは，RCR または θ 型複製を行い，また，環状一本鎖 DNA を持つウイルスは，RCR または RHR によりゲノム複製を行うと考えられている．アーキオウイルス遺伝子は，宿主のプロモーター配列が同じで，ゲノム上に DNA 依存性 RNA ポリメラーゼ（RNAP），TATA ボックス結合タンパク質および transcription factor B が見つかっていないことから，ウイルス遺伝子の転写機構は宿主の RNAP

2.6 アーキアのウイルス

表2.6 アーキオウイルス.

形態	分類 科	分類 属	基準種	種名	宿主	分離数	ゲノム サイズ (kb)	ゲノム 形状[2]	int[3]
頭部-尾部	Myoviridae	Phihlikevirus	phiH	Halobacterium phage phiH	Halobacterium salinarum	2	59	dsDNA, L	
	Siphoviridae	Psimunalikevirus	psiM1	Methanobacterium phage psiM1	Methanothermobacter thermautotrophicus	2	30.4	dsDNA, L	
	Podoviridae	未分類	HSTV-1	Haloarcula sinaiiensis tailed virus 1	'Haloarcula sinaiiensis'	1	32.1	dsDNA, L	
	未分類	未分類	phiCh1	phiCh1	Natronobacterium magadii	1	58.5	dsDNA, L	+
			HF1	HF1	Halobacterium salinarum, Haloferax volcanii sp.WFD11	2	75.9	dsDNA, L	
			BJ1	BJ1	Halorubrum saccharovorum	1	42.3	dsDNA, C	+
			SNJ1	SNJ1	Natrinema sp. F5	1	16.3	dsDNA, C	
正二十面体	Turriviridae[1]	Alphaturrivirus	STIV-1	Sulfolobus turreted icosahedral virus 1	Sulfolobus solfataricus	2	16.6	dsDNA, C	
	Sphaerolipoviridae[1]	未分類	SH1	Spherical halovirus 1	Haloarcula hispanica	1	30.9	dsDNA, L	
	未分類	未分類	HHIV-2	Haloarcula hispanica icosahedral virus 2	Haloarcula hispanica	1	30.6	dsDNA, L	
			PH1	Pink Lake Haloarcula hispanica virus 1	Haloarcula hispanica	1	28.1	dsDNA, L	
液滴状	Guttaviridae	Alphaguttavirus	SNDV	Sulfolobus neozealandicus droplet-shaped virus	'Sulfolobus neozealandicus'	1	20	dsDNA, C	
		Betaguttavirus	APOV-1	Aeropyrum pernix ovoid virus 1	Aeropyrum pernix	1	13.8	dsDNA, C	+
瓶状	Ampullaviridae	Ampullavirus	ABV	Acidianus bottle-shaped virus	'Acidianus convivator'	1.	23.8	dsDNA, L	
らせん形の核を持つ球状	Globuloviridae	Globulovirus	PSV	Pyrobaculum spherical virus	Pyrobaculum sp. D11, Thermoproteus tenax	2	28.3	dsDNA, L	
多形性	Pleolipoviridae[1]	未分類	HHPV-1	Haloarcula hispanica pleomorphic virus 1	Haloarcula hispanica	2	8.1	dsDNA, C	
			HRPV-1	Halorubrum pleomorphic virus 1	Halorubrum sp. PV6	3	7.0	ssDNA, C	
			HRPV-3	Halorubrum pleomorphic virus 3	Halorubrum sp. SP3-3	1	8.8	dsDNA, C	
			HGPV1	Halogeometricum pleomorphic virus 1	Halogeometricum sp. CG-9	1	9.7	dsDNA, C	
桿状	Clavaviridae	Clavavirus	APBV1	Aeropyrum pernix bacilliform virus 1	Aeropyrum pernix	1	5.2	dsDNA, C	
	Spiraviridae[1]	未分類	ACV	Aeropyrum pernix coil-shaped virus	Aeropyrum pernix	1	24.9	ssDNA, L	
線状	Lipothrixviridae	Alphalipothrixvirus	TTV1	Thermoproteus tenax virus 1	Thermoproteus tenax	1	15.9	dsDNA, L	
		Betalipothrixvirus	SIFV	Sulfolobus islandicus filamentous virus	'Sulfolobus islandicus'	6	40.8	dsDNA, L	
		Gammalipothrixvirus	AFV1	Acidianus filamentous virus 1	'Acidianus hospitalis'	1	21.9	dsDNA, L	
		Deltalipothrixvirus	AFV2	Acidianus filamentous virus 2	Acidianus sp. F28	1	31.7	dsDNA, L	
	Rudiviridae	Rudivirus	SIRV2	Sulfolobus islandicus rod-shaped virus 2	'Sulfolobus islandicus'	3	35.4	dsDNA, L	
	未分類	未分類	SRV	Stygiolobus rod-shaped virus	Stygiolobus azoricus	1	28.1	dsDNA, L	
紡錘形	Fuselloviridae	Alphafusellovirus	SSV1	Sulfolobus spindle-shaped virus 1	Sulfolobus acidocaldarius	7	15.4	dsDNA, C	+
		Betafusellovirus	SSV6	Sulfolobus spindle-shaped virus 6	Sulfolobus sp. G4ST-T-11	2	15.6	dsDNA, C	+
	Bicaudaviridae	Bicaudavirus	ATV	Acidianus two-tailed virus	'Acidianus convivator' AA9	1	62.7	dsDNA, C	+
	未分類	Salterprovirus	His1	His virus 1	Haloarcula hispanica	2	14.4	dsDNA, L	
	未分類	未分類	STSV1	Sulfolobus tengchongenesis spindle-shaped virus 1	Sulfolobus tengchongenesis	2	75.3	dsDNA, C	+
			PAV1	Pyrococcus abyssi virus 1	Pyrococcus abyssi	1	18.1	dsDNA, C	
			TPV1	Thermococcus prieurii virus 1	Thermococcus prieurii	1	21.5	dsDNA, C	+
			APSV1	Aeropyrum pernix spindle-shaped virus 1	Aeropyrum pernix	1	38.0	dsDNA, C	+

[1] ICTVにて科の承認が未決のものを示す.
[2] dsDNAは二本鎖DNA, ssDNAは一本鎖DNA, Lは線状構造, Cは環状構造をそれぞれ示す.
[3] int (integrase遺伝子) がゲノム上に推定される場合を+で示す.

と転写タンパク質に依存していると考えられるが，転写調節因子はウイルスゲノム上に存在する[124, 126]．ウイルス粒子の会合過程はSIRV2，STIV，HHIV-2，SH1などで研究されており，娘ウイルス粒子は宿主の細胞質内で会合する．また，形態的に類似したRudiviridae科ウイルスは全て二本鎖DNAとグリコシル化された主要キャプシドタンパク質から形成される筒状の超らせん構造をとる．会合後，成熟したウイルス粒子が感染細胞より放出されるが，アーキオウイルスの放出機構には，他のウイルスにない特徴がある．SIRV2の放出では，細胞表層に七角形のピラミッド様構造（virus-associated pyramids, VAPs）が外側に並びS層を破壊することが知られている．

第2章 アーキアの進化と生態

　さらに，アーキオウイルスのいくつかは integrase を利用した部位特異的組換えによって宿主ゲノム中に溶原化する．アーキオウイルスの integrase は全てチロシンリコンビナーゼスーパーファミリーに属し，SSV1 型または pNOB8 型に大別されるが，いずれも宿主ゲノム上の tRNA 遺伝子を標的として組込みおよび切出しを行う．SSV1 型 integrase はアーキアにしか見られず，アーキオウイルスの全てまたは一部のアーキアプラスミドにコードされている．一方，pNOB8 型 integrase は λ ファージに類似した触媒機構を持ち，大部分のアーキアのプラスミドまたはアーキアゲノム上のプロウイルスにコードされている．溶原化および切出しは遺伝子の水平伝播に機能している[127]．宿主であるアーキアとアーキオウイルスは共存，共進化したと考えられており，アーキアはウイルスに対抗するために，CRISPR/Cas などのウイルス防御システム（第7章参照）を発達させてきた[128]．その一方でウイルスは宿主の防御システムをすり抜けるために塩基置換して，自身の遺伝子を変異させてきた．これらにより生存環境ごとにアーキア–ウイルス感染系が形成され，ゲノム進化が促されることが示唆されている．

文　　献

■ 2. 1
1)　C. R. Woese *et al.*: *Proc. Natl. Acad. Sci. USA* **87**, 4576 (1990)
2)　M. C. Rivera and J. A. Lake: *Science* **257**, 74 (1992)
3)　C. R. Woese: *Proc. Natl. Acad. Sci. USA* **95**, 6854 (1998)
4)　G. Wächtershäuser: *Molecular Microbiol.* **47**, 13 (2003)
5)　H. Shimada and A. Yamagishi: *Biochemistry* **50**, 4114 (2011)
6)　赤沼哲史：細胞工学 **35**, 124 (2016)
7)　W. Zilig: *Curr. Opin. Genet. Dev.* **1**, 544 (1991)
8)　J. A. Lake and M. C. Rivera: *Proc. Natl. Acad. Sci. USA* **91**, 2880 (1994)
9)　L. Margulis: "Symbiosis in cell evolution, 2nd ed." (Freemann and Company, 1993)
10)　R. Gupta and G. B. Golding: *Trends Biochem. Sci.* **21**, 166 (1996)
11)　W. Martin and M. Muller: *Nature* **392**, 37 (1998)
12)　P. Lopez-Garcia and D. Moreira: *Trends Biochem. Sci.* **24**, 88 (1999)
13)　F. D. Ciccarelli *et al.*: *Science* **311**, 1283 (2006)
14)　D. Pisani *et al.*: *Mol. Biol. Evol.* **24**, 1752 (2007)
15)　N. Yutin *et al.*: *Mol. Biol. Evol.* **25**, 1619 (2008)
16)　C. J. Cox *et al.*: *Proc. Natl. Acad. Sci. USA* **105**, 20356 (2008)
17)　P. G. Foster *et al.*: *Philos. Trans. R. Soc. Lond. B* **364**, 2197 (2009)
18)　S. Kelly *et al.*: *Proc. R. Soc. Lond. B.* **278**, 1009 (2011)
19)　L. Guy and T. J. G. Ettema: *Trends Microbial.* **19**, 580 (2011)
20)　T. A. Williams, *et al.*: *Proc. R Soc. Lond. B* **279**, 4870 (2012)
21)　C. Rinke *et al.*: *Nature* **499**, 431 (2013)
22)　T. A. Williams *et al.*: *Nature* **504**, 231 (2013)
23)　T. M. Embley and T. Willams: *Nature* **521**, 169 (2015)
24)　T. Thiergart *et al.*: *Genome Biol. Evol.* **4**, 466 (2012)
25)　R. Furukawa *et al.*: *J. Mol. Evol.* **84**, 51 (2016)
26)　A. Yamagishi *et al.*: "Thermophiles", J. Wiegel and M. Adams (Eds.), (Taylor & Francis, 1998), p. 287
■ 2. 2
27)　嶋盛吾：化学と生物 **52**, 307 (2013)
28)　浅川晋：『土の環境圏』，岩田進午・喜田大三（監修），（フジ・テクノシステム，1997），p. 300
29)　B. Schink: "Molecular Basis of Symbiosis" J. Overmann (Ed.), (Springer-Verlag, 2006), p. 1
30)　R. K. Thauer *et al.*: *Nat. Rev. Microbiol.* **6**, 579 (2008)

31) 鎌形洋一, 玉木秀幸：遺伝 **67**, 586（2013）

32) B. Chaban *et al.*: *Can. J. Microbiol.* **52**, 73（2006）

33) S. Jabłonski *et al.*: *Int. J. Syst. Evol. Microbiol.* **65**, 1360（2015）

34) P. D. Franzmann *et al.*: *Int. J. Syst. Bacteriol.* **47**, 1068（1997）

35) K. Takai *et al.*: *Proc. Natl. Acad. Sci. USA* **105**, 10949（2008）

36) G. M. Maestrojuán and D. R. Boone: *Int. J. Syst. Bacteriol.* **41**, 267（1991）

37) D. Y. Sorokin *et al.*: *Int. J. Syst. Evol. Microbiol.* **65**, 3739（2015）

38) T. N. Zhilina and G. A. Zavarzin: *Dokl. Acad. Nauk. SSSR.* **293**, 464（1987）

39) T. Iino *et al.*: *Microbes Environ.* **28**, 244（2013）

40) P. N. Evans *et al.*: *Science* **350**, 434（2015）

41) J. L. Garcia *et al.*: *Anaerobe* **6**, 205（2000）

42) Y. Liu and W. B. Whitman: *Ann. N. Y. Acad. Sci.* **1125**, 171（2008）

43) R. Conrad: *Adv. Agron.* **96**, 1（2007）

44) 浅川晋, 渡邉健史：遺伝 **67**, 579（2013）

45) R. Angel *et al.*: *ISME J.* **6**, 847（2012）

46) S. Saengkerdsub and S.C. Ricke: *Crit. Rev. Microbiol.* **40**, 97（2014）

47) IPCC: "Climate Change 2013: The Physical Science Basis. Contribution of Working Group I to the Fifth Assessment Report of the Intergovernmental Panel on Climate Change" T. F. Stocker *et al.*（Eds.）,（Cambridge University Press, 2013）

48) S. E. Hook *et al.*: *Archaea* **2010**, 945785（2010）

49) 秋山博子：遺伝 **67**, 547（2013）

50) 山部こころ, 苺口進, 前田博史：化学と生物 **48**, 463（2010）

51) 森井宏幸, 古賀洋介：『古細菌の生物学』古賀洋介, 亀倉正博（編）,（東京大学出版会, 1998）, p. 40

52) I. Angelidaki *et al.*: *Methods Enzymol.* **494**, 327（2011）

■ 2.3

53) T. N. Zhilina and G. A. Zavarzin: *Dokl. Akad. Nauk. SSSR.* **293**, 464（1987）

54) D. Y. Sorokin *et al.*: *Int. J. Syst. Evol. Microbiol.* **66**, 2377（2016）

55) M. Torreblanca *et al.*: *Syst. Appl. Microbiol.* **8**, 89（1986）

56) A. Oren: *Int. J. Syst. Bacteriol.* **33**, 381（1983）

57) W. D. Xu *et al.*: *Arch. Microbiol.* **197**, 91（2015）

58) K. N. Savage *et al.*: *Int. J. Syst. Evol. Microbiol.* **57**, 19（2007）

59) J. Seckbach and A. Oren: "Origins" J. Seckbach（Ed.）（Springer, 2004）, p. 371

60) K. Takai *et al.*: *Int. J. Syst. Evol. Microbiol.* **51**, 1245（2001）

61) H. Minegishi *et al.*: *Int. J. Syst. Evol. Microbiol.* **60**, 2513（2010）

62) T. J. McGenity and W. D. Grant: *Syst. Appl. Microbiol.* **18**, 237（1995）

63) Q. Liu *et al.*: *Int. J. Syst. Evol. Microbiol.* **65**, 604（2015）

64) 亀倉正博：『古細菌の生物学』古賀洋介, 亀倉正博（編）,（東京大学出版会, 1998）, p. 61

65) 中村聡：『極限環境生命』伊藤正博他（共著）,（コロナ社, 2014）, p. 78

66) R. S. Gupta *et al.*: *Int. J. Syst. Evol. Microbiol.* **65**, 1050（2015）

67) R. S. Gupta *et al.*: *Int. J. Syst. Evol. Microbiol.* **109**, 565（2016）

68) A. Gramain *et al.*: *Environ. Microbiol.* **13**, 2105（2011）

69) R. H. Vreeland *et al.*: *Extremophiles.* **6**, 445（2012）

70) T. Takashina *et al.*: *Syst. Appl. Microbiol.* **13**, 177（1990）

71) M. Kamekura and M. L. Dyall-Smith: *J. Gen. Appl. Microbiol.* **41**, 333（1995）

72) Y. Shimane *et al.*: *Int. J. Syst. Evol. Microbiol.* **60**, 2529（2010）

73) Y. Shimane *et al.*: *Int. J. Syst. Evol. Microbiol.* **61**, 2266（2011）

74) H. Shimoshige *et al.*: *Int. J. Syst. Evol. Microbiol.* **63**, 861（2013）

75) H. Minegishi *et al.*: *Int. J. Syst. Evol. Microbiol.* **65**, 1640（2015）

76) Y. Shimane *et al.*: *Int. J. Syst. Evol. Microbiol.* **65**, 3830（2015）

77) K. Inoue *et al.*: *Int. J. Syst. Evol. Microbiol.* **61**, 942（2011）

78) K. Takai *et al.*: *Appl. Environ. Microbiol.* **67**, 3618（2001）

79) D. G. Ellis *et al.*: *Environ. Microbiol.* **10**, 1582（2008）

80) J. Brito -Echeverria *et al.*: *Extremophiles.* **13**, 557（2009）

81) A. P. Oxley *et al.*: *Environ. Microbiol.* **12**, 2398（2010）

82) Y. Sakiyama *et al.*: *Neurol. Neuroimmunol. Neuroinflamm.* **13**, e143 (2015)

83) R. Ghai *et al.*: *Sci. Rep.*, **1**, 135 (2011)

84) P. Narasingarao *et al.*: *ISME. J.* **6**, 81 (2012)

■ 2.4

85) K. O. Stetter *et al.*: *FEMS Microbiol. Rev.* **75**, 117 (1990)

86) T. Itoh and T. Iino: "Thermophilic microbes in environmental and industrial biotechnology" T. Satyanarayana, J. Littlechild and Y. Kawarabayashi (Eds.), (Springer, 2013), p. 249

87) S. M. Barns *et al.*: *Proc. Natl. Acad. Sci. USA* **91**, 1609 (1994)

88) C. Rinke *et al.*: *Nature* **499**, 431 (2013)

89) S. M Barns *et al.*: *Proc. Natl. Acad. Sci. USA* **93**, 9188 (1996)

90) T. Nunoura *et al.*: *Nucleic Acids Res.* **39**, 3204 (2011)

91) H. Huber *et al.*: *Nature* **417**, 63 (2002)

92) J. R. de la Torre *et al.*: *Environ. Microbiol.* **10**, 810 (2008)

93) J. G. Elkins *et al.*: *Proc. Natl. Acad. Sci. USA* **105**: 8102 (2008)

94) S. Gribaldo and C. Brochier-Armanet: *Philos. Trans. R. Soc. Lond. B Biol Sci.* **361**, 1007 (2006)

95) T. D. Brock: "Thermophiles: general, molecular, and applied microbiology" T. D. Brock (Ed.), (Wiley, 1986), p. 1

96) B. Chaban *et al.*: *Can. J. Microbiol.* **52**, 73 (2006)

97) P. Schonheit and T. Schafer: *World J. Microbiol. Biotechnol.* **11**, 26 (1995)

98) P. Offre *et al.*: *Ann. Rev. Microbiol.* **67**, 437 (2013)

99) I. A. Berg *et al.*: *Nature Rev. Microbiol.* **8**, 447 (2010)

100) M. Dopson *et al.*: *Appl. Environ. Microbiol.* **70**, 2079 (2004).

■ 2.5

101) A. Spang *et al.*: *Nature* **521**, 173 (2015)

102) M. Stieglmeier *et al.*: "The Prokaryotes- Other Major Lineages of Bacteria and The Archaea" E. Rosenberg *et al.* (Eds.), (Springer, 2014), p. 347

103) M. Konneke *et al.*: *Proc. Natl. Acad. Sci. USA* **111**, 8239 (2014)

104) E. B. Weber *et al.*: *FEMS Microbiol. Ecol.* **91**, fiv001 (2015)

105) A. E. Santoro *et al.*: *Proc. Natl. Acad. Sci. USA* **112**, 1173 (2015)

106) J. H. Saw *et al.*: *Phil. Trans. R. Soc. B* **370**: 20140328 (2015)

107) J. Meng *et al.*: *ISME J.* **8**, 650 (2014)

108) K. G. Lloyd *et al.*: *Nature* **496**, 215 (2013)

109) P. N. Evans *et al.*: *Science* **350**, 434 (2015)

110) T. Nunoura *et al.*: *Nucl. Acids Res.* **39**, 3204 (2011)

111) J. P. Beam *et al.*: *ISME J.* **10**, 210 (2015)

112) B. J. Baker *et al.*: *Nat. Microbiol.* **1**, 16002 (2016)

113) C. L. Zhang *et al.*: *Front. Microbiol.* **6**, 1108 (2015)

114) M. Li *et al.*: *Nat. Commun.* **6**, 8933 (2015)

115) K. Zaremba-Niedzwiedzka *et al.*: *Nature* **541**, 353 (2017)

116) F. L. Sousa *et al.*: *Nature Microbiology* **1**, 16034 (2016)

117) C. J. Castelle *et al.*: *Curr. Biol.* **25**, 690

118) N. H. Youssef *et al.*: *ISME J.* **9**, 447 (2015)

119) K. W. Seitz *et al.*: *ISME J.* **10**, 1696 (2016)

■ 2.6

120) M. K. Pietila *et al.*: *Trends Microbiol.* **22**, 334 (2014)

121) T. Torsvik and I. D. Dundas: *Nature* **248**, 680 (1974)

122) S. T. Abedon and K. L. Murray: *Archaea* **2013**, 251245 (2013)

123) D. Prangishvili *et al.*: *Nat. Rev. Microbiol.* **4**, 837 (2006)

124) H. Wang *et al.*: *Microbiol. Mol. Biol. Rev.* **79**, 117 (2015)

125) M. Oke *et al.*: *J. Virol.* **85**, 925 (2011)

126) M. Krupovic *et al.*: *Adv. Virus Res.* **82**, 33 (2012)

127) Q. She *et al.*: *Nature* **409**, 478 (2001)

128) A. Manica and C. Schleper: *RNA Biol.* **10**, 671 (2013)

第3章

アーキアの細胞学

アーキアは原核生物であり，形態的には他のバクテリアとの区別が難しい．アーキアの多く
は特殊環境に生育する微生物であり，その細胞はユニークな特徴を有する．3章では，アーキ
アの細胞に焦点を絞り，その細胞を構成する成分とその特徴について，解説する．膜脂質はア
ーキアを特徴付ける重要な成分である．3.1節では，脂質の構造的特徴に加え，生合成経路に
ついても触れる．ゲノムには遺伝情報が，受け継ぐ機構とともに集約されている．近年，様々
な生物でゲノム解析がなされ，微生物のゲノム情報も充実してきた．3.2節では，比較解析か
ら明らかにされたアーキアゲノムの特徴について触れる．タンパク質の生化学的性質が，最も
多く蓄積したアーキアは好熱性アーキアであろう．一連の研究から，生命の祖先型タンパク質
の特徴も考えられるようになっている．3.3節では，アーキアの耐熱性タンパク質の安定化戦
略とともに，生命の起源が有していたであろうタンパク質の姿についても紹介する．アーキア
にも糖脂質や糖タンパク質は存在しており，このことから他の生物同様に糖鎖の修飾機構が存
在する．系統的には，アーキアの糖鎖は，ユーカリアのものに近いと推察されるが，ユーカリ
アともバクテリアとも異なる特徴を有する．3.4節では，アーキア糖鎖の特殊性について解説
する．核酸に親和性を有する塩基性分子に，ヒストンタンパク質やポリアミンがある．アーキ
アのヒストンは，そのコア部分がユーカリアヒストンのコア部分と酷似しており，両者の進化
的近縁性の高さをうかがわせる．また，好熱性アーキアには，長鎖あるいは分岐鎖などの特殊
構造のポリアミンがある．ポリアミンはDNA，RNAに作用し，ゲノムを安定化するととも
に，遺伝子の発現調節にも関与している．3.5節では，これら塩基性分子の特徴について概説
する．

3.1 │ アーキアの膜構造

3.1.1 膜脂質の構造

アーキアは多様でそれぞれ異なる環境に生息しているが，それら全ての膜脂質はアーキアに
共通した独特な構造をしている[1,2]．アーキアの膜脂質の代表として，メタン生成アーキア
（メタン菌）*Methanothermobacter thermautotrophicus* の膜脂質構造を図3.1に示した．この
メタン菌はジエーテル型のリン脂質および糖脂質とテトラエーテル型リン糖脂質を持ってい
る．一方，一部のメタン菌と好塩性アーキアはジエーテル型脂質のみを持ち，好熱性アーキア

45

第3章 アーキアの細胞学

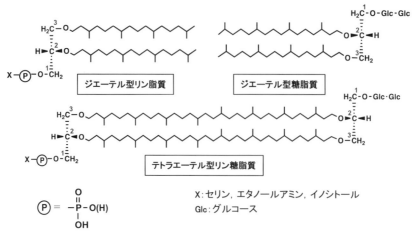

図3.1 メタン生成アーキアの膜脂質の構造.

は例外もあるが主にテトラエーテル型脂質を持っている．極性頭部として，図3.1以外に好塩性アーキアはリン酸エステルにグリセロール誘導体を持ち，メタン菌以外のアーキアでは糖鎖の種類が多い．

グリセロ脂質の立体構造を表すためにグリセロールの炭素に sn 番号（stereospecific numbering）をつけるが，アーキア膜脂質の特徴は，例外なくグリセロールの sn-2, 3 位にイソプレノイドが2本エーテル結合したコア脂質を含むことである．バクテリアとユーカリア膜脂質のコア脂質は基本的にグリセロールの sn-1, 2 位に脂肪酸がエステル結合している（図3.2）．極性基に関しては，アーキア，バクテリア，ユーカリアの3ドメインで基本的に共通している．相違点は以下の3点である．1点目の違いは，前述のグリセロ脂質の立体構造である．sn-2, 3 型コア脂質の前駆体となるグリセロールリン酸の立体構造を図3.3に示した．アーキアのリン脂質は sn-グリセロール-1-リン酸（G-1-P）を骨格とし，sn-2, 3 位に炭化水素鎖が結合した sn-2, 3 型である．アーキアの糖脂質も sn-2, 3 型である．これに対して，バクテリアおよびユーカリアのグリセロリン脂質は sn-グリセロール-3-リン酸（G-3-P）を骨格とした sn-1, 2 型である．G-1-P と G-3-P は鏡像異性体の関係である．2点目の違いは，アーキアでは炭化水素鎖部分がイソプレノイドであるのに対して，他の生物では直鎖の脂肪酸であることである．イソプレノイド鎖は多数のメチル基側鎖により透過障害が大きくバリヤー機能が高い．アーキアの生体膜が低温から高温まで幅広い温度に対応できるのは，この高度なバリヤー

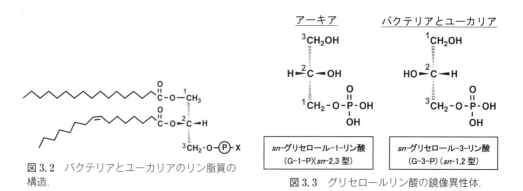

図3.2 バクテリアとユーカリアのリン脂質の構造．

図3.3 グリセロールリン酸の鏡像異性体．

性と後で述べる五員環の導入などにより膜の流動性を変えることができるからと考えられている．3点目の違いは，アーキアでは炭化水素鎖とグリセロールがエステル結合ではなくエーテル結合していることである．これら3点の相違以外に，アーキアにはジエーテル型脂質2分子がイソプレノイド鎖末端の head-to-head 結合で連結した構造のテトラエーテル型脂質（図3.1）を持つものがいる．生体膜は脂質二重層が基本であるが，テトラエーテル型極性脂質は単分子膜になっている．

グリセロールの sn-2,3 位にイソプレノイドが2本エーテル結合したコア脂質を膜脂質に含んでいるのはアーキアだけであり，他生物がそのようなコア脂質を膜中に含んでいるという報告は今のところない．アーキアのコア脂質の構造を図3.4に示す．ジエーテル型コア脂質はアーキオールと名付けられていて，イソプレノイドの炭素数は C_{20}-C_{20} 型が多い．そのほか

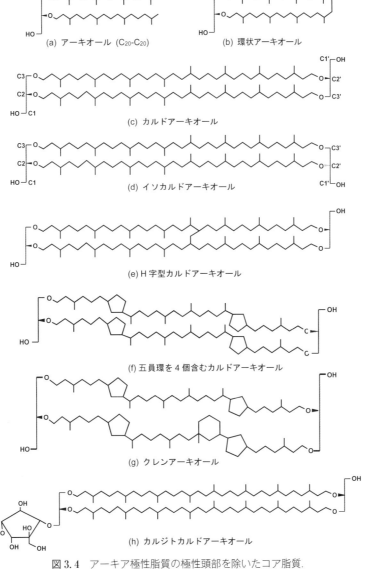

図 3.4 アーキア極性脂質の極性頭部を除いたコア脂質．

に，C_{25}-C_{25} 型，環状アーキオールなどがある．テトラエーテル型コア脂質はカルドアーキオールと名付けられていて，一般的に図 3.4(c) のような構造で示される．すなわち，一方のグリセロールの C2，C3 がそれぞれ他方のグリセロールの C3′，C2′ と炭化水素鎖でつながったアンチパラレル構造である．しかし，C2，C3 がそれぞれ C2′，C3′ と炭化水素鎖でつながったパラレル構造のイソカルドアーキオール（図 3.4(d)）も存在する．実際のテトラエーテル型コア脂質は，カルドアーキオールとイソカルドアーキオールの等量混合物である[3]．好熱性アーキアから C_{40} イソプレノイドの中央で C-C 結合した H 字型カルドアーキオール（図 3.4(e)）が見つかった[4]．また，好熱性アーキアは炭化水素鎖中に五員環を最大 7 個まで含むカルドアーキオールを持ち（図 3.4(f)），生育温度が高くなるほど五員環の数が増える．特に五員環以外に六員環も含むコア脂質（図 3.4(g)）はクレンアーキオールと名付けられ，海洋堆積物中のアーキア由来脂質の主要成分として検出されている[5]．そのほかのコア脂質として，好熱好酸性アーキアの *Sulfolobus* 属には片側のグリセロールに五員環ポリオールがエーテル結合したカルジトカルドアーキオール（図 3.4(h)）が特異的に存在している[6,7]．

3.1.2 膜脂質の生合成経路

メタン菌のジエーテル型極性脂質の生合成経路を図 3.5 に示す[8]．アーキアとバクテリアの極性脂質の生合成経路は基本的には類似している．アーキア特有の構造は，以下のように形作られる．炭化水素鎖（ゲラニルゲラニル二リン酸）は，アセチル CoA から（変形）メバロン酸経路[9]で生成するイソペンテニル二リン酸とジメチルアリル二リン酸から合成される．G-1-P は，G-1-P デヒドロゲナーゼ（図 3.5①）により，ジヒドロキシアセトンリン酸から合成される．他生物では，G-3-P デヒドロゲナーゼの作用で G-3-P が生成する．次に G-1-P に特異的なゲラニルゲラニルグリセロールリン酸合成酵素（図 3.5②）が G-1-P の *sn*-3 位の炭素にゲラニルゲラニル二リン酸をエーテル結合させる．引き続き *sn*-2 位の炭素に同様の反応が起こり，不飽和型アーキチジン酸が生成する．これが極性脂質共通の生合成中間体となる．リン脂質生合成では，この中間体が CTP で活性化され CDP-アーキオールが生成し，その CMP 部分がセリンなどの極性基と置換してリン脂質が生成する．糖脂質生合成では，アーキチジン酸の脱リン酸化により生成するアーキオールに糖が結合する．このときモノグルコシルアーキオール合成酵素（図 3.5⑨）は，*sn*-2,3 型コア脂質を認識し，アーキオールに糖ヌクレオチド（UDP-グルコース）から糖を転移する．

テトラエーテル型脂質の生合成機構は，まだ解明されていない．二つのジエーテル型脂質が結合する経路以外に，C_{40} 炭化水素鎖が先にできて，後からグリセロールが結合する経路も提案されている[10]．

アーキアの脂質研究は，生合成の各酵素の結晶化ならびにその反応機構の分子レベルでの解析，それら各酵素のバクテリアでの発現とバクテリア型脂質とアーキア型脂質の混在が生きた菌にどのような影響をもたらすか，およびそれら酵素の分子系統学的解析に向かっている．アーキアとバクテリアの異なる膜脂質構造と関連づけて，生命の初期進化のモデルも提案されている[11-14]．さらに，天然または有機合成したアーキアの膜脂質から安定なリポソームを作り，ドラッグデリバリーシステムなどへの利用を目指した応用研究も行われている[15]．

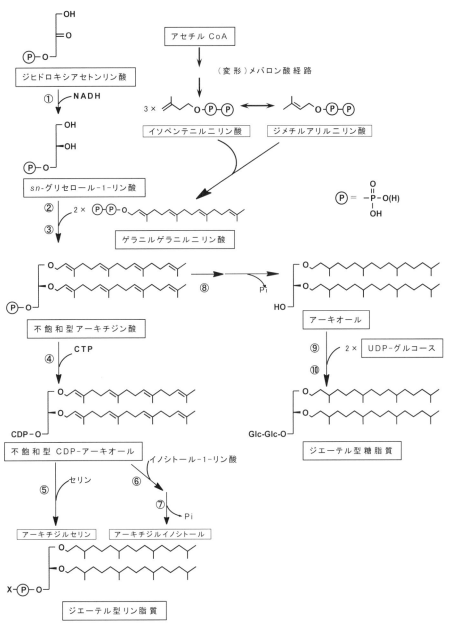

図 3.5　アーキアのジエーテル型極性脂質の生合成経路．①グリセロール-1-リン酸デヒドロゲナーゼ，②ゲラニルゲラニルグリセロールリン酸合成酵素，③ジゲラニルゲラニルグリセロールリン酸合成酵素，④ CDP-アーキオール合成酵素，⑤アーキジルセリン合成酵素，⑥アーキジルイノシトールリン酸合成酵素，⑦ホスファターゼ，⑧ジゲラニルゲラニルリン脂質レダクターゼ，⑨モノグルコシルアーキオール合成酵素，⑩ジグルコシルアーキオール合成酵素．

3.2 アーキアのゲノム構造

　全ての生物は，自分自身の設計図である遺伝子の情報を細胞の中に持っている．生物を構成する種々の細胞の中で，各タンパク質の設計図である個々の遺伝子は必要に応じて機能を発揮したり，休んだりしている．我々ヒトをはじめ動物では，様々な臓器や器官を有しており，各

第3章　アーキアの細胞学

臓器・器官ごとに働いている遺伝子の種類は異なっているが，全ての細胞が生命を維持するために必要な遺伝子全てを一組として有し，ゲノムと呼ばれる．この遺伝子の情報はゲノムを構成するDNAという物質の中に4種類の塩基（アデニン：A，シトシン：C，グアニン：G，チミン：T）の並びとして書き込まれている．さらにタンパク質をコードする遺伝子において翻訳の大部分はATGで始まり，TAA，TAGまたはTGAで終了する．これは一部の例外を除き全生物に共通のルールである．ヒトを始め動物・植物などのゲノムは染色体に別れているが，アーキアを含む微生物ではゲノムは環状のDNAである．しかし，ゲノムを構成するDNAのACGTの並びを解読すれば，その生物が有している全ての遺伝子に関する情報を得られるという点は共通である．このゲノムを構成するDNAの全ての塩基配列を解読することを一般にゲノム解析と呼ぶ．

3.2.1　アーキアのゲノム解析の歴史・現状

さて，この微生物が有するゲノムの全塩基配列が解読されたのは，アメリカ合衆国の研究機関 TIGER（The Institute for GEnome Research）による 1995 年のヘモフィルス・インフルエンザ菌ゲノムが最初である[16]．その後，アーキアゲノムの全塩基配列が解読されるようになり，1996 年に発表された *Methanococcus jannaschii*[17]の全塩基配列がアーキアの中で初めてのものである．その後，*Methanobacterium thermoautotrophicum*[18]，*Archaeoglobus fulgidus*[19]のゲノム配列が解読された．その頃，日本においても超好熱性アーキアのゲノム解析が取り組まれ，*Pyrococcus horikoshii* OT3[20]，*Aeropyrum pernix* K1[21]，*Sulfolobus tokodaii* strain7[22]の各アーキアのゲノム全塩基配列が 1998 年，1999 年，2001 年に発表された．

2016 年 3 月時点で，アーキアでゲノムの全塩基配列が解読されているものはユーリアーキオータで 58 属 121 種，クレンアーキオータで 21 属 41 種に及んでいる．特にユーリアーキオータの *Methanosarcina* 属では 26 種の，*Thermococcus* 属では 16 種の，*Methanococcus* 属では 8 種の，*Pyrococcus* 属では 7 種のアーキアゲノムの全塩基配列が解読されている．クレンアーキオータの *Sulfolobus* 属では 24 種の，*Pyrobaculum* 属では 8 種の，*Metallosphaera* 属では 7 種のゲノムの全塩基配列が解読されている．一つの属の中で複数の種のゲノム配列が解読されると単に様々な比較解析だけでなく，種の進化についても考察することができる．

3.2.2　アーキアのゲノム情報

アーキアゲノムの全塩基配列が解読された種の中で，ゲノムのサイズが最も大きなものは *Methanosarcina acetivorans* C2A 株の 5.75149 Mbp，次に大きいのは *Haloterrigena turkmenica* DMS5511 株の 5.44078 Mbp である．逆に最も小さいゲノムとして，*Methanothermus fervidus* DSM2088 株は 1.24334 Mbp のゲノムしか有しておらず，次に小さいのは *Ignicoccus hospitalis* KIN4/I 株で，1.29754 Mbp のゲノムを有している．全アーキアのゲノムサイズを平均すると 2.5198 Mbp と，大腸菌の 5.17083 Mbp に比してアーキアは比較的小さなゲノムしか有していないことがわかる．その結果，後述の方法で見出されるタンパク質をコードする遺伝子についても，大腸菌は 4933 個であるのに対しアーキアの平均遺伝子数は 2418 個と少なく，1種のアーキアには大腸菌の約半数の遺伝子しか存在しないことがわかる．

50

ゲノム塩基配列からは塩基配列中の GC 含量を計算することができる．DNA 中で GC の塩基対は 3 本の水素結合を作ることから，AT の塩基対より DNA の二本鎖をしっかりと結びつけることができる．アーキアゲノムの塩基配列中で最も GC 含量が高いのは *Salinarchaeum* sp. Harcht-Bsk1 株で 66.60％ が GC である．次に GC 含量が高いのは *Halobacterium hubeiense* で，66.58％ である．GC 含量が高い順にアーキアを並べると 25 番目までが GC 含量 62％以上であり，これらは全て好塩菌である．好塩菌は全て GC 含量が高いゲノムを有していることが，ゲノムの塩基配列からも示された．好塩菌は共通に GC 含量が高いことは大変興味深い特徴である．一方，最も GC 含量が低いのは *Methanobrevibacter olleyae* の 24.2％ で，次に低いのは *Methanosphaera stadtmanae* DSM 3091 株の 26.9％ である．GC 含量が低いものはメタン菌が大部分を占める．DNA の二本鎖は熱によっても分離するが，ゲノム中の GC 含量と生育温度との相関は見出されないことから，高温で生育するアーキアのゲノム DNA は，リバースジャイレースによる二本鎖らせん構造の効率的構築やポリアミンによる安定化等の機構によって二本鎖構造が維持されていると考えられる（3.5 節参照）.

塩基配列が解読されると，そこから様々な情報を獲得することができる．塩基配列そのものが情報となるものとして，ゲノムの大きな領域のクローニングや遺伝子の分断の検索等で用いられる制限酵素地図がある．制限酵素は 4〜8 塩基の特定の配列を認識して，DNA の二本鎖を切断する．これまで制限酵素地図を作製するには，微生物自身を培養してゲノム DNA を抽出し，実際に複数の制限酵素での切断・電気泳動・比較解析等を行わなければ判明しなかった．現在では DNA シークエンサーの性能が向上し，ゲノム解析の結果から制限酵素地図を比較的簡便に得ることが可能になった.

塩基配列そのものから得られる情報として RNA をコードする遺伝子がある．RNA をコードする遺伝子としてはアミノ酸を輸送するトランスファー RNA（tRNA）やリボソームの中に含まれるリボソーム RNA（rRNA）などがある．tRNA は，クローバーモデルといわれる三次元立体構造を構築することが知られているが，この性質を用いて塩基配列中から tRNA をコードする領域を検索する tRNAscan[23] というソフトウエアを利用することで，容易に tRNA をコードする領域を推定することができる．アーキア tRNA の特徴としてはイントロンを有することがあげられる（第 5, 7 章参照）．アーキアのゲノムからは tRNA 遺伝子は 40個程度しか見出されず，他のドメインの生物の有する tRNA 遺伝子数と比較して少ない．その中にイントロンを含む tRNA をコードする領域が，ユーリアーキオータでは数個，クレンアーキオータでは 10〜20 個も見出されてくる．ユーカリアの tRNA 遺伝子にはイントロンが存在するので，アーキア（特にクレンアーキオータ）がユーカリアの核ゲノムの起源ではないかということを示唆している.

さらにタンパク質をコードする遺伝子についての情報も獲得できる．まず，これらの構造遺伝子の位置を決める必要がある．微生物の遺伝子がタンパク質に翻訳される場合には，メチオニンというアミノ酸をコードする ATG というコドンから主に開始される．ただ，これ以外に GTG，CTG，TTG というコドンがまれにタンパク質合成の開始シグナルとなる場合もある．このタンパク質合成は，前述の 3 種の終止コドンによって終了する．この法則に則ってタンパク質をコードする遺伝子の位置を決め，次にコードされているタンパク質のアミノ酸配列を塩

基配列から推定する．このアミノ酸配列を用いて，すでに知られている遺伝子に関する情報が集約されているデータベース中のデータと比較する．配列が似ていれば機能も似ているという前提で，ある基準以上に似ている配列がデータベースに存在する場合には，それと機能が似ているとする．アーキア遺伝子の場合にはアミノ酸配列で30%程度の同一性が見出されれば，よく似た遺伝子だと判断され，機能も似たものだと推定されている．しかし，この程度の相同性が見出されても，実は2/3のアミノ酸配列は異なるということを示している．実際，このような解析から推定された機能・活性が実験的に確認される場合もあるが，推定された機能と違う機能・活性を有していることが確認される場合も多々ある．

　ちなみに，ヒトとネズミの比較の場合なら同じ機能を有するタンパク質の相同性は70〜80%程度であり，微生物に比べると哺乳類やユーカリア間での違いは小さいともいえよう．

3.2.3　アーキアゲノムの特徴

　タンパク質をコードする遺伝子の位置関係をアーキアの各種間で比較すると，同じ遺伝子が同じ順番で並んでいることは，たとえ同じ属の中の種どうしでもほとんど見出されない．*Sulfolobus*属中の複数の種のゲノム中の互いに相同な遺伝子の位置関係を比較しても，その位置関係や遺伝子の並び順はまったく似ていない．しかし，唯一といってよい例外が*Pyrococcus*属に属する*P. horikoshii*と*P. abyssi*のゲノムである．両者の遺伝子の位置関係を比較すると，ゲノム全体に渡って遺伝子の並び順が保存されている．互いの遺伝子がコードするタンパク質に相同性が見出された場合にプロットするという解析を*P. horikoshii*と*P. abyssi*のゲノムについて行った結果を図3.6に示す．この図には斜めの長い線がいくつか見られるが，これは二つのアーキアの相同な遺伝子の並びが同じであることを示している．図3.7に全体の変化を模式的に示す．この図では，斜めの線が途切れて逆向きとなったり，位置が移動したりしていることがわかる．このことは，相同な遺伝子の並び順はこの二つの*Pyrococcus*属アーキアの間で全体的によく保存されているものの，何カ所かのゲノムの領域が入れかわっていることを示している．斜めの線の変化だけでは理解し難い点について図3.8に示す．これら二つのアーキアの共通の祖先から二つの種が進化する間に，4回程度のゲノムの大きな位置関係の変化（A→Bの際には逆位，B→Cの際には転座，C→Dの際には逆位・欠失）があったと考えられる．過去に生物が進化する上で起こった現象を現在再現することはできないが，ゲノムの情報を比較することで過去の進化過程を推定することができる．ちなみに，同じ*Pyrococcus*属である*P. furiosus*と上記2種の遺伝子の並び順を比較解析してみると，相同な遺伝子の位置や並び順は全く保存されていない．このことは，上にあげた二つのアーキア，*P. horikoshii*と*P. abyssi*は以前は同じ種で，ごく最近二つの種に分かれたのであろうと推定される．このように，ゲノム解析では現在生きている生物が有しているゲノムDNAの塩基配列を解読するだけだが，その情報を有効に活用することで過去の進化過程で起こったであろう現象を推定することもできる．

　さて一方，データベースとの相同性比較によって推定される遺伝子産物の機能の中で，酵素については過去にモデル生物で明らかにされた触媒活性から，代謝経路における役割を推定することができる．その結果，アーキアではモデル生物で構築されている代謝経路を完結させる

3.2 アーキアのゲノム構造

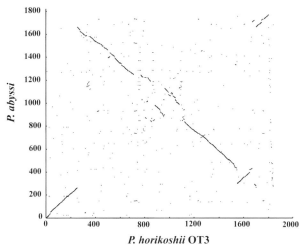

図 3.6 *Pyrococcus* 属の2種間での相同遺伝子の位置関係．*Pyrococcus* 属の2種のアーキア間の比較で見出される相同遺伝子の各ゲノム上での位置関係．遺伝子間に相同性が見出された場合に両者の遺伝子の交点に点を打つ．線が見出されるということは，遺伝子の並び順が同じということを示す．

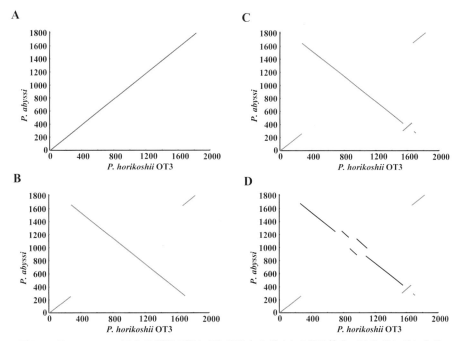

図 3.7 *Pyrococcus* 属の2種間で推定される過去のゲノムの組み換え．図 3.6 に示した2種がもともと同一のものであったと仮定した場合に，両者のゲノムの関係が現在のものとなるために起こったであろう過去の組換えを模式的に示した．A：もともと同じなので対角線上に相同遺伝子は全て位置している．B：中央での大きな逆位．C：末端近くでの逆位．D：中央付近での転座および挿入が起こっていることが読み取れる．

のに必要な酵素のいくつかが見出されないことがある．例えば，モデル生物で解明されている糖代謝経路を構成する酵素のうち，アーキアゲノム，特に *S. tokodaii* ゲノムから見出される

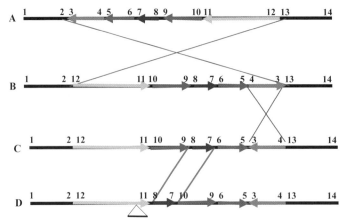

図 3.8 *P. horikoshii* と *P. abyssi* 両ゲノム間で起こったと推定されるゲノムの逆位，転座，挿入についてのゲノム領域の変化を示す模式図．

酵素はほんの一部に過ぎない．既知の代謝経路の中の大多数の酵素が存在しないとすると，このアーキアでは代謝が完結しないことになるが，実際にはこれらのアーキアは生きており増殖もする．前述の様にアーキアのゲノムサイズは小さいものが多く，そこに存在する遺伝子の数もバクテリアに比して少ないことから，好熱性アーキアでは一つの酵素が複数の活性を有する場合もあり，それが実験的に証明されている．このように，アーキアでは酵素機能の多様性が，ゲノムに含まれる遺伝子数の少なさを補完していると考えられる（第6章参照）．

3.2.4 アーキアゲノムの利用

アーキアの多くは，極限環境と呼ばれる高温・高圧・高塩濃度等の環境に生育している．特に高温下で生育している好熱性アーキアが有しているタンパク質は高温で安定である（3.3節参照）．この高温で安定という性質は有用で，大腸菌等の常温で増殖する微生物の中で組換えタンパク質として発現させた場合に加熱するだけで宿主由来のタンパク質を除くことができる．またこれらの高温で生育するアーキアが有する酵素は，至適反応温度が高温となる．これらの酵素は，常温菌のなかで生産されても反応の至適温度の違いから常温菌内で機能しない場合があるので，たとえ生産に用いる常温菌に対して毒性があったとしても生産することが可能となる．また，酵素反応を行う際に高温で行えば，滅菌・密閉等の操作を厳密に行わなくてもよい場合もある．

3.3 アーキアのタンパク質

アーキアのタンパク質といっても，一般的にはバクテリアのタンパク質と大きく変わるところはない．本節では，アーキアの中でも特に特徴的な性質を持つ二つの特殊例，すなわち高温で生育する超好熱菌と飽和塩濃度で生育可能な高度好塩菌に着目して，そのタンパク質の性質を解説する．

3.3.1 超好熱菌のタンパク質の耐熱性

タンパク質の中でも，触媒機能を持つタンパク質，酵素は生体内で様々な機能を持つだけでなく，工業的にも利用されている（第7章参照）．酵素の工業的利用では，酵素の安定性が常に問題になる．酵素を利用する場合には，高温で利用する場合も多い．その場合には，どの程度の高温に耐性であるのかという耐熱性が問題となる．利用温度が高温でない場合にも，常温での保存が可能であれば低温で保存するよりも安価である．そこで，常温でどの程度保存可能かという常温での安定性が問題となる．さらに，利用するpHがアルカリ性や酸性の場合や，溶媒に有機溶媒が含まれる場合など，化学的安定性が問題となる場合も多い．これらの，様々なタンパク質の耐性は，耐熱性と関係しており，耐熱のタンパク質はこれらの耐性も高いことが知られている．こうした工業利用上の意義もあり，これまで多くのタンパク質の耐熱性に関する研究が行われてきた．特に，超好熱菌は常温菌のタンパク質よりもはるかに高い耐熱性を持つので，耐熱タンパク質研究の良い研究材料となってきた．

タンパク質耐熱性を決定する最も基本的な因子としては，タンパク質の変性状態と天然状態の間でのエネルギー変化がある[24]．天然状態では，タンパク質はそれぞれのタンパク質に固有の立体構造を持っている．また天然状態では，その構造によって固有の機能を発揮している（表3.1）．天然状態ではエネルギー（専門的にはエンタルピー）が変性状態に比べて低い．天然状態のエネルギーがさらに低下すれば，タンパク質の天然状態が安定化することになる．

一方，タンパク質は高温で変性する．これはタンパク質の変性状態の方が天然状態に比べてエネルギーが高いが，高温ではそのエネルギー差を乗り越えてしまうためである．タンパク質が変性すると乱雑さ（専門的にはエントロピー）が増大する．乱雑さが大きい方が変性状態は安定なので，変性状態での乱雑さの増大はタンパク質を変性する方向に働く．したがって，変性状態で乱雑さがあまり増大しないような構造のタンパク質は，変性状態を取りにくくなる．その結果，相対的に天然状態が安定化する．超好熱菌のタンパク質は天然状態のエネルギーを下げる方法と変性状態の乱雑さを下げる方法の，二つの方法で安定化している．こうした安定性の議論には物理化学的知識が必要になるが，詳しい解説は専門的総説を参照されたい[24]．

（1）疎水性パッキング

タンパク質分子の構造を見た場合，安定性を決定する最も基本的な因子は疎水性相互作用である．タンパク質の内部は疎水性であり，疎水性相互作用によって構造を維持している．しかし，単に疎水性が関与しているだけではなく，構造に無理なくアミノ酸が立体的に充填されていることが重要である．疎水性の残基が無理なく配置されていることを疎水性パッキングが良いと表現する．疎水性パッキングの良いタンパク質は安定である．超好熱菌と好熱菌のタンパ

表3.1　タンパク質の天然状態と変性状態.

	天然状態	変性状態
活性	ある	ない
特有の構造	ある	ない
安定性	低温で安定	高温で安定
エネルギー（エンタルピー）	低い	高い
乱雑さ（エントロピー）	低い	高い

ク質の詳細な変性の熱力学的解析から，好熱菌のタンパク質で疎水性相互作用が特に高い例が知られている[25]．

疎水性相互作用の耐熱性への効果は多少複雑な場合もある．いくつかの超好熱菌のタンパク質は，変性状態でも疎水性相互作用が失われないで残っていることがわかった[26]．エネルギー的には変性状態を安定化してしまうので，変性がむしろ進行することになる．しかし，変性状態で疎水性相互作用が残っていると，乱雑さは増加しなくなるので天然状態が相対的に安定化する．エネルギーと乱雑さの変化の差し引きが微妙に相殺されるが，結果的に天然状態が高温まで相対的に安定に保たれて，タンパク質が高温まで安定化する[26]．

（2）タンパク質全体の大きさ

好熱菌と常温菌のゲノム上にコードされているタンパク質について網羅的に様々な要素の比較が行われた．全体として好熱菌ではタンパク質全体の大きさが小さくなっていた[27]．とりわけ，タンパク質のα-ヘリックスやβ-シートをつなぐループ部分の短縮が顕著に見られた[28]．ループ部分は天然状態では固定されているが，変性状態ではランダムに動くためにエントロピーの増加が起きる．ループが小さくなると，変性状態での乱雑さの増加が抑えられる．こうした機構でループ部分の短縮がタンパク質の耐熱性の上昇に寄与していると推定された[28]．

（3）サブユニット-サブユニット相互作用

好熱菌のタンパク質は相同な常温菌のタンパク質に比べて多数のサブユニットからなるオリゴマー構造をとる傾向が知られている[29,30]．タンパク質がオリゴマー構造をとると，単量体では表面に出ていた残基をサブユニット境界面に隠すことで溶媒から遠ざけることができる．この効果によってオリゴマーは単量体に比べて安定化している[31]．

多量体構造では，単量体の安定性に加えてタンパク質-タンパク質境界面の安定性が問題となる．ここでも，疎水性相互作用が重要である[32,33]．タンパク質境界面の疎水性を上げることによって二量体構造の安定性が高まり，疎水性を下げることによって安定性が低下する．また，サブユニット間の電荷ネットワークが，超好熱菌のタンパク質の多量体構造を安定化している例が知られている[34]．

（4）ゲノムレベルでのアミノ酸の傾向

さて，こうしたタンパク質の安定性がゲノムレベルで見た場合にはアミノ酸組成にある程度反映する．ゲノム上にコードされるタンパク質すべてのアミノ酸組成の主成分分析からIVYWREL（イソロイシン，バリン，チロシン，トリプトファン，アルギニン，グルタミン酸，ロイシン）の含量がその生物の至適生育温度に良い相関を持っていることが報告されている（図3.9）[35]．生育温度の高い生物では，比較的側鎖の大きな疎水性の高いアミノ酸が多いという傾向が見られる．相関係数は0.81と良い値であるが，これらのアミノ酸の含量が0.38から0.45に変動すると至適生育温度が20℃から100℃に上昇すること

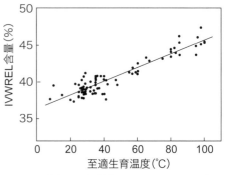

図3.9 全タンパク質中のイソロイシン，バリン，トリプトファン，アルギニン，グルタミン酸，ロイシン含量と至適生育温度[35]．

からもわかるように，その小さな組成変化が非常に大きな至適生育温度の変化に対応している．

個々のタンパク質を見た場合には，この相関関係は成り立たない．つまり，個々のタンパク質ではアミノ酸含量という全体的な指標よりも，一つ一つの残基同士の相互作用の方がより大きな効果を持つため，アミノ酸含量と酵素の安定性はあまり相関しなくなる[36]．

(5) 祖先配列と耐熱性

さて，個々のタンパク質のアミノ酸組成や配列からそれぞれのタンパク質安定性の推定は現在では不可能であり，実験的な方法によって確認する他はない．しかし，耐熱性に寄与する可能性のあるアミノ酸残基を推定することは，タンパク質の進化系統解析から可能になっている．

多くの生物の相同タンパク質のアミノ酸配列から系統樹が作製できる．系統樹作製法は，祖先タンパク質のアミノ酸配列から生物の進化に伴って，アミノ酸配列が変化してきたことに基づいている．この方法を用いると，祖先生物の持っていたアミノ酸配列を推定することができる．祖先生物の持っていたアミノ酸配列を全合成することから，祖先タンパク質が復元された[36,37]．そのタンパク質は100℃を超える熱安定性を持っていた．このことから，全生物の共通祖先（*Commonote commonote*（コモノート）あるいは LUCA（last universal common ancestor））が超好熱菌であることを示す結果である．また，祖先型アミノ酸残基を現存する生物のタンパク質に変異として導入した場合にも，現存する生物のタンパク質の耐熱性を非常に効率良く高めることができる[38]．

3.3.2 高度好塩菌のタンパク質

高度好塩菌は飽和食塩でも生育可能で，高塩濃度環境下に生育している．高度好塩菌は細胞内にも高濃度の塩を蓄積している．高度好塩菌のタンパク質はタンパク質表面に多数の負電荷アミノ酸残基を持っていることが特徴である[39,40]．多数の負電荷を表面に持つことは，静電的には強い反発力を生むことになる．実際，高度好塩菌のタンパク質を低塩濃度の溶液に溶解すると変性してしまう．これは，タンパク質を精製する上では非常に大きな障害となる．タンパク質精製で最も頻度高く用いられるイオン変換クロマトグラフィーが利用できない．疎水性クロマトグラフィーの適用も困難である．塩析もできないため，事実上精製の手段がほとんどなくなってしまう．

低塩濃度で生育する通常の生物のタンパク質は，高塩濃度下では塩析効果によって沈殿する．高度好塩菌の細胞内で高濃度のタンパク質が高塩濃度下にある場合でも，高い表面負電荷を持つことによって溶解性を維持していると考えられる[40]．

3.4 アーキアの糖鎖

数個の単糖が結合したオリゴ糖鎖であっても，構成単糖の種類，順番，枝分かれ構造，化学修飾などの組み合わせが多数あり，取りうる構造の種類は非常に多い．これに対して多数の単糖がつながった多糖は，一つあるいは二つの単糖からなる単位構造が繰り返してできているため，比較的構造が単純である．糖鎖は単独で存在する以外に，タンパク質や脂質などに共有結合して存在し，それらは糖タンパク質や糖脂質と呼ばれる．

3.4.1 糖タンパク質の糖鎖

糖タンパク質の糖鎖はグリコシド結合している原子の種類により分類される（図3.10)[41]．N型（窒素原子）の大部分はオリゴ糖鎖がアスパラギンの側鎖のアミド基に結合している．偶然ではあるがNはアスパラギンの1文字記号に一致している．O型（酸素原子）は主にセリンとスレオニンの水酸基に結合しており，ムチン型（mucin type, GalNAc-Ser/Thr）が代表である．その他，GAG型（glycosaminoglycan type, Xyl-Ser），O-GlcNAc修飾（GlcNAc-Ser/Thr），チロシンや修飾されたアミノ酸（ヒドロキシプロリンとヒドロキシリジン）の水酸基が関与する特殊なタイプ（Fuc/Xyl/Man/GlcNAc/Gal/Glc-Ser/Thr/Tyr/HyPro/HyLys）がある．C型（炭素原子）はマンノースがトリプトファン残基に結合している．P型（リン原子）はセリンやスレオニンの水酸基に結合したリン酸基を介して糖鎖が結合している．アーキアには，N型およびO-ムチン型は広く存在するが，O-GAG型とO-GlcNAc修飾，およびC型とP型はいまだ同定されていない．特殊なO型（Man-Ser）についての報告例が好酸中等度好熱菌 Sulfolobus acidocaldarius にあるが，普遍的に存在するかどうかは不明である[42]．原核生物（アーキアとバクテリア）の糖タンパク質を集めたデータベース ProGlycprot（http://www.proglycprot.org/）が公開されている．

3.4.2 アーキアのN型糖鎖修飾

アーキアのN型糖鎖修飾は1976年に高度好塩菌 Halobacterium halobium（現 Halobacterium salinarum）について最初の報告があったが[43]，本格的な研究の進展は21世紀に入ってか

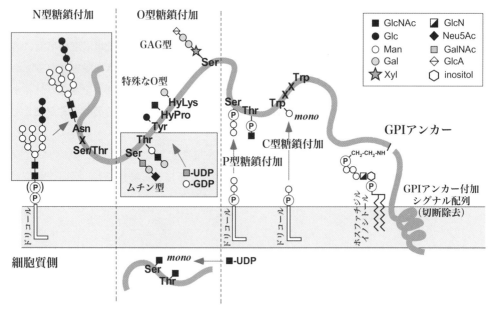

図3.10　タンパク質の糖鎖修飾と脂質の糖鎖修飾．アーキアに見られる糖鎖修飾（灰色背景の四角内）は，N型糖鎖修飾，O型糖鎖修飾のうちムチン型である．ユーカリアのO型糖鎖修飾では糖の供与体は糖ヌクレオチドである．バクテリアのO型糖鎖修飾では糖の供与体が糖ヌクレオチドに加えて，脂質結合型オリゴ糖鎖の場合がある[53]．アーキアのO型糖鎖修飾の糖供与体が糖ヌクレオチド，あるいは脂質結合型オリゴ糖鎖のいずれかであるかはわかっていない．

らである[44]. ゲノム配列上に存在する糖鎖修飾関連酵素の遺伝子の分布からみて，全てのアーキアにN型糖鎖修飾系は存在すると考えられる．これに対し，バクテリアのN型糖鎖修飾系は限定的であり，一部のバクテリアのゲノム上のみに関連する酵素遺伝子が存在する．

長い間，アーキアのN型オリゴ糖鎖の化学構造は直鎖状で，構成する単糖の数も少ないと思われていたが，実際の化学構造は多様であることがわかってきた．枝分かれ構造を持ち，構成単糖の数も10を越え，ユーカリアのN型糖鎖に近い構造を持つものが報告されている[54]. ウロン酸（水酸基がカルボキシル基に置換）を構成単糖として含んでいたり，硫酸基の修飾など，ユーカリアのN型糖鎖に特徴的に見られるシアル酸に代わって，糖鎖に負電荷を与えている[55]. 還元末端（アスパラギン残基に直接結合している）の単糖の種類に注目すると，ユーカリアでは常にN-アセチルグルコース（GlcNAc），バクテリアではジアセチルバチロサミン（di-N-acetyl bacillosamine）であるが，アーキアではGlcNAc以外に，N-アセチルガラクトース（GalNAc）や，グルコース（Glc），ガラクトース（Gal）など多彩である[44]. N型糖鎖はタンパク質上に転移されたあとに，糖鎖の刈り込み（トリミング）や化学修飾，単糖の付加反応が起こる．これらを転移後修飾と呼ぶ．ユーカリアでは非常に広範で徹底した転移後修飾が起こるが，バクテリアでは報告例がない．アーキアでも長く知られていなかったが，最近になってマンノース（Man）を付加する例が見つかった[56]（図3.11(b)）.

3.4.3 オリゴ糖転移酵素

タンパク質中のアスパラギン残基に糖鎖を転移する反応は，膜タンパク質酵素であるオリゴ糖転移酵素（OSTまたはOTase，oligosaccharyltransferase）が触媒している（図3.11）．ユーカリアの中でも高等な生物では，8種の異なるポリペプチド鎖からなる複雑なサブユニット構成を持つ．これに対して下等なユーカリア，アーキアおよびバクテリアでは，OSTは単一のサブユニットで機能する．真核細胞では，糖鎖転移反応はリボソームによって合成される新生ポリペプチド鎖がER膜中にあるトランスロコンを通過してルーメン側に出てくるのと同時に起こり，翻訳と共役して進行する．これに対して原核細胞のバクテリアでは，翻訳が完了した後に起こるとされている．アーキアではどちらの様式で糖鎖転移反応が起こるのかは未解明である．

OSTの基質となるのは糖鎖の受容体と供与体の二つである．糖鎖の受容体はN型糖鎖付加コンセンサス配列中のアスパラギン残基である．アーキアのN型糖鎖付加コンセンサス配列はAsn-X-Ser/Thr（Xはプロリン以外のアミノ酸）でユーカリアと同一である．一方，バクテリアではコンセンサス配列はAsp/Glu-X-Asn-X-Ser/Thr（Xはプロリン以外のアミノ酸）であるが，-2の位置の酸性残基はバクテリアの種によっては必須でない．糖鎖の供与体はオリゴ糖鎖がリン酸基を介して脂質に結合した化合物であり，脂質結合型糖鎖（lipid-linked oligosaccharide，LLO）と呼ばれる[45]. 脂質結合型糖鎖の脂質部分はアーキアではドリコール†であり，ユーカリアと同一である．ただし，アーキアのドリコールの鎖長は比較的短い（C45

---

†ドリコールはポリプレノールのうち，水酸基がある側の末端に位置するイソプレン単位の二重結合が一つ還元されて飽和しているものを指す．

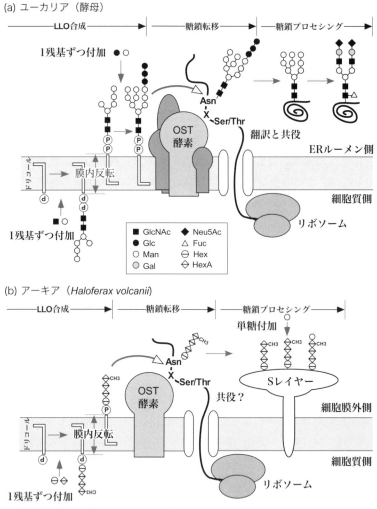

図 3.11 N 型糖鎖合成経路. 比較のために(a)ユーカリア（酵母）と(b)アーキア（中度好塩菌 *Haloferax volcanii*）の場合を示している. 両者の大きな相違点は, N 型糖鎖の化学構造, 脂質結合型糖鎖のリン酸基の数, 膜内反転を起こした後の脂質結合型糖鎖へのさらなる単糖付加, オリゴ糖転移酵素のサブユニット数, 糖鎖プロセシングの程度などである.

〜C60）のに対し，ユーカリアのドリコールの鎖長は非常に長い（C70〜C110）．また，バクテリアの場合はポリプレノール†である．ユーカリアおよびバクテリアの脂質結合型糖鎖ではリン酸基の数は2個である．これに対して，アーキアでは1個または2個である．最新の研究の結果，ユーリアーキオータ門のアーキアではリン酸基の数は1個であるのに対し，クレンアーキオータ門のアーキアでは2個であることが提唱されている[46]．

アーキアの細胞壁はSレイヤー（surface layer）と呼ばれ，アーキア細胞を周囲の極限環境から守っている．多くのアーキアではSレイヤータンパク質が主な構成成分であり，規則正しく密集してタンパク質性の鞘を作っている[47]．Sレイヤータンパク質には多数のN型糖鎖

---

† ポリプレノール（polyprenol）はイソプレン単位（-CH₂-CH=C(CH₃)-CH₂-）が直鎖状につながったポリマーで，末端に水酸基を一つ持つ脂質アルコールである．鎖長は炭素原子の数で表され，必ず5の倍数となる．

3.4 アーキアの糖鎖

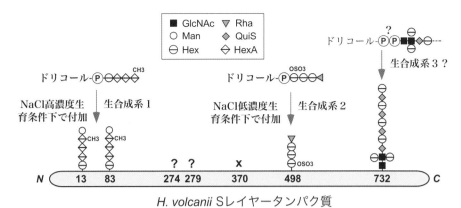

図 3.12 中度好塩性アーキア *Haloferax volcanii* の S レイヤータンパク質の N 型糖鎖修飾．3 種の異なる構造の N 型糖鎖修飾が生育環境の塩濃度の違いに応じて起こる．しかも，それぞれ異なる生合成系が糖鎖修飾に関わっていると推定される．数字はアスパラギン残基の残基番号を示す．？は糖鎖付加が起こるかどうか不明，x は糖鎖付加が起こらない．OSO₃ は硫酸基を表している．

が付加されていて，タンパク質の安定性の向上に寄与している[48]．バクテリアにも S レイヤータンパク質があるが，進化的に無関係であり，糖鎖修飾も N 型でなく O 型が中心である．興味深いことに中度好塩性アーキア *Haloferax volcanii* の S レイヤータンパク質には 3 種の異なる糖鎖が，それぞれ固有の位置に付加されていて[49]，しかも，その付加の有無が生育環境の塩濃度の変化に応じて変化する（図 3.12）[50]．それぞれの糖鎖には独自の生合成系が存在する．これほど複雑な N 型糖鎖付加反応は全ての生物種の中で例を見ない．他のアーキアにも同様に複雑な N 型糖鎖修飾系が存在する可能性が高い．

3.4.4 アーキアの O 型糖鎖

アーキアの O 型糖鎖の研究例は N 型糖鎖に比べると非常に少ない[51]．その理由はアーキアでは N 型が主で O 型の使用頻度が少ないことによると思われる．好塩菌の複数の種の S レイヤータンパク質について，C 末端側に存在する多数のスレオニン残基に Glc-Gal が共有結合していることが報告されている．鞭毛タンパク質フラジェリン（アーキアでは archaellin と呼ばれる）にも O 型糖鎖が存在する．すでに述べたように，ムチン型は存在するが，GAG 型と O-GlcNAc 修飾型は報告されていない．しかし，アーキアの O 型糖鎖の研究は多くが 1990 年代以前のものであり，結果の検証を含めた新たな研究が必要である．高度好塩中等度好熱菌 *Haloarcula hispanica* の S レイヤータンパク質には N 型糖鎖以外に O 型糖鎖が存在し，2 糖構造（Glc α-1, 4-Gal）を持つことが明らかになった[52]．*H. hispanica* は外来の DNA をエンドヌクレアーゼによって分解する制限活性が特に低いために，遺伝子破壊を含む遺伝子操作が容易である．今後，アーキアの O 型糖鎖生合成にかかわる遺伝子の同定が進むと期待される．

3.4.5 GPI アンカー

GPI（glycophosphatidylinositol）アンカーはタンパク質を脂質二重膜に繋ぎとめる機能を持っている．タンパク質の C 末端の α カルボキシル基にエタノールアミン，3 個のマンノース，グルコサミン（アセチル化されていない），イノシトール（糖アルコールの一種）を介し

てグリセロリン脂質分子と結合した構造を持つ（図3.10）．これはユーカリアに普遍的に見られるが，バクテリアには存在しない．アーキアの一部では，間接的な生化学的証拠やゲノム配列の解析に基づいてその存在が予想されているが[51]，確認されていない．

3.4.6 糖脂質

　糖脂質は糖鎖と脂質が結合した複合糖質である．アーキアの糖脂質の大きな特徴は脂質部分が直鎖状のアルキル鎖ではなく，イソプレン単位が重合した形のイソプレノイド鎖を持つことであり，メチル基の枝分かれ構造を持つことが特徴である．グリセリンを骨格として，三つの水酸基のうち二つにイソプレノイド鎖がエーテル結合している．グリセリンの残りの3番目の水酸基に単糖から数個程度の糖が結合する．一部のアーキアでは糖鎖にさらにリン酸基や硫酸基が結合している．詳しくは3.1.1項を参照されたい．

　アーキアの糖鎖研究は，タンパク質や核酸などの研究に比べて，非常に遅れている．その主な理由は，アーキアの糖鎖の構造はユーカリアの構造とはまったく異なるために，真核型の糖鎖構造を前提にした種々の測定・解析ツールがほとんど使えないからである．例をあげると，アーキアの糖鎖をタンパク質から温和な条件で切り離すための酵素や，特定の糖鎖に結合するレクチンなどが利用できない．アーキアの糖鎖の修飾システムはユーカリアやバクテリアとは性質が大きく異なり，多様性も大きい．アーキアの糖鎖システムの産業・医療利用は未開拓であるが，応用の観点から見た場合，非常に有望な材料の宝庫となる可能性がある．

　バクテリアの糖鎖は病原性に深く関わっている[53]．バクテリアの生存に糖鎖は必須でなく，真核細胞に感染するために糖鎖を利用している．アーキアの病原性についてはほとんど知られていないことを考えると，アーキアの糖鎖の生物的意義について理解するために，さらに研究を進める必要がある．

3.5 アーキアに見られるその他の細胞成分

3.5.1 ヒストンタンパク質

　ユーカリアの染色体DNAは，クロマチンと呼ばれる構造によって非常に密にパッキングされている．ヒトの染色体DNAをつなげて伸ばすと約2mの長さになるが，これだけの長さを持つDNAが，直径10 μmの核内に収まっている．近年，ヒストンの役割が，このような核内へのパッキングだけでなく，DNAの複製，修復や組換え，遺伝子発現制御に深く関与することがわかってきた．クロマチンは，ヌクレオソームを基本単位とする複合体であり，ヌクレオソームは，H2A，H2B，H3，およびH4と呼ばれるヒストンタンパク質それぞれ2分子からなる八量体に，DNAが巻き付いたものである．H3とH4それぞれ2分子からなるヘテロ四量体を中心にしてH2A，H2Bヘテロ二量体が外側に結合しており，その周りを146 bpのDNAが巻き付いたヌクレオソームコアと呼ばれる構造をとる（図3.13）．ヌクレオソームコアを形成しているDNAは，核酸を分解する酵素（ヌクレアーゼ）から保護されている．このことはすなわち，複製，転写などに関与するDNA結合タンパク質もヌクレオソームには作用

3.5 アーキアに見られるその他の細胞成分

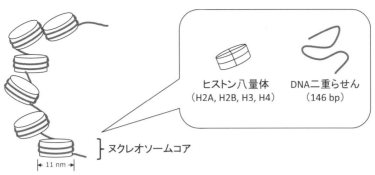

図 3.13 ヌクレオソームの構造．ヌクレオソームは，直径 11 nm のヌクレオソームコアを基本単位とした複合体である．

できないことを意味している．つまり，タンパク質が DNA へ作用するにはヌクレオソームは構造変化する必要がある．DNA と相互作用しヌクレオソームを形成するために，ヒストンには三つの α-ヘリックスからなる三次構造（ヒストンフォールドと呼ばれる）が存在する．その N 末端側にある塩基性の尾部領域がリン酸化，メチル化，アセチル化などの修飾を受けることによって，ヌクレオソーム構造に変化が起きる．これらの修飾の組み合わせが遺伝子発現制御の"コード"として機能しているというヒストンコード仮説が提唱されている．このような遺伝子発現制御は，DNA 塩基配列の変化を伴わないのでエピジェネティック（epigenetics は後成説 epigenesis と遺伝学 genetics の造語）な制御と呼ばれる[57]．

バクテリアにもヒストン様タンパク質と呼ばれる塩基性の DNA 結合タンパク質が存在するが，それらの立体構造や機能はヒストンとは異なる．しかし，アーキアのユーリアーキオータ門と一部のクレンアーキオータ門に属する微生物の中には，ユーカリアのヒストンと立体構造がほぼ同じ塩基性の DNA 結合タンパク質を持つものがいる．この"アーキアヒストン"について，最もよく研究されているのが，超好熱性アーキア *Methanothermus fervidus* 由来の 2 種類のアーキアヒストン HMfA と HMfB である．アーキアヒストンの一次構造は，ユーカリアのそれと全く異なるにもかかわらず，H3，H4 に類似したヒストンフォールド構造をとり[58,59]，ホモ二量体または，ヘテロ二量体を形成する（図 3.14，図 3.15）．DNA と結合する際に，四量体を形成することで DNA をコンパクト化することが DNA とヒストンの架橋実験から明らかにされている[60]．アーキアヒストン四量体に巻き付いている DNA の長さはおよそ 60 bp であり，ユーカリアに類似したヌクレオソーム様構造をとる[61]．アーキアヒストンは，ユーカリア由来ヒストンに見られる塩基性の尾部領域を持たない．また，アーキアヒストンが翻訳後に修飾を受けるという報告もない．アーキアは DNA コンパクト化能の異なるアーキアヒストンの発現量，または発現のタイミングを調節することで遺伝子発現を制御していると予想される．アーキアヒストン HMfA と HMfB の細胞内含量が調べられた．HMfA は対数増殖期，定常期をとおして，HMfB よりも多く発現していた．しかし，アーキアヒストン全発現量に占める HMfB の割合が増殖相によって変化していた．すなわち，対数増殖期には，DNA コンパクト化能の低い HMfA が，アーキアヒストン全発現量の大部分を占め（HMfA：71%，HMfB：29%），定常期には DNA コンパクト化能の高い HMfB の発現量（HMfA：54%，HMfB：46%）が増加していた[60]．超好熱性アーキア *Thermococcus kodakarensis* には，2 種

第3章 アーキアの細胞学

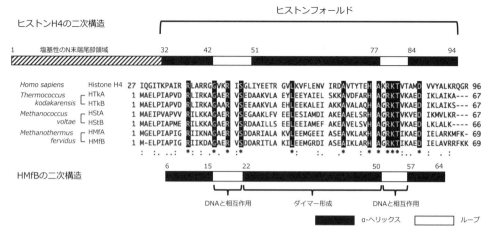

図3.14 アーキアヒストンの一次構造とヒストンフォールド．アーキアヒストンの一次構造とHMfBの二次構造を示す．超好熱性アーキア Thermococcus kodakarensis および Methanothermus fervidus 由来のアーキアヒストン（HTkA, HTkB, HMfA, HMfB），常温性メタン生成アーキア Methanococcus voltae 由来アーキアヒストン（HStA, HStB）のアミノ酸配列を使用した．また，ヒト由来ヒストン H4 の一次構造（27~96残基）とその領域の二次構造を示した．ユーカリア由来のヒストンには塩基性のN末端尾部領域が存在するが，アーキアヒストンには存在しない．図中の番号は，アミノ酸残基の番号を表す．

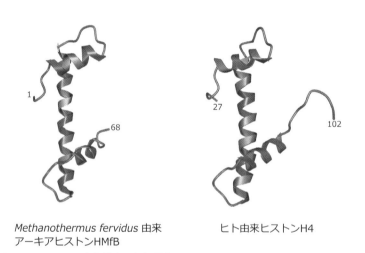

図3.15 ヒストンフォールドの立体構造．超好熱性アーキア Methanothermus fervidus 由来 HMfB アーキアヒストンの立体構造（1A7W）と，ヒト由来ヒストン H4 のヒストンフォールドの立体構造（5C3I）を示す．これらの構造は，WEBサイト（National Center for Biotechnology Information）で作製された．図中の番号は，アミノ酸残基の番号を表す．

類のアーキアヒストン遺伝子（htkA, htkB）がそのゲノムに存在する[62]．T. kodakarensis において，アーキアヒストン遺伝子破壊株が作製され，それらの遺伝子発現動態が調べられた．各々1種類のアーキアヒストン遺伝子は破壊されたが，両方の遺伝子は同時に破壊されなかった．アーキアヒストン遺伝子を破壊することによって，破壊株細胞内の遺伝子発現動態（転写量）に変化が見られたが，興味深いことに，htkA 遺伝子が破壊されると，その破壊株の形質転換効率が著しく低下するという現象が報告された[63]．Čuboňová らは HTkA が DNA の取り込みに直接または，それらに関与する遺伝子の発現をとおして間接的に関与していると予想している．常温性のメタン生成アーキア Methanococcus voltae においても，アーキアヒスト

ン遺伝子破壊株（ΔhstA と ΔhstB）が作製されている．T. kodakarensis における破壊株と同様に，これらの破壊株は，異なる増殖特性を示し，さらに同様に hstA 遺伝子破壊株，あるいは hstB 遺伝子破壊株だけに見られる転写量の変化を示す遺伝子の存在も認められた[64]．

アーキアヒストンは DNA のトポロジーに影響を与えることがわかっている．すなわち，M. fervidus の細胞内イオン濃度[65]を模した試験管内の実験（in vitro 実験）では，HMfA，HMfB は超らせん構造（負のスーパーコイル）を DNA へ導入することが報告されている[66,67]．実際の細胞内にある DNA について，その超らせん構造が調べられた．Charbonnier らの報告によれば[68]，調査した 10 種のアーキア由来内在性プラスミドのうち，6 種の常温性アーキア（高度好塩性アーキア，メタン生成アーキア）由来のプラスミドには負のスーパーコイルが導入されていた．また，（超）好熱性アーキアに属する 4 種の微生物から抽出したプラスミドには，正または負のスーパーコイルが導入されていたが，巻数が少なく，弛緩型に近い状態だった．正または負のスーパーコイルが導入されていれば，熱による DNA 融解は起こりにくい[69]．しかし，アーキアヒストンは，DNA へスーパーコイルを導入しなくても DNA を安定化する．T. kodakarensis 由来の 2 種のアーキアヒストンをそれぞれ線状 DNA に添加し，それらの融解温度が調べられた．アーキアヒストンを添加することによって DNA の融解温度は上昇し，さらにポリアミンの添加により一層安定化した[70]．アーキアヒストンは，ポリアミンとともに高温環境下での染色体 DNA の構造維持に関与していることが示唆された．また，超好熱性アーキアが生育している温度において，問題になってくるのは，DNA の化学的分解である[69,71]．アーキアヒストンには DNA の化学的分解をも防ぐ能力があるのか興味が持たれるが，この点は明らかではない．

3.5.2 微生物のポリアミン

ポリアミンは二つ以上のアミノ基を含む塩基性の脂肪族炭化水素の総称であり，ウイルスからヒトに至るまであらゆる生物に含まれている．動物では体内ポリアミンは年齢とともに減少するため，老化との関連が指摘されている．実際，高ポリアミン食が運動性の維持や長寿と関係する[72]．多くの生物において主要なポリアミンは，プトレスシン [4]，スペルミジン [34]，スペルミン [343] である．角括弧内の数字は，両端にあるアミノ基と中間のアミノ基で挟まれるメチレン基の数を示す（**図 3.16**）．大腸菌では，スペルミジンは細胞膜の安定化[73]，RNA ポリメラーゼの活性化[74]，リボソームの高次構造形成[75]に関与する．さらに，スペルミジンはポリアミンモジュロンと呼ばれる特定の遺伝子の転写産物の翻訳に寄与している[76]．これまでに様々な微生物で細胞内ポリアミンの組成が調べられ[77]，アーキアでは以下に示すように，特に好熱菌でユニークな構造のポリアミンが発見されている[78]．

(1) 好熱性微生物のポリアミン

40℃ 以上に生育至適温度を持つ微生物は好熱菌と呼ばれる．特に 80℃ 以上で生育する超好熱菌はそのほとんどがアーキアに属する．好熱菌（アーキア，バクテリアともに）には常温性微生物とは異なる形状のポリアミンが確認されている．一つは長鎖型の分子であり，サーモスペルミン [334]，カルドペンタミン [3333]，カルドヘキサミン [33333] などが知られている．もう一つは N^4-アミノプロピルスペルミジン [3(3)4]，や N^4-ビス（アミノプロピル）ス

65

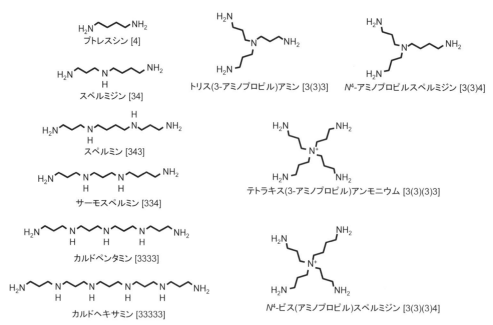

図 3.16 微生物で合成される主要なポリアミン.数字は NH_2,NH,および N^+ 間の CH_2 単位の数を,括弧内の数字は分岐鎖の CH_2 単位の数を示す.

ペルミジン［3(3)(3)4］に代表される分岐構造の分子である.これら長鎖ポリアミンや分岐鎖ポリアミンは,(超)好熱菌の生育温度の上昇に伴い,細胞内に著量蓄積される.このことから,高温環境での生育において重要な役割を果たすと考えられている[79,80].実際,分岐鎖ポリアミンの生合成酵素の遺伝子を破壊すると,高温での生育が著しく衰える.試験管内実験では,DNA や RNA の溶液に長鎖ポリアミンや分岐鎖ポリアミンを添加すると,高温でも二本鎖部分が一本鎖化しにくくなる[81].また,N^4-アミノプロピルスペルミジン［3(3)4］や N^4-ビス(アミノプロピル)スペルミジン［3(3)(3)4］を添加すると翻訳効率も高まる[82].

最近の研究で,N^4-ビス(アミノプロピル)スペルミジン［3(3)(3)4］は高効率に DNA のコンパクト化を引き起こし,それはスペルミジン［34］やスペルミン［343］のつくるコンパクト化構造とは異なることが明らかになっている[83].B 型の DNA を濃度依存的に A 型,C 型へと変換する性質は直鎖型のポリアミンでは認められない.

(2) ポリアミンの生合成

微生物の代表的なポリアミンの合成経路を図 3.17 に示す.ポリアミンはアルギニン,オルニチン,メチオニンなどの塩基性アミノ酸を初発基質として合成される.多くの常温生物では,オルニチンデカルボキシラーゼの触媒反応によりオルニチンからプトレスシン［4］が作られる.植物やいくつかのバクテリアでは,アルギニンからアグマチンを介してプトレスシン［4］が合成され,さらにアミノプロピル基が付与されてスペルミジンとなる(図 3.17 の経路 I).この脱尿素反応とアミノプロピル基の転移反応はそれぞれ SpeB と SpeE が触媒する.一方,S-アデノシルメチオニン(SAM)が SpeD により脱炭酸化された dcSAM(脱炭酸化された SAM,アデノシルメチルチオプロピルアミン)は,アミノプロピル基の供与体になる.好熱菌ではアーキアでもバクテリアでも,アグマチンからスペルミジンが作られる順番が逆に

3.5 アーキアに見られるその他の細胞成分

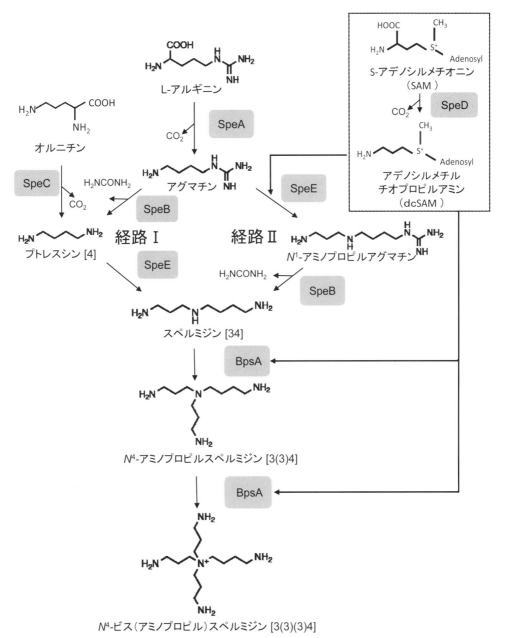

図 3.17 好熱性アーキアの分岐鎖ポリアミン合成経路．SpeA，アルギニン脱炭酸酵素；SpeB，アグマチンウレオヒドロラーゼ（プトレスシン合成酵素，経路Ⅰ）または N^1-アミノプロピルアグマチンウレオヒドロラーゼ（スペルミジン合成酵素，経路Ⅱ）；SpeC，オルニチン脱炭酸酵素（プトレスシン合成酵素）；SpeD，S-アデノシルメチオニン脱炭酸酵素；SpeE，スペルミジン合成酵素（経路Ⅰ）または N^1-アミノプロピルアグマチン合成酵素（経路Ⅱ）；BpsA，分岐鎖ポリアミン合成酵素．

なっている（図 3.17 の経路Ⅱ）[81]．つまり，まずアミノプロピル基の転移反応が起こり，N^1-アミノプロピルアグマチンが作られ，ついで脱尿素反応が起こる．これは好熱菌の酵素（SpeE と SpeB）の基質に対する親和性の違いによるものである[80]．また，常温菌では SpeE はスペルミジンにアミノプロピル基を付与することで，スペルミンを作るが，（超）好熱性のバクテリア，ユーリアーキオータ門の超好熱性アーキアでは分岐鎖ポリアミン合成酵素

67

第3章 アーキアの細胞学

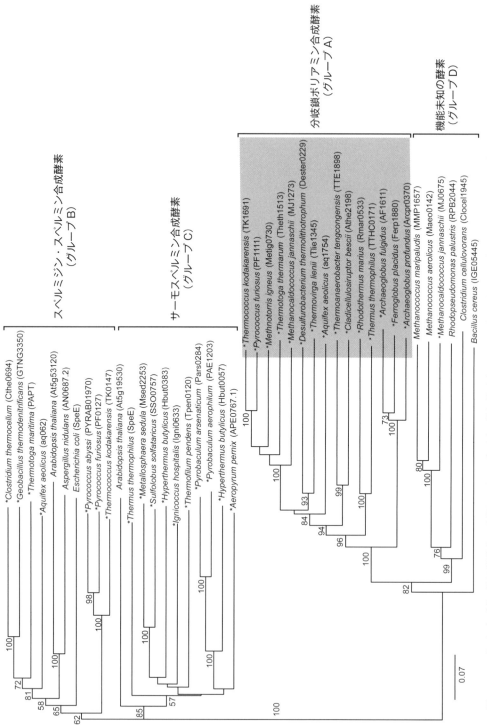

図3.18 アミノプロピル基転移酵素の分類．アミノプロピル基転移酵素のアミノ酸配列にもとづく酵素の系統分類．スケールバーは10アミノ酸あたりの置換数を示す．数字はブートストラップ値を示す．

(branched chain polyamine synthase, BpsA) がスペルミジンにアミノプロピル基を与え，N^4-アミノプロピルスペルミジン［3(3)4］を合成する[85]．さらに BpsA の逐次的反応（ピンポン BiBi 機構）により，N^4-ビス（アミノプロピル）スペルミジン［3(3)(3)4］が合成される[86]．

(3) ポリアミン合成酵素の分類

　図3.18 にアミノプロピル基の転移を触媒する酵素の分類を示す．この酵素は，スペルミジン・スペルミン合成酵素（グループ B），サーモスペルミン合成酵素（グループ C），分岐鎖ポリアミン合成酵素（グループ A），機能が解明されていない酵素（グループ D）に分類される[85]．クレンアーキオータ門に属する（超）好熱性アーキアからは長鎖のポリアミンは検出されるが，分岐鎖ポリアミンは検出されない[87]．実際，クレンアーキオータ門のゲノムには BpsA のオルソログ（グループ A）は存在しない．グループ D の酵素は，アーキア，バクテリアの両方において好熱菌に限らず常温菌でも見られる．常温性メタン生成アーキア *Methanococcus maripaludis* の MMP1657（グループ D）には，グループ A のアミノプロピル基転移酵素に特徴的な Gly-Asp-Asp-Asp モチーフが存在する．しかし，*M. maripaludis* において分岐鎖ポリアミンは見出されていない[87]．MMP1657 では BpsA の構造解析で明らかとなったポリアミンの結合に関わるアミノ酸残基の保存性も低い．このことから，グループ D の酵素は分岐鎖ポリアミン合成には関与しないと予想される．

　長鎖，あるいは分岐鎖のポリアミンは，好熱性バクテリアからも見つかっていることから，アーキアに特徴的なポリアミンというよりも，好熱菌に特徴的なポリアミンといえよう．アーキアに限ってみるとクレンアーキオータ門のアーキアは長鎖の，ユーリアーキオータ門のアーキアは分岐鎖ポリアミンを持つことで高温環境に適応しているように思える．長鎖ポリアミンが分岐鎖ポリアミンの機能を代替するか，その逆も含めて興味が持たれるところである．最近，分岐鎖ポリアミンのアセチル体が存在することが明らかになった[88]．アセチル化ポリアミンはポリアミンの性質を大きく変えてしまうため，遺伝子の発現調節に影響していると思われる．アセチル化酵素の特定や機能解明が今後の課題といえよう．

文　　献

■3.1
1)　Y. Koga *et al.: Microbiol. Rev.* **57**, 164 (1993)
2)　Y. Koga and H. Morii: *Biosci. Biotechnol. Biochem.* **69**, 2019 (2005)
3)　O. Gräther and D. Arigoni: *J. Chem. Soc. Chem. Commun.* **405** (1995)
4)　H. Morii *et al.: Biochim. Biophys. Acta* **1390**, 339 (1998)
5)　J. S. S. Damsté *et al.: J. Lipid Res.* **43**, 1641 (2002)
6)　A. Sugai *et al.: Lipids* **30**, 339 (1995)
7)　Y. Blériot *et al.: Chem. Eur. J.* **8**, 240 (2002)
8)　Y. Koga and H. Morii: *Microbiol. Mol. Biol. Rev.* **71**, 97 (2007)
9)　邊見久：化学と生物 **53**, 146 (2015)
10)　L. Villanueva *et al.: Nature Rev. Microbiol.* **12**, 438 (2014)
11)　古賀洋介：蛋白質 核酸 酵素 **54**, 127 (2009)

12) J. Lombard *et al.*: *Nature Rev. Microbiol.* **10**, 507 (2012)

13) Y. Koga: *J. Mol. Evol.* **78**, 234 (2014)

14) S. Jain *et al.*: *Front. Microbiol.* **5**, 1 (2014)

15) T. Benvegnu *et al.*: *Recent Pat. Drug Deliv. Formul.* **3**, 206 (2009)

■ **3. 2**

16) R. D. Fleischmann *et al.*: *Science* **269**, 496 (1995)

17) C. J. Bult *et al.*: *Science* **273**, 1058 (1996)

18) D. R. Smith *et al.*: *J. Bacteriol.* **179**, 7135 (1997)

19) H. P. Klenk *et al.*: *Nature* **390**, 364 (1997)

20) Y. Kawarabayasi *et al.*: *DNA Res.* **5**, 55&147 (1998)

21) Y. Kawarabayasi *et al.*: *DNA Res.* **6**, 83&145 (1999)

22) Y. Kawarabayasi *et al.*: *DNA Res.* **8**, 123 (2001)

23) T. M. Lowe and S. R. Eddy: *Nucleic Acids Res.* **25**, 955 (1997)

■ **3. 3**

24) 赤沼哲史, 山岸明彦：生化学 **81**, 1064 (2009)

25) H. Dong *et al.*: *J. Mol. Biol.* **378**, 264 (2008)

26) C. Motono *et al.*: *Protein Eng.* **14**, 961 (2001)

27) S. Chakravarty and R. Varadarajan: *FEBS Lett.* **470**, 65 (2000)

28) M. J. Thaompson and D. Eisenberg: *J. Mol. Biol.* **290**, 595 (1999)

29) D. Maes *et al.*: *Proteins* **37**, 441 (1999)

30) V. Villeret *et al.*: *Proc. Natl. Acad. Sci. USA* **95**, 2801 (1998)

31) D. S. Goodsell and A. J. Olson: *Annu. Rev. Biophys. Biomol. Struct.* **29**, 105 (2000)

32) S. Akanuma *et al.*: *Eur. J. Biochem.* **260**, 499 (1999)

33) H. Kirino *el al.*: *Eur. J. Biochem.* **220**, 275 (1994)

34) Y. Y. Cheung *et al.*: *Biochemistry* **44**, 4601 (2005)

35) B. Boussau *et al.*: *Nature* **456**, 942 (2008)

36) S. Akanuma *et al.*: *Evolution* **69**, 2954 (2016)

37) S. Akanuma *et al.*: *Proc. Natl. Acad. Sci. USA* **110**, 11067 (2013)

38) S. Akanuma and A. Yamagishi: In "Biotechnology of Extremophiles: Advances and Challenges" P. H. Rampelotto (Ed.), (Springer, 2016) pp. 581–596

39) 徳永正雄他：生化学, **81**, 401 (2009)

40) S. Paul *et al.*: *Genome Biol.* **9**, R70 (2008)

■ **3. 4**

41) R. G. Spiro: *Glycobiology* **12**, 43R (2002)

42) T. Hettmann *et al.*: *J. Biol. Chem.* **273**, 12032 (1998)

43) M. F. Mescher and J. L. Strominger: *J. Biol. Chem.* **251**, 2005 (1976)

44) K. F. Jarrell *et al.*: *Microbiol. Mol. Biol. Rev.* **78**, 304 (2014)

45) M. D. Hartley and B. Imperiali: *Arch. Biochem. Biophys.* **517**, 83 (2012)

46) Y. Taguchi *et al.*: *J. Biol. Chem.* **291**, 11042 (2016)

47) S. V. Albers and B. H. Meyer: *Nat. Rev. Microbiol.* **9**, 414 (2011)

48) K. F. Jarrell *et al.*: *Int J. Microbiol.* **2010**, 470138 (2010)

49) J. Parente *et al.*: *J. Biol. Chem.* **289**, 11304 (2014)

50) L. Kaminski *et al.*: *MBio* **4**, e00716 (2013)

51) B. H. Meyer and S. V. Albers: *Biochem. Soc. Trans.* **41**, 384 (2013)

52) H. Lu *et al.*: *Glycobiology* **25**, 1150 (2015)

53) E. Valguarnera *et al.*: *J. Mol. Biol.* **428**, 3206 (2016)

54) D. Fujinami *et al.*: *Glycobiology* in press (2017)

55) J. Lechner *et al.*: *Annu. Rev. Biochem.* **58**, 173 (1989)

56) C. Cohen-Rosenzweig *et al.*: *J. Bacteriol.* **194**, 6909 (2012)

■ **3. 5**

57) 神野茂樹, 岡山博人：『クロマチンと遺伝子機能制御』堀越正美（編）, （シュプリンガー・フェアラーク東京, 2003）, p. 3

58) M. R. Starich *et al.*: *J. Mol. Biol.* **255**, 187 (1996)

59) K. Decanniere *et al.*: *J. Mol. Biol.* **303**, 35 (2000)

60) K. Sandman. *et al.*: *Proc. Natl. Acad. Sci.* **91**, 12624 (1994)
61) S. L. Pereira *et al.*: *Proc. Natl. Acad. Sci.* **94**, 12633 (1997)
62) H. Higashibata *et al.*: *Biochem. Biophys. Res. Commun.* **258**, 416 (1999)
63) L. Čuboňová *et al.*: *J. Bacteriol.* **194**, 6864 (2012)
64) I. Heinicke *et al.*: *Mol. Gen. Genomics* **272**, 76 (2004)
65) R. A. Grayling *et al.*: *Adv. Protein Chem.* **48**, 437 (1996)
66) D. Musgrave *et al.*: *Mol. Microbiol.* **35**, 341 (2000)
67) F. Marc *et al.*: *J. Biol. Chem.* **277**, 30879 (2002)
68) F. Charbonnier and P. Forterre: *J. Bacteriol.* **176**, 1251 (1994)
69) E. Marguet *et al.*: *Nucleic Acids Res.* **22**, 1681 (1994)
70) H. Higashibata *et al.*: *J. Biosci. Bioeng.* **89**, 103 (2000)
71) M. Kampmann and D. Stock: *Nucleic Acids Res.* **32**, 3537 (2004)
72) K. Soda: *Exp. Gerontology* **44**, 727 (2009)
73) H. Souzu: *Biochim. Biophys. Acta.* **861**, 361 (1986)
74) K. A. Abraham: *Eur. J. Biochem.* **5**, 143 (1968)
75) T. Kakegawa *et al.*: *Eur. J. Biochem.* **158**, 265 (1986)
76) K. Igarashi and K. Kashiwagi: *Methods Mol. Biol.* **720**, 51 (2011)
77) K. Hamana: *Microbiol. Cult. Coll.* **18**, 17 (2002)
78) 浜名康栄, 細谷隆一：化学と生物 **44**, 320 (2006)
79) T. Oshima *et al.*: *J. Biol. Chem.* **262**, 11979 (1987)
80) N. Morimoto *et al.*: *J. Bacteriol.* **192**, 4991 (2011)
81) Y. Terui *et al.*: *Biochem. J.* **388**, 427 (2005)
82) S. Fujiwara *et al.*: "Polyamines", T. Kusano and H. Suzuki (Eds.), (Springer, 2015) p. 143
83) A. Muramatsu *et al.*: *J. Chem. Phys.* **145**, 235103 (2016)
84) M. Ohnuma *et al.*: *J. Biol. Chem.* **280**, 30073 (2005)
85) K. Okada *et al.*: *J. Bacteriol.* **196**, 1866 (2014)
86) R. Hidese *et al.*: *FEBS J.* in press (2017)
87) K. Hamana, R. Hosoya and T. Itoh: *J. Jpn. Soc. Extremophiles* **6**, 25 (2007)
88) R. Hidese *et al.*: *Biosci. Biotechnol. Biochem.* **81**, 1845 (2017)

第**4**章

アーキアの DNA 代謝

　ワトソンとクリックが，1953 年の DNA 二重らせん構造解明の論文の中で DNA がどのように複製するのかについて言及しているように，DNA 複製の分子機構は分子生物学の黎明期からの課題として活発な研究が続けられてきた．それにともなって遺伝情報が損傷を受けたときに，それを修復する機能や，子孫に遺伝的多様性を伝えるための仕組みについても分子生物学的研究が進んだ．DNA 複製（replication），修復（repair），組換え（recombination）研究はその頭文字をとって 3R と呼ばれる．大腸菌とそのファージを用いてその基本的な分子機構が解明され，1980 年代には，酵母やヒト細胞での研究が盛んになったが，アーキアの 3R 研究は1990 年代に入ってから広がり，ポストゲノム時代になって急速に進展している．

4.1 アーキアの DNA 複製

　DNA 複製の基本的な分子機構は生物の間で共通であるが，複製装置を比べると，バクテリアとユーカリアでは，構成タンパク質因子にまったくアミノ酸配列の相同性がないので，複製装置は異なる祖先から進化したと考えられる[1]．1980 年代にはアーキアがユーカリアの有するDNA ポリメラーゼと類似した酵素を持つのではないかということが唯一の分子生物学的情報だったが，1990 年代半ばから始まったゲノム解析時代になると，アーキアのゲノム上にどのような配列のタンパク質がコードされているのか網羅的に調べられるようになり，アーキアのDNA 複製の生化学的研究が加速した．さらに 2000 年代になると，遺伝子破壊や導入など，いくつかのアーキア細胞で遺伝子操作系が開発されて遺伝学的手法も加わり，アーキアのDNA 複製研究の基礎は固まった[2]．

4.1.1 複製起点と起点認識タンパク質

　オペロン説で有名な Jacob らが，1963 年に DNA 複製の分子機構を予言したレプリコン説は，イニシエータータンパク質がレプリケーター DNA に結合することで DNA 複製が開始されるという仮説である（図 4.1）[3]．大腸菌では，イニシエーターとして DnaA がゲノム上の特定部位（レプリケーター）に結合することで複製が開始されることがわかり，その結合部位が複製起点（*oriC*）として同定されてレプリコン説は実証された．バクテリアでは，*oriC* は環状構造のゲノム上に 1 カ所存在するのに対して，ユーカリアでは線状構造ゲノム上に多数存

在するが，現在までに詳細に複製起点が同定されているのは酵母のみであり（*Saccharomyces cerevisiae* や *Schizosaccharomyces pombe*），高等ユーカリアでは *oriC* としての共通の配列が確定されていない．おそらく配列特異的な *oriC* ではなく，他のタンパク質因子によって ORC（origin recognition complex）複合体が DNA に結合しやすくなることで位置がきまり，その際のクロマチンの二次構造の変化が大きく関わるだろうと予想されるが，詳細はまだ不明である．

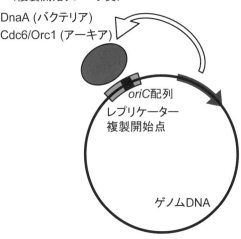

図 4.1　複製開始のレプリコン説．

oriC には ORC 複合体が結合し，そこに必要な他のタンパク質因子が集まってきて複製が開始される．ORC は Orc1 から Orc6 までの，互いにアミノ酸配列の相同性を有する6種類のタンパク質複合体である．さらに，複製開始には Orc タンパク質と相同性のある Cdc6 が ORC に結合し，MCM ヘリカーゼをリクルートする．Cdc6 は ORC の中の特に Orc1 と最も類似している．

Pyrococcus furiosus から新規の DNA ポリメラーゼ（PolD）が発見された際に（後述），その遺伝子のすぐ上流にユーカリアの Orc1，Cdc6 と相同性のあるタンパク質をコードする遺伝子が見つかった（図 4.2）[4]．この遺伝子は PolD の構成成分である DP1，DP2 の遺伝子とオペロンを形成して *P. furiosus* 細胞内で一緒に発現している．このときはまだアーキアの全ゲノム配列が解読される前であり，アーキアがどのような生物なのか謎に包まれていたので，アーキアがユーカリア型のイニシエーターを有するのは驚きであった[4]．ユーカリアの ORC と相同性があるタンパク質は *Pyrococcus* の全ゲノム上に一種類しかないので，Orc1/Cdc6 というように呼ばれている．後述するように Orc1/Cdc6 が *oriC* の認識とヘリカーゼを起点に呼び込むという二つの機能を備えているという報告がある．現在までに全ゲノムが解読されたアーキアで見つかる Orc1/Cdc6 ホモログの数は 1〜3 種が多く，中には好塩菌のように 9 種や 17 種も有するものもあり，このタンパク質ファミリーの役割分担と分子進化の関係は興味深い．Orc1/Cdc6 ホモログのアミノ酸配列を比較すると 1〜2 種が高度に保存されており，残りは多様性に富み，進化速度が速い．*oriC* の近傍に遺伝子がある Cdc6 は高度に保存されており複製開始にかかわっているが，遺伝子が起点近傍にない多くの Cdc6 は複製開始以外の機能を担っていると予想される．

アーキアが，バクテリアと同様な環状ゲノム中に 1 カ所 *oriC* を有することが *Pyrococcus abysii* で初めて示され，実験によりその位置が特定された[5]．バクテリアゲノムの *oriC* がイニシエーターである DnaA をコードする *dnaA* 遺伝子のすぐ上流であるのと同様に，アーキア

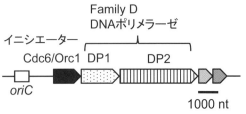

図 4.2　*Pyrococcales* のレプリケータ近傍のオペロン．

でも Orc1/Cdc6 タンパク質をコードする遺伝子のすぐ上流領域に *oriC* が位置することは原核生物に保存された特徴である．その後，クレンアーキオータ門に属する *Sulfolobus* が，*Pyrococcus* と同じ程度の大きさの環状ゲノム構造を取りながらも，2カ所 *oriC* を有することが示された[6]．*Sulfolobus* は Orc1/Cdc6 タンパク質のホモログを三つ有する（Cdc6-1，Cdc6-2，Cdc6-3 と呼ばれる）．*oriC* はイニシエーター遺伝子のすぐ上流に存在するという上述の法則に従い，3種の Orc1/Cdc6 のそれぞれの遺伝子の上流が調べられた結果，Cdc6-1，Cdc6-3 遺伝子の上流領域からの複製開始が観察された．さらに，複製中の *Sulfolobus* 細胞を集めて，マイクロアレイ法で個々の遺伝子量を測定する方法により，*Sulfolobus* のゲノムには *oriC* が3カ所（*oriC1*，*oriC2*，*oriC3*）存在することが示された[7]．このうち二つは Cdc6-1，Cdc6-3 遺伝子の上流領域と一致したが，もう一つは Cdc6-2 遺伝子から 50 kb 以上離れている．その後，*oriC1* が Cdc6-1 に，*oriC2* が Cdc6-3 に，そして *oriC3* は Cdc6-2 ではなく，クレンアーキオータにだけ存在する WhiP と名付けられたタンパク質に特異性を有していることがわかった．WhiP は，プラスミドにコードされる Rep タンパク質やユーカリアの複製開始制御因子である Cdt1 タンパク質と相同性を有している．その後の解析で Cdc6-1，Cdc6-2，WhiP は三つの *oriC* に結合し，Cdc6-3 は *oriC1*，*oriC2* に結合することがわかったが，それぞれの機能についてはまだ解明されていない．*Sulfolobus* では，3種の菌で3カ所の *oriC* が示されているが，*S. solfataricus* では1カ所の起点に複数の Cdc6 が結合し，*S. acidocaldarius* や *S. islandicus* では1カ所に1種類が特異的に結合すると報告されており，統一的な理解には至っていない．

　現在までの報告によると，ゲノム中の *oriC* の数はアーキアの中で多様性に富んでおり，その制御も異なる（**表 4.1**）．*S. islandicus* の *oriC* は3カ所であり，そのうちの一つを潰しても生育に影響はない．また二つを潰すと生育がやや遅くなる．そして三つ全部を潰すことはできない．好塩菌の *Haloarcula hispanica* には2カ所の起点があり，一つを潰しても影響ないが，両方を潰すことはできない．しかし，好塩菌の *Haloferax mediterranei* では3カ所の起点を全て潰すと生育が遅くなるが生きられ，その際には普段眠っている状態の起点が活性化されて動き出す．さらに，*H. volcanii* では4カ所の起点のうち三つを潰しても影響なく，四つとも潰すと野生株よりも生育速度が速くなるという予想外の結果が報告されている．*oriC* のない変異体は，組換え依存的な複製開始機構が働いていると予想される[8]．

　ゲノム構造がバクテリアと同じ環状でありながら，ユーカリアと同様に複数の場所から複製するアーキアの混合型の複製様式の発見は注目される．アーキアの複数の *oriC* は一つのゲノム中で同時に働いているので，それぞれの *oriC* からの複製開始がどのように協調的に制御さ

表 4.1 アーキアにおける複製開始点.

	oriC 数	欠損可能 *oriC* 数
Pyrococcus abyssi	1	ND
Sulfolobus islandicus	3	2
Haloarcula hispanica	2	1
Haloferax mediterranei	4	3
Haloferax volcanii	4	4

第4章　アーキアのDNA代謝

れているのか，また，それぞれの *oriC* から進行してきた複製フォークの衝突がどのように解消されているのか，というDNA複製機構における未解明の課題を研究する上で適したモデルになる．

4.1.2　複製起点の二本鎖開裂とヘリカーゼの設置

　DNA複製開始に際し，まず二本鎖のDNAのそれぞれを鋳型鎖にするために，一本鎖に解く必要がある．大腸菌ではDnaAが *oriC* 領域のDnaA boxという共通の配列モチーフに結合することにより，DNA鎖のトポロジーが変わり，DUE（DNA unwinding element）と呼ばれるAT配列に富んだ部分が開裂する．アーキアの複製起点領域にも特徴的な13 bpの反復配列が保存されており，そのうちの2～3の例はより長い保存配列（34 bp）となっている．この長い反復配列は起点認識ボックス（origin recognition box, ORB）として，Cdc6/Orc1によって認識されることが *S. solfataricus* で示されたが[6]，これは他のアーキアでも保存されている[9]．13 bpの反復配列はORBの小型としてminiORBと呼ばれる．全ゲノムを用いたマイクロアレイ解析により，*Pyrococcus* のCdc6/Orc1は *oriC* 領域に特異的に結合すること，また高純度に精製されたCdc6/Orc1が試験管内においてORBおよびminiORBに特異的に結合することも確認されている[9]．さらに，*P. furiosus* の *oriC* 領域が挿入されたプラスミドDNAと精製したOrc1/Cdc6タンパク質を混合した後，一本鎖DNA特異的なヌクレアーゼP1で処理すると，*oriC* 領域で切断されることで，Orc1/Cdc6による *oriC* 領域の特異的開裂が起きることが示された[10]．この実験は人工プラスミドを用いた試験管内反応の結果で，実際に細胞内での *oriC* 開裂にOrc1/Cdc6タンパク質だけで十分かどうかわからないが，少なくともアーキアのOrc1/Cdc6にバクテリアのDnaAと同様の機能があることを示している．*Sulfolobus* と *Aeropyrum* のOrc1/Cdc6とORB配列を有するDNAとの共結晶構造から，このタンパク質が複製起点を認識して結合することによってDNA鎖が曲がり，そのことが特定の部位での二本鎖解裂にかかわっていると予想されている[11, 12]．*oriC* の開裂機構の詳細はどの生物ドメインで最初に解明されるのか注目される．

4.1.3　複製ヘリカーゼ

　特定の部位で開裂が起きると，そこから二本鎖を解いていくヘリカーゼが必要である．複製の際に働くヘリカーゼは，大腸菌ではDnaBであり，ユーカリアではMCM複合体（Mcm2, 3, 4, 5, 6, 7）がその活性のコアになっている．ほとんどのアーキアにはMcmタンパク質のホモログが一つ存在し，ユーカリアのMCMとは異なり単一のタンパクでホモ六量体を形成してヘリカーゼ活性を発揮する[13]．また，ユーカリアのMCMはそれ自体ではヘリカーゼ活性が十分でなく，GINSという四つのタンパク質（Sld5, Psf1, Psf2, Psf3）の複合体とCdc45というタンパク質とでCMG複合体（アンワインドソーム）を形成することが必須であるが（図4.3），アーキアのMCMは試験管内において自分自身で顕著なヘリカーゼ活性を示す．しかし，細胞内においてはおそらく他のタンパク質とで複合体を形成していると予想される．アーキアにもGINSが存在するが，Sld5, Psf1に類似したGins51とPsf2, Psf3に類似したGins23の2種類のタンパク質が2：2に結合した四量体もしくは，Gins23を有しないアーキア

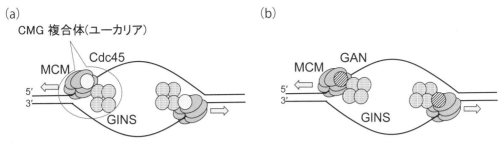

図 4.3 ユーカリアの CMG 複合体(a)とアーキアで予想されるアンワインドソーム(b).

も多く，Gins51 タンパク質のホモ四量体の場合もある[14, 15]．アーキアの GINS は試験管内において MCM のヘリカーゼ活性を促進することが実験的に示されている．Cdc45 はバクテリアで古くから知られていた RecJ というヌクレアーゼとアミノ酸配列の相同性を有するが，実際にアーキアの RecJ 様タンパク質が GINS と安定な相互作用を示した[16]．そして，アーキアの RecJ-GINS 複合体は GINS 単独のときと同様に MCM のヘリカーゼ活性を促進するので，おそらくアーキア細胞内においてもユーカリアの CMG 複合体と同様なアンワインドソームが形成されているのではないかと予想される（図 4.3）．

4.1.4 プライマーゼ

鋳型 DNA 鎖に沿って新生鎖を合成するのは DNA ポリメラーゼであるが，新生鎖合成反応を開始するためには，導火線のような働きをするプライマーと呼ばれる短いオリゴヌクレオチドを必要とする．細胞内でプライマーはプライマーゼという酵素によって合成される．バクテリアでは DnaG というタンパク質がプライマーゼ活性を有する．ユーカリアでは DNA ポリメラーゼ α と複合体を形成する p48 というタンパク質がプライマーゼ活性を担っている．p48 は p58 と安定な複合体を形成し，さらに DNA ポリメラーゼ α の p180 および p70 と複合体を形成して DNA ポリメラーゼ-プライマーゼ複合体として存在する．アーキアのゲノム上に，相同性は低いもののユーカリアの p48 と類似した配列が見つかり，そのタンパク質にプライマーゼ活性が検出された[17]．ユーカリアの p48 よりは少し小さいので p41 と呼ばれた．*P. furiosus* のゲノム上で p41 タンパク質をコードする遺伝子のすぐ隣の遺伝子に，わずかではあるがユーカリアの p58 に類似した配列がコードされており，実際その遺伝子産物は p41 と安定に複合体を形成した[18]．このタンパク質は p58 よりは少し小さく，p46 と名付けられた．細胞内で合成されるプライマーは通常 DNA 鎖ではなく RNA 鎖である．*Pyrococus* と *Sulfolobus* の細胞内でのプライマーも 20 鎖長程度の RNA 鎖である[19]．しかし，精製したプライマーゼを用いて試験管内でプライマー合成活性を調べたところ，p41 単独では RNA よりもむしろ DNA 鎖を好んで合成し，しかも長鎖の DNA 鎖（数 kb）を合成した[20]．しかし，p41-p46 複合体になると RNA 鎖を合成し，しかも鎖長も制御されて長鎖のものは合成されなかった[21]．したがって，アーキア細胞内において p41-p46 複合体がプライマーゼとして働いていると予想される（図 4.4）．p41，p46 はそれぞれプライマーゼの小，大サブユニットとして PriS と PriL とも呼ばれている．*S. solfataricus* の PriS と PriL の N 末端ドメインの複合体結晶構造から，PriL は PriS の活性部位と直接接触せずに，合成されたプライマーと相互作用してその長

さを7〜14鎖長に調節していると考えられる.

アーキアのゲノム中には，バクテリア型DnaGプライマーゼに類似した配列をコードする遺伝子が存在する．*P. furiosus* 由来 DnaG ホモログタンパク質はプライマー合成活性を示さなかった．しかし，*S. solfataricus* 由来の DnaG ホモログが実際に 13 ヌクレオチド長のプライマーを合成することが報告されており，

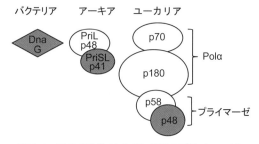

図 4.4　三つの生物ドメインが持つプライマーゼ.

Sulfolobus 細胞において 2 種のプライマーゼが働いている可能性もある[22]．*Sulfolobus* PriSL タンパク質は Gins23 を介して Mcm と相互作用し，複製フォーク進行中のレプリソームにおいて DNA の巻き戻しとプライマー合成をリンクさせているという報告もある．

4.1.5　一本鎖 DNA 結合タンパク質

一本鎖 DNA 結合タンパク質は，二重らせん構造が解かれた一本鎖 DNA をヌクレアーゼ攻撃，化学修飾などから保護するために重要な因子である．バクテリアの一本鎖結合タンパク質は SSB (single-stranded DNA-binding protein) と呼ばれる．一方で同じ機能を有するユーカリアのタンパク質は RPA (replication protein A) と呼ばれる．両者はアミノ酸配列の類似性がなく，名前はまったく異なるが機能は類似している．また，どちらも OB（オリゴヌクレオチド／オリゴサッカライド結合）フォールドと呼ばれる共通の折りたたみを含む構造的に類似したドメインを持っている．この共通の構造は，タンパク質の一本鎖 DNA への結合の仕組みが生物において保存されていることを示唆している．大腸菌 SSB は一つの OB フォールドを有するペプチドのホモ四量体であるが，*Deinococcus radiodurans* および *Thermus aquaticus* の SSB は二つの OB フォールドを含むペプチドのホモ二量体からなり，バクテリアの中でも多様性がある．ユーカリア RPA は RPA70，RPA32 および RPA14 からなる安定なヘテロ三量体である．RPA70 には二つの OB フォールドが繰り返し並んでいる．RPA32 は中心領域に OB フォールドを含み，C 末端領域は他の RPA サブユニットおよび様々な細胞タンパク質と相互作用する．RPA14 にも OB フォールドが含まれる．

M. jannaschii および *M. thermautotrophicus* 由来の RPA は，アーキア一本鎖 DNA 結合タンパク質として報告された最初の例で，ユーカリアの RPA70 とアミノ酸配列類似性を示し，四つまたは五つの OB フォールドを含む．*M. jannaschii* RPA は，溶液中にモノマーとして存在し一本鎖 DNA 結合活性を有する．一方，*P. furiosus* の RPA は，ユーカリア RPA と同様に三つの異なるサブユニット，RPA41，RPA32 および RPA14 からなる複合体を形成し，一本鎖 DNA 結合活性を示して，後述する RadA リコンビナーゼの鎖交換反応を著しく促進する[20]．一般的にユーリアーキオータはユーカリア型の RPA ホモログを有するが，クレンアーキオータの SSB タンパク質は，単一の OB フォールドおよび柔軟な C 末端テールを有するバクテリア型タンパク質に類似している．しかしながら，*S. solfataricus* 由来の SSB タンパク質の結晶構造は OB フォールドドメインがユーカリア RPA と類似していることを示し，アーキアとユーカリアの密接な関係を支持している[21]．*Methanosarcina acetivorans* の RPA は，他

のアーキアおよびユーカリアに見出される複数の RPA タンパク質とは異なり独特の特性を示す．RPA1，RPA2 および RPA3 の各サブユニットは，それぞれ 4，2 および二つの OB フォールドを有し，はっきりとした一本鎖 DNA 特異的結合活性を示す．さらに，バクテリア SSB やユーカリア RPA でも示されているように，試験管内で *M. acetivorans* の DNA ポリメラーゼ BI のプライマー伸長活性を促進する．

4.1.6　DNA ポリメラーゼ

　DNA 鎖合成を担うのは DNA ポリメラーゼである．生物は一つの細胞に複数の DNA ポリメラーゼを有し，それぞれ役割分担が決まっている[23]．DNA ポリメラーゼは，そのアミノ酸配列の類似性に基づいて分類される（図 4.5）．ファミリー A，B，C はそれぞれ大腸菌 DNA ポリメラーゼ I，II，III に代表され，これらと相同性のないユーカリアの DNA ポリメラーゼ β やターミナルヌクレオチジルトランスフェラーゼをファミリー X として分けられる．後に DNA 鎖の損傷部分を合成できる DNA ポリメラーゼはファミリー Y として，損傷乗り越え DNA ポリメラーゼという新しい一群が加わった（後述）．複製酵素は一般に異なるサブユニットが複合した多量体として働くが，その中の触媒サブユニットの配列から，バクテリアの DNA 複製酵素（PolIII）はファミリー C に属し，ユーカリアの DNA 複製酵素（Polα，Polδ，Polε）はファミリー B に属している．

　アーキアが第三の生物と提唱されたのは 1977 年であるが，1980 年代に入り，好塩菌の DNA ポリメラーゼ活性や，好塩菌の増殖がアフィディコリンで阻害されることが報告された．アフィディコリンはユーカリアの Polα の特異的な阻害剤として見つかり，一般的にファミリー B 酵素の阻害剤となっている．当時，バクテリアからはファミリー B 酵素が見つかっていなかったので，アーキアが原核生物でありながら，ユーカリアに類似した DNA ポリメラーゼで複製を行っていることが示唆されたことに大変興味が持たれた．1990 年代に入り，3 種の超好熱性アーキア *P. furiosus*, *T. litoralis*, *S. solfataricus* から DNA ポリメラーゼ遺伝子が単離され，その塩基配列からアーキアが実際にファミリー B の DNA ポリメラーゼを有することが示された．その後，別の超好熱性アーキアである *Pyrodictium occultum*, さらに *Aeropyrum pernix* から各々 2 種類のファミリー B 酵素遺伝子が発見された．ユーカリアでは 3 種類のファミリー B 酵素が DNA 複製にかかわっていることがわかっていたので，アーキアがユーカリアと同様に複数のファミリー B 酵素を使って生存していることを示唆する発見は，

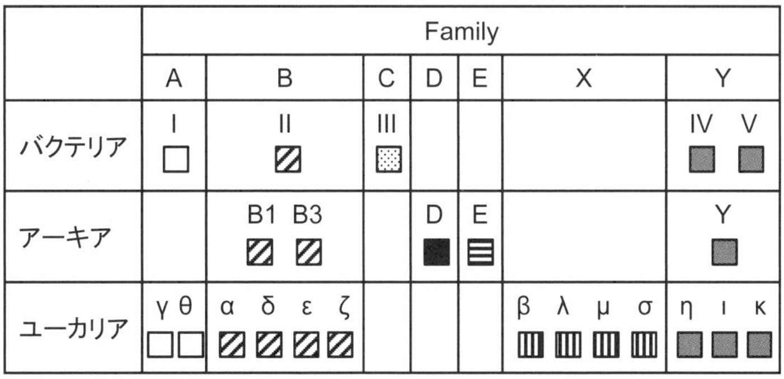

	Family						
	A	B	C	D	E	X	Y
バクテリア	I □	II ▨	III ▨				IV V ▦ ▦
アーキア		B1 B3 ▨ ▨		D ■	E ▤		Y ▦
ユーカリア	γ θ □ □	α δ ε ζ ▨ ▨ ▨ ▨				β λ μ σ ▥ ▥ ▥ ▥	η ι κ ▦ ▦ ▦

図 4.5　3 ドメインにおける DNA ポリメラーゼの分布．

第4章　アーキアのDNA代謝

ユーカリア型の複製装置の予想をさらに支持するものであった.

　P. furiosus の細胞抽出液から，前述のファミリーB酵素（PolI）とは別に，アフィディコリンに抵抗性の活性が見つかった. PolIIと名付けられたこの酵素は大小二つのサブユニットDP1，DP2からなり，小サブユニットはPolα，Polδ，Polεの第二のサブユニットとある程度の相同性があるが，大サブユニットはバクテリア，ユーカリアにはまったく類似配列が存在しないアーキア特有のタンパク質である.

　アーキアとして初めて *M. jannashii* の全ゲノム配列が解読されたときに話題になったのは，DNAポリメラーゼの遺伝子が一つしか見つからないことであった[24]. *P. furiosus* のPolIIの配列は，それまで知られていたDNAポリメラーゼの配列とまったく異なるので，DNAポリメラーゼとは予想できなかったのである. *M. jannashii* のDNAからPolIIのDP1，DP2をコードすると予想される遺伝子を単離して調べられた結果，その遺伝子産物にDNAポリメラーゼ活性が検出された[25]. その後，全ゲノム配列が発表された別のアーキアにもこの遺伝子は保存されていたため[26]，新しくファミリーDが提唱され[27]，その後PolIIはPolDと呼ばれるようになった.

　ゲノム解析時代に入り，続々と全ゲノム配列が発表される度に，そのゲノム中に既存のファミリーのDNAポリメラーゼ遺伝子が調べられた. その結果，クレンアーキオータとユーリアーキオータで所有するDNAポリメラーゼの種類に明白な違いがあることがわかってきた. すなわち，PolDを有するのはユーリアーキオータで，クレンアーキオータには存在しない. その代わり，クレンアーキオータには複数のPolBが存在する. PolDは分子進化学的に大変ミステリアスな酵素の一つである.

　アーキア細胞にも複数のDNAポリメラーゼが存在することがわかると，どの酵素がDNA複製にとって必須なのか興味が持たれる. 好塩菌やメタン菌ではアフィディコリンに感受性のファミリーB酵素が複製酵素であろうと予想されていたし，ユーリアーキオータにもクレンアーキオータにもファミリーB酵素は存在するので，それらが複製酵素であろうと予想された. しかし，DNAポリメラーゼとしての生化学的性質解析の結果，複製酵素に求められるプライマー伸長活性や校正活性（3′-5′エキソヌクレアーゼ活性）が高いことからPolDも複製に関わる酵素ではないかと予想された. PolB，PolDの両方を有するユーリアーキオータでは両者がそれぞれ連続合成，不連続合成を分担しているのではないかと予想される実験結果が報告された[28,29]. さらにもし，連続合成，不連続合成を分担する必要があるなら，クレンアーキオータのほうは複数のPolBがそれぞれを受け持っているのかもしれないと想像された.

　あるDNAポリメラーゼが複製酵素か修復酵素かを知るには，その遺伝子が必須遺伝子かどうかを調べる方法がある. 複製酵素なら，その遺伝子を破壊した変異株は致死となり単離できない. バクテリアのPolIIIやユーカリアのPolα，Polδは必須である. 一方修復経路は種々のバックアップがあり，また多少変異が入りやすくなっても細胞は生きられるので，その遺伝子破壊は致死にはならない. アーキアは特殊環境に生きるものが多く，培養条件の問題などで遺伝学的実験操作が簡単ではないことが多く，大腸菌や酵母のようには解析が用意ではない. しかし，好塩菌は培地中の塩濃度を高めておけば普通の実験室環境でコロニー形成が可能であるので，*Halobacterium* sp. NRC-1株で複製関連遺伝子破壊株の作製が試みられた. その結果，

ゲノム上に存在する PolB, PolD ともに遺伝子破壊株が単離できず，必須酵素だろうという予想が支持された[30]．

遅れを取っていた超好熱性アーキアの遺伝学的手法開発が2000年代半ばに進み，その結果，DNA ポリメラーゼ遺伝子についても遺伝子破壊株が単離されることになった．驚いたことに，*Thermococcus* や *Methanococcus* などのユーリアーキオータで唯一の *polB* 遺伝子の破壊株が単離された[31,32]．PolB は少なくともこれらの菌では必須の複製酵素ではなかったのである．これらの菌では *polD* 遺伝子の破壊株は単離できないので，PolD が複製には必須だと考えられ，アーキアにしかない独特の酵素 PolD は改めて注目されている．アーキアのサブドメインは，長らく知られていたクレンアーキオータとユーリアーキオータに加えて，いくつかの新しいサブドメインが提唱されている．これらに属する菌のゲノム中の DNA ポリメラーゼ遺伝子を調べると，クレンアーキオータの特徴である複数のファミリー B 酵素に加えて，PolD も存在するものもある．現在の地球上に存在するアーキアの所有する DNA ポリメラーゼの分布とそれらの進化的関係に大変興味が持たれる．

4.1.7　PCNA クランプ

クランプという分子は DNA ポリメラーゼを鋳型鎖上に保持して，新生鎖合成の連続性を促進する働きを担う．クランプ分子のドーナツ型リング構造は生物の間で保存されている．アーキアとユーカリアでは PCNA（proliferating cell nuclear antigen）と呼ばれるタンパク質がホモ三量体で環構造を形成し，バクテリアでは β-クランプと呼ばれるタンパク質がホモ二量体で働く[33]．β-クランプは PCNA の 1.5 倍の大きさなので，形成される環状構造は同じ大きさになり，リングの穴の直径はどちらも 20Å 程度で二本鎖 DNA がちょうど通る大きさである．三つのドメインのクランプ分子の結晶構造を比較すると，アーキアとヒトの PCNA があまりに似ていることに驚かされる（図 4.6）[34]．

クランプは自身の環の中に DNA 鎖を通すので，極めて安定に DNA 鎖上に留まることができ，DNA ポリメラーゼが PCNA にアクセスして結合することで，ポリメラーゼ-クランプ複合体は連続的に DNA 合成を行うことができる．PCNA 相互作用タンパク質の広範な研究により，PCNA に結合するタンパク質は PCNA 上の共通部位に結合するための PIP ボックスと呼ばれる短い保存配列モチーフを含むことがわかっている．DNA ポリメラーゼもその C 末端に

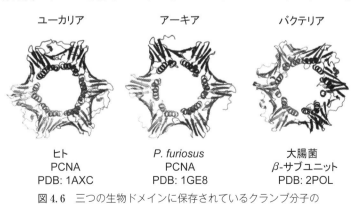

図 4.6　三つの生物ドメインに保存されているクランプ分子の構造比較．

PIP ボックスを有している.

　ユーリアーキオータのほとんどは，ホモ三量体環状構造を形成する単一の PCNA ホモログを有するのに対して，大部分のクレンアーキオータは複数の PCNA ホモログを有し，それらは機能するためにヘテロ三量体リングを形成することができる[35]．PCNA1，PCNA2 および PCNA3 はそれぞれ DNA ポリメラーゼ，DNA リガーゼ，および FEN-1 エンドヌクレアーゼと特異的に結合することが特に興味深い．T. kodakarensis は PCNA ホモログをコードする遺伝子を二つ有する唯一のユーリアーキオータ種である．これらの遺伝子をクローニングして遺伝子産物が解析された結果，PCNA1 と PCNA2 はどちらも安定した環状構造を形成し，PolB のクランプ分子として機能した．しかし，二つの PCNA の結晶構造はサブユニット間の界面で異なる相互作用を示し，PCNA2 のほうが明らかに安定な環状構造を形成しうる．ところが，PCNA2 をコードする遺伝子の破壊株が得られた一方で，PCNA1 遺伝子の破壊株は単離されず，PCNA1 が DNA 複製に必須であり，PCNA2 は T. kodakarensis 細胞において異なる役割を果たすことが示唆された．

4.1.8 RFC クランプローダー

　DNA 鎖にクランプを装填するには，リング構造を開いて DNA 鎖をリングの中に通す必要がある．その役目をするのがクランプローダーと呼ばれる分子で，クランプローダーがクランプと相互作用してそのリングを開く．バクテリアでは γ-複合体，アーキアおよびユーカリアでは複製因子 C（replication factor C, RFC）がその働きをする．ユーカリアの RFC は五つの異なるタンパク質，RFC1〜5 から構成されるヘテロ五量体複合体である．RFC1 は他の四つの RFC よりも明らかに大きい．一方，大部分のアーキアは，RFCS（小）と RFCL（大）の二つのタンパク質しか持たず，4 対 1 の比率で五量体を構成している[36]．しかし，RFCS1，RFCS2，および RFCL の三つのサブユニットが 3：1：1 の比率で五量体を形成する RFC も知られている．M. acetivorans から同定されたこの RFC は，シンプルなアーキアの RFC から，より複雑なユーカリアの RFC への進化における中間段階を表すかもしれない[37]．

　P. furiosus のタンパク質を用いた電子顕微鏡画像の単粒子解析により，PCNA-RFC-DNA 複合体が観察された．その構造は PCNA が RFC と結合して環が開いた状態を捉えており，クランプローディング過程の分子機構の理解が進んだ（図 4.7）[37]．

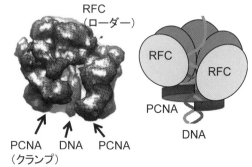

図 4.7 PCNA-RFC-DNA 複合体の電子顕微鏡単粒子解析．

4.1.9 DNA リガーゼ

　DNA リガーゼは，DNA 複製中の不連続鎖合成の岡崎断片を連結するのに不可欠であり，全ての生物に普遍的に存在する．この酵素は反応の第一段階において，補因子としての ATP または NAD+ と反応することによって，酵素-AMP 中間体を形成する．第二段階では DNA

リガーゼが基質DNAを認識し，続いてAMPをリガーゼからDNAの5′-リン酸末端に移して
DNA-アデニル酸中間体（AppDNA）を形成する．そして5′-AppDNAがDNAの隣接する
3′-ヒドロキシ基と反応してホスホジエステル結合を形成する．DNAリガーゼはヌクレオチド
補因子の違いによって，二つのファミリーに分類される．ATP依存性DNAリガーゼは三つ
のドメイン全てに広く見出されるが，NAD+依存性DNAリガーゼは，主にバクテリアに存
在する[23]．

　ヒトではATP依存性DNAリガーゼをコードする三つの遺伝子，*LIG1*，*LIG3*および
*LIG4*が同定されている．*LIG1*によってコードされるヒトDNAリガーゼI（LigI）は，
DNA複製中に岡崎断片を結合する複製酵素である．ユーカリアに類似したATP依存性DNA
リガーゼが，好熱性アーキアの*Desulfolobus ambivalens*から最初に発見された．その後，同
様の酵素がアーキアから相次いで同定されたが，補因子としてのNAD+およびATPの利用
は，アーキアのDNAリガーゼの場合それほど厳密ではないかもしれない．*T. kodakarensis*,
T. fumicolans, *P. abyssi*, *Thermococcus* sp. NA1, *T. acidophilum*, *Picrophilus torridus*, およ
び*Ferroplasma acidophilum*などのDNAリガーゼにとってATPは明らかに好ましいが，
NAD+も利用可能と報告されている．また，*A. pernix*および*Staphylothermus marinus*の酵
素に見られるように，ATPとともにADPを使用するDNAリガーゼや，*Sulfophobococcus
zilligii*の場合のようにGTPが補因子である場合もある．しかし，*P. horikoshii*および*P. fu-
riosus*のDNAリガーゼは厳密なATP選択性を有する．アーキアのDNAリガーゼの補因子
の特異性に関しては，さらなる生化学的および構造学的分析が必要である．

　ヒトLigIと*P. furiosus*DNAリガーゼの結晶構造がほぼ同時に決定された[38, 39]．LigIの結
晶はN末端ドメインの欠失変異型であったが，DNAとの複合体としての構造が解明された．
この構造は，DNA結合ドメイン（N端側），中間アデニル化ドメイン，およびOBフォール
ドドメイン（C末端）から構成され，5′-アデニル化DNA中間体との複合体中のLigIは，酵
素が二本鎖DNAの経路を方向転換し，鎖結合反応のためのニック末端を露出させている．N
末端に位置するDNA結合ドメインは，DNA基質を取り囲む役目を担う．一方，*P. furiosus*
の全長DNAリガーゼの結晶構造は，各ドメインの構造がLigIに似ているものの，ドメイン
の配置は著しく異なっている．この違いはおそらくアーキアおよびユーカリアのDNAリガー
ゼのC末端で保存されたモチーフVIのヘリックス部分のドメイン連結機能に由来する．*P.
furiosus*DNAリガーゼの結晶にはDNA基質が入っていない代わりに，モチーフVIが入って
くる基質DNAを模倣していることが示唆される．続いて，*S. solfataricus*由来のATP依存
性DNAリガーゼの結晶構造が発表された[40]．この構造は，三つのドメインが長く伸びきって
いる．ヒトLigIや*P. furiosus*DNAリガーゼ構造で観察される閉鎖した環状構造は，おそら
くDNA末端結合反応を触媒する活性型であり，開環閉環構造変化がライゲーションのために
起こることが推測される．これはATP依存のDNAリガーゼに共通の性質であり，この解明
にアーキアのDNAリガーゼの構造解析が果たした役割は大きい．

　DNAリガーゼもPCNAと結合する．*P. furiosus*のDNAリガーゼの酵素活性はPCNAに
よって促進される．電子顕微鏡単粒子解析によって，DNAリガーゼ-PCNA-DNAからなる
三者複合体の三次元構造モデルが提示されている[41]．DNAリガーゼの三つのドメインが，閉

第4章　アーキアの DNA 代謝

じた PCNA リングで囲まれた中心の DNA 二本鎖を取り囲んでおり，リガーゼドメインの相対的な配向が三者複合体形成時に大きな移動を伴うことが示唆されている．DNA リガーゼが PCNA 三量体の三つのサブユニットのうちの二つを占めるため，三つのタンパク質が単一の PCNA リングに同時に接触することはできない．前述の RFC-PCNA-DNA 複合体の場合も，RFC は完全に PCNA 環を覆ってしまい，他のタンパク質がアクセスできない．これらの結果は，複製因子は PCNA 分子に同時に複数結合するのではなく，逐次結合し解離する様式で機能することを示唆している．しかし，一つの PCNA に複数のタンパク質が結合した構造も観察された例もあるので，この結論はまだ出ていない．

4.1.10　フラップエンドヌクレアーゼ

岡崎断片の効率的なプロセシングは，DNA 複製および細胞増殖にとって不可欠である．岡崎断片を連続した新生鎖に繋げるためには，一つ前に合成された岡崎断片に含まれているプライマーの RNA 鎖を取り除かなければならない．新しい不連続合成鎖は，一つ前の岡崎断片の 5′ 末端に突き当たると，その断片をまくりあげながら伸長が続き，5′-フラップ構造が形成される．フラップエンドヌクレアーゼ 1（FEN1）は構造特異的エンドヌクレアーゼであり，5′-フラップを有する二本鎖 DNA 構造を特異的に認識し切断する．ユーカリアの FEN1 と PCNA との間の相互作用もよく解析されており，PCNA による FEN1 活性の促進が見られる．また，ヒト FEN1 が C 末端 PIP ボックスで一つの PCNA リングに 3 分子結合した結晶構造が報告されており，それぞれの FEN1 分子が異なる立体配置を示している[42]．この結果は前述と異なり，一つの PCNA に複数の複製因子が同時に結合し，効率良く役割を引き継いでいる可能性を示唆している．

アーキアの FEN1 についても，これまでに多くの構造解析が報告されている．*M. jannaschii*, *P. furiosus*, *P. horikoshii*, *Archaeoglobus fulgidus* および *S. solfataricus* の FEN1 の結晶構造が決定されている．さらに，詳細な生化学的研究が *P. horikoshii* FEN1 について行われた．また，*P. furiosus* FEN1 の活性が PCNA によって促進されることもわかっている．これらのアーキアの FEN1 タンパク質研究は，フラップ DNA の切断反応の構造的基盤の理解に重要な情報を提供しており，岡崎断片の成熟の最終段階の分子スイッチング機構の理解につながると期待される．

4.1.11　複製の終結

Sulfolobus の三つの *oriC* が一度の複製時に同時に動くことが実験的に観察され[7]，一つの *oriC* から両方向に動き出した複製フォークが，隣の *oriC* から来たフォークとちょうど中間地点で融合することが示唆されている．そこで，複製フォークは衝突の前に特定の位置で停止するのか，それとも二つのフォークが任意の位置で衝突して融合するのか興味が持たれる．複製期の *S. solfataricus* 細胞を用いて二次元ゲル電気泳動法でゲノム DNA の形を調べ，フォークの融合部位が同定された[43]．バクテリアでは，複製の終了と得られたゲノムの二量体の解離は協調的に起こり，複製終結点に存在する *dif* 部位に XerC/XerD リコンビナーゼが作用して二量体解離が起こることが知られている．アーキアには Xer と相同性を有するタンパク質が

一つ存在する．*P. abysii* で XerA と名付けられたタンパク質が，ゲノム上で予想された *dif* 様配列を組み換える活性が試験管内において示されている[44]．また，*S. solfataricus* でも Xer タンパク質が特異的に結合する *dif* 部位が同定され，*xer* 遺伝子を欠失させると細胞の容量が増え DNA 量の異常をきたした[43]．しかしバクテリアと異なり，*S. solfataricus* の *dif* 部位は複製フォークの融合する部位とは明らかに異なっており，複製の終結と二量体の解離は分離された現象であると予想されている．

4.2 ゲノム分配機構

複製された DNA を二つに分配する機構についても研究が進んできた[45]．モノプロイドのクレンアーキオータは二つの DNA が均等に正しく分配されることが細胞増殖には必須である．一方，ポリプロイドのユーリアーキオータでは，多コピーのゲノム DNA をどのように分配するのかまったく不明である（図 4.8）．バクテリアの分配機構としては ParA，ParB とそれらがゲノム DNA で働くための *perS* 部位が知られている．

染色体 DNA の凝集を司る SMC（structural maintenance of chromosomes）タンパク質は三つの生物ドメインで保存されている．バクテリアとアーキアは SMC ホモログを一種類有している．バクテリアの SMC は ScpA，ScpB と一緒に複合体を形成してコンデンシンと呼ばれ，染色体 DNA をコンパクトにパッキングするために重要な働きをする．

アーキアの SMC については，*Methanococcus voltae* で調べられた結果がある．*smc* 遺伝子を破壊すると DNA を持たない細胞ができたり，通常より 3〜4 倍大きな細胞ができたりするので，SMC は DNA 分配過程で重要な働きをすることが証明されている．*Halobacterium salinarum* の SMC 様タンパク質である Sph1 タンパク質の細胞内での発現は，細胞周期の中で細

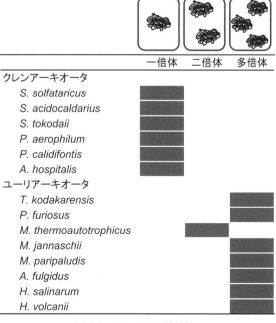

図 4.8 アーキアの倍数性．

胞分裂期に最も高い.

S. solfataricus において分配機構が詳細に調べられている. この分配機構は SegA, SegB タンパク質と, cis-acting centromere 様領域から構成される. SegA はバクテリアの ParA に似ており, SegB はアーキア特異的なタンパク質である. 両者の遺伝子 *segA*, *segB* はアーキアゲノム上で常にオペロンを形成している. SegA は ATPase で, SegB は部位特異的 DNA 結合タンパク質であり, おそらくアーキアのセントロメア様部位に結合すると予想されている.

Sulfolobus NOB8H2 株から単離されたプラスミド pNOB8 には, ParA, ParB に類似した配列をコードする遺伝子が見つかった. これらの遺伝子はオペロン構造をとっており, その上流に 93 アミノ酸の短いタンパク質をコードする遺伝子が見つかった. この小さなタンパク質の配列は他とまったく相同性を示さず, AspA (archaeal segregation protein A) と名付けられた. AspA はこのオペロンの上流に存在するセントロメア様の 23 bp のパリンドロミックな配列に特異的に結合した. ParB は AspA と ParA に結合するが, AspA は ParA に結合しない. これらのタンパク質の詳細な構造解析が進められた結果, アーキア特有分配装置である AspA-ParB-ParA 複合体はクレンアーキオータの構成タンパク質と部分的に類似した構造を有していることから, 両ドメインの装置をミックスしたような構造と機能を有していると考えられる.

4.3 | 細胞分裂

複製した DNA が適切に分配されたら, 次に細胞分裂の過程に進む[46,47]. 細胞分裂装置として働くのは FtsZ が働くシステムと Cdv が働くシステムが知られている. FtsZ タンパク質はユーカリアの細胞骨格構成タンパク質であるチューブリンを代表とするタンパク質ファミリーである. FtsZ タンパク質がポリマー (自己重合) になって細胞の真ん中に Z-リングを形成し, それが GTP の加水分解を伴って徐々に収縮することにより細胞分裂が進行する. アーキアでは, *Picrophilus genus* 以外のユーリアーキオータは FtsZ ホモログを有している. バクテリアの MinD に類似したタンパクもいくつかのアーキア細胞で見つかっている. *P. abyssi* に *minD* 様遺伝子が四つあるが, そのうち一つは *ftsZ* 遺伝子とオペロンを構成しており, 両者が細胞分裂時に協調して働くことを示唆している.

一方で, これまでクレンアーキオータのほとんどが FtsZ を持たず, 細胞分裂装置の予想がつかなかったが, 近年, *S. acidocaldarius* で FtsZ の装置とは異なる CdvA, CdvB, CdvC というタンパク質からなる分裂装置が見つかった. 細胞分裂の最終ステップである細胞質分裂 (cytokinesis) は, 細胞膜が内側へくびれていき, 膜どうしが融合して切り離されるという膜の再構築が起こる. ユーカリアの細胞膜の再構築には ESCRT (endosomal sorting complex) という複合体が重要な働きをしていることがわかっているが, *S. acidocaldarius* の CdvB, CdvC はユーカリアの ESCRT 複合体の主要因子である ESCRT-III および Vps4 に類似している. 最近の研究で, *Sulfolobus* の細胞分裂の進行に応じて ESCRT-III と Vps4 の mRNA が誘導されること, さらに細胞分裂の際に ESCRT-IIIt と Vps4 の両方が分裂している核様体の間に局在して環状構造をとることがわかった. Vps は ATPase 活性を有するが, その活性を失

活させた変異体をSulfolobus細胞内で過剰発現させると，巨大細胞，多核細胞，無核細胞などの細胞分裂に異常を来した細胞が出現することも観察された．これらのことは，アーキアのESCRT複合体が細胞分裂の進行に重要な役割を担っていることを示している．

ユーカリアのESCRT-IIIを膜へ運ぶためのESCRT-0，-I，-IIはアーキアには見つからない代わりにCdvAが働き，核様体の分配開始前に環状構造を形成してESCRT-IIIを細胞分裂の場へ運ぶことが示された．CdvAが膜に結合した繊維構造をとり，そこが足場となってESCRT-IIIを導くのではないかと想像されている．現在，アーキアのESCRTシステムとして知られているのは，これらESCRT-III，CdvA，Vps4の3種だけで，今後まだ増える可能性もあるが，ユーカリアのESCRTシステムと比較するとより単純で，この研究の進展によって，より複雑なユーカリアの細胞分裂メカニズムの理解が深まることが期待される．

アーキアの細胞分裂でもう一つ興味深いこととして，*Thermoproteales*目のアーキアがFtsZもESCRT複合体も持たないということがある．最近，この種のアーキアが独特のアクチン様タンパク質を有することがわかった．ユーカリアの分裂時にアクチンとミオシンが収縮環を形成して細胞をくびれさせ，分裂溝が生じることがわかっているが，*Thermoproteales*のアーキアはおそらくアクチン様のタンパク質を用いた真核型の収縮環形成による細胞分裂をしていると予想される．このアクチン様タンパク質はクレンアクチン（crenactin）と呼ばれる．

4.4 細胞周期

細胞が生きて増殖するためには，遺伝情報を担うゲノムDNAの複製の後，複製されたDNAが分離し，細胞が二つに分裂する過程が適切に制御されて，正確な順番で進まなければならない．その分子機構は大変複雑ではあるが，多くの研究者が興味を持って解明しようとしている．DNAが複製されて分配され，二つの細胞ができる過程を繰り返すことによって細胞は増えていくので，この一連の現象は細胞周期と呼ばれる．

ユーカリアの細胞周期は，細胞が分裂するM（mitosis）期と見かけ上は何も起こっていない間期（interphace）の繰り返しであるが，間期にはDNAを複製するS（synthesis）期があり，M期とS期との間にそれぞれの準備期間であるG（gap）期がある．正常な細胞周期ではそれらが規則正しくM-G1-S-G2の順番で繰り返される．アーキアの細胞周期の研究は*Sulfolobus*で最も進んでいる[47]．*Sulfolobus*の細胞周期もM-G1-S-G2期に分けて観察することができる（図4.9）．活発に増殖している細胞は分裂後（M）に細胞の大きさを増し，DNA複製の準備をする（G1）．*Sulfolobus*のG1期は短く，細胞周期全体の5%程度である．その後，DNA合成のS期が全体の30〜35%程度で，分裂の準備をするG2期へと続く．G2期が全体の50%で最も長い．複製されたDNAが分離される過程をM期とし，それに続く細胞分裂期をD（division）期として区別され，M＋D期は全体の5%と非常に短い．DNA複製の前（G1）が短く，複製後

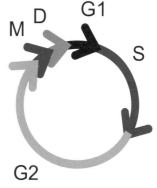

図4.9 *Sulfolobus spp.*の細胞周期．

（G2）が顕著に長いという特徴的な細胞周期は *Sulfolobus* だけに限らず，*Acidianus*，*Aeropyrum*，*Pyrobaculum*，*Archaeoglobus* などのアーキアにも共通のようである．しかし，*Nitrosopumilus maritimeus* では G1 と G2 の長さが等しく（それぞれ 25%），*Methanothermobacter thermautotrophicus* や *Pyrobaculum aerophilum* では G2 がなく，DNA 複製直後から M 期が始まるという様式もある．一方で，*Halobacterium*，*Haloferax*，*Methanococcus*，*Pyrococcus* などのユーリアーキオータは，細胞がポリプロイドであり，S 期の同定や各期の長さを規定することが大変難しい．例えば *M. jannaschii* の活発に増殖している細胞では，3～15 コピーの DNA が存在するし，定常期になると 1～5 コピーになる．細胞分裂は非対称に起こり，DNA も不均等に分配される．

これまでに解析されたアーキアで，ディプロイドである *M. thermautotrophicus* を除く全てのユーリアーキオータはポリプロイドであり，クレンアーキオータは全てモノプロイドである．ユーカリアの細胞周期と比較するには，クレンアーキオータのほうが容易である．ポリプロイドのユーリアーキオータ細胞がどのようにして小さな空間に多くのコピーのゲノム DNA を格納できるのかは不明であるが，ユーリアーキオータには存在し，クレンアーキオータにはないヒストンがポリプロイドゲノムに関係しているという仮説は大変興味深い．

4.5 | DNA 修復

アーキアは我々から見たら極限環境ともいえるようなところで生息するものが多く，自分の遺伝情報を保護するために特殊な DNA 修復機能を備えているのではないかと想像される．ゲノム配列が解読されて，コードされているタンパク質が推定されるようになると，バクテリアやユーカリアで知られている修復タンパク質と相同性を有するものを解析することで我々の理解は進んだものの，これまでにアーキアの DNA 修復機能の特徴について詳しくわかっていない[48, 49]．

現在までに種々の生物で解明された DNA 修復経路として，ヌクレオチド除去修復（NER），塩基除去修復（BER），損傷乗り越え修復，ミスマッチ修復（MMR），相同組換え修復（HRR），非相同末端結合（NHEJ）修復などがあり，それぞれの修復経路にかかわるタンパク質因子が知られているので，それらのホモログをコードする遺伝子をクローニングして，コードされるタンパク質の機能を解析することがこれまでのアーキアでの DNA 修復研究の中心であった．DNA 修復経路に関わると予想されるタンパク質がアーキアのゲノム配列の中に存在するが，他のドメインで知られているタンパク質と比較してどれもがアーキアでは不完全で，一つの修復経路の中で必要なタンパク質が全て揃っているわけではない[48]．実際に細胞の中で修復経路として機能しているのか，部分的に異なるタンパク質が含まれるのか，まだまだ解析が必要とされる．

4.5.1 ヌクレオチド除去修復

ヌクレオチド除去修復（NER）経路に関わるタンパク質として，バクテリアでは UvrABC が広く知られている．UvrABC タンパク質と類似した配列をコードする遺伝子が一部の常温

性アーキアゲノム上に見つかるが，おそらくこれはバクテリアからの遺伝子水平伝播によるものと思われる．全ての好熱性を含む大部分のアーキアではUvrABCがない．ほとんどのアーキアはユーカリアのXPF-ERCC1，XPG，XPB，XPDに類似したタンパク質を有しており，おそらくユーカリア型のNER装置が動いていると想像されるが，損傷を認識するための重要なタンパク質であるXPA，XPCがアーキアに見つからない．しかし，これらのタンパク質は植物でも見つからないので，ユーカリアのNERもかなり多様に進化していると考えられる．XPB，XPDは転写と協調した修復装置（TCR）であるTFIIHの構成成分でもあり，アーキアにもTCRの機能がある可能性もある．XPFヌクレアーゼについては *Sulfolobus* と *Pyrococcus* で詳細に調べられており，ヌクレアーゼとしての性質から，次項に述べるように，NERよりはむしろ複製フォークの停止を再開させるための修復過程で働いている可能性が高い．

4.5.2 複製フォーク停止修復

複製フォーク停止修復に関わると予想されるタンパク質が *P. furiosus* から同定され，Hef（helicase-associated endonuclease for fork-structured DNA）と名付けられた[49]．HefはN-末側にはスーパーファミリー2に属するヘリカーゼに共通のモチーフを有したドメインを，C-末側にはユーカリアのNERに関わるXPFのヌクレアーゼドメインに類似した配列を有する．ヘリカーゼドメインはフォーク構造DNAのラギング新生鎖に相当する鎖を優先的に解き，またヌクレアーゼ活性はフォーク構造のリーディング合成の鋳型鎖に相当する鎖を分岐点付近で切断することがわかった．Hefはユーリアーキオータには保存されているが，クレンアーキオータではヌクレアーゼドメインだけのタンパク質が存在するので，XPFと呼ばれている[49]．バクテリアではHefのホモログが見つからないが，人工的に複製フォークが停止するように作製した大腸菌細胞に *P. furiosus* のHefの遺伝子を導入して発現させると，停止したフォークの位置でゲノムDNAが切断されることから，Hefの複製フォーク停止修復への関与が支持される（図4.10）[50]．

アーキアHefのホモログとしてヒト細胞中から見つかったタンパク質が，ファンコニ貧血症（fanconi anemia，FA）の原因遺伝子産物であることがわかった[51,52]．FAは骨格異常，再生不良性貧血，高発がん性の症状を特徴とする遺伝性疾患である．患者由来の細胞はマイトマイシンC（MMC）やシスプラチン等，抗がん剤として重要なDNAクロスリンク薬剤に対して高感受性になることから，DNAクロスリンクによる複製停止の修復機能に異常があると考えられる．遺伝学的解析によりFAは13の相補群に分類され，各相補群の原因遺伝子が順次クローニングされた．その中で，M相補群の原因遺伝子 *FANCM* がHefのオルソログをコードしていることがわかり，そのタンパク質はhHef（human Hef）と呼ばれた．これはアー

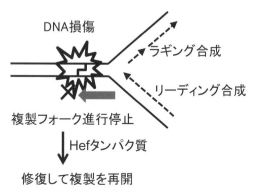

図4.10 複製フォーク停止修復．

キア Hef の発見とその生化学的性質解析の結果がヒト遺伝病の理解に貢献した例である．アーキアの Hef 同様に，精製された hHef タンパク質は試験管内において複製フォークやホリディジャンクション（holiday junction, HJ）などの分岐構造 DNA に特異的な親和性を有して分岐点を移動させる活性を示す．また，hHef の欠損によって細胞はクロスリンク薬剤，紫外線，アルキル化剤に高感受性になる．フォーク構造の分岐点が退行した場合には四分岐構造の HJ が形成されるので，HJ リゾルバーゼである Hjc（後述）も複製フォーク停止修復経路に含まれると予想される．

4.5.3 塩基除去修復

DNA の塩基の環外のアミノ基は塩基対の形成に関わっているので，それが除かれる（脱アミノ化）と塩基対が変わってしまう．脱アミノ化は細胞内で頻繁に起こる代表的な損傷で，アデニン，グアニン，シトシンの脱アミノ化されたものはそれぞれ，ヒポキサンチン（Hx），キサンチン（X），ウラシルと呼ばれる．これらの脱アミノ化は塩基除去修復 BER で修復される典型的な損傷である．なかでも最も頻繁に起こるのはシトシンからウラシルへの変換であり，これは生じたウラシルをデオキシリボースから切り離すウラシル DNA グリコシラーゼ（UDG）の作用によって開始される（図 4.11）．DNA 鎖中で塩基が切断された部位を脱塩基（アベーシック，AP）部位と呼ぶ．AP 部位を特異的に認識してその位置でリン酸ジエステル結合を切断するアベーシックエンドヌクレアーゼ（APE）という酵素が働き，DNA 鎖に切断を入れる．その後，DNA ポリメラーゼ β（Polβ）が，取り除かれた 1 ヌクレオチドギャップを埋めて DNA リガーゼ III（LigIII）で連結するか（ショートパッチ），DNA ポリメラーゼ δ が損傷部分を取り除くように再合成し，取り除かれた部分はフラップエンドヌクレアーゼによって取り除かれて最後に DNA リガーゼ I で再結合する（ロングパッチ）という経路が有名である．ユーカリアの Polβ および LigIII のホモログはアーキアにおいて同定されていないので，アーキアの BER はロングパッチ経路によって進むと予想される．

BER を開始するグリコシラーゼは，その類似性から六つのファミリーに分類される．アー

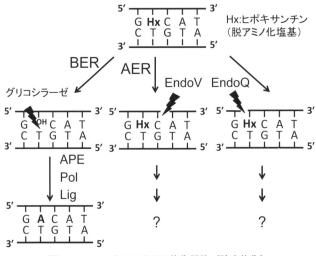

図 4.11　アーキアの DNA 修復経路（除去修復）．

キアでこれまで同定されているものはファミリー II, IV, V, VI である[53]. ファミリー II の酵素は, 二本鎖 DNA 中のグアニンと誤って対合するウラシルおよびチミンの除去を触媒することができ, ミスマッチ特異的ウラシル-DNA グリコシラーゼ（MUG）およびチミン-DNA グリコシラーゼ（TDG）がこのファミリーに属する. ファミリー IV は, いくつかの好熱性バクテリアおよびアーキアに見出される熱安定性 UDG として知られている. ファミリー IVUDG の最も顕著な特徴は鉄 - 硫黄（Fe-S）クラスターを有することである. DNA トランスアクションに関与するタンパク質のいくつかに Fe-S クラスター含有酵素が知られている. ファミリー V も好熱性アーキア由来であり, ファミリー IV とファミリー V の間で配列の類似性は見られるが, それらの活性部位の形態が異なる.

　Methanoregula hungatei のファミリー II 酵素は G/T や G/U から T や U を切り取り, ファミリー VI 酵素は Hx 特有の活性を示し, U には働かない. *Methanosarcina barkeri* や *Methanoregula boonei* のファミリー VI 酵素も同様な性質を示す. *P. furious* や *S. solfataricus* のファミリー IV 酵素は PCNA との相互作用が知られているが, *P. furious* の酵素が試験管内において促進されるのに対し, *S. solfataricus* の酵素は促進されない. ファミリー V は *T. acidophilum* や *P. aerophilum* 由来の酵素が解析されている.

　AP 部位は上記のグリコシラーゼで生じるばかりでなく, 電離放射線, 反応性酸素種, および自発的塩基欠損によっても生じる. AP 部位を切断する APE は二つの主要なクラスに分類される. AP リアーゼとしても知られているクラス I 酵素は AP 部位の 3′ 側ホスホジエステル結合を切断し, 3′-α, β-不飽和アルデヒドおよび 5′-リン酸基（5′-P）を生成する. 一方, クラス II 酵素は, 3′-ヒドロキシ基（3′-OH）および 5′-リン酸基を生成するように, ホスホジエステル結合を切断する. クラス II APE は, 大腸菌のエキソヌクレアーゼ III（EcoExoIII）およびエンドヌクレアーゼ IV（EcoEndoIV）とのアミノ酸配列類似性に基づいて, さらに二つのファミリーに分けられる. ExoIII は大腸菌細胞において恒常的に発現され, 全 APE 活性の 90% を占め, EndoIV が 10% を占める. ExoIII, EndoIV ともに, APE 活性に加えて, 3′-5′エキソヌクレアーゼ活性を有する. パン酵母においては, EndoIV のホモログである Apn1 が主要な APE として, 酵母細胞における APE 活性の 97% を占め, EcoExoIII のホモログである Apn2 タンパク質は Apn1 のバックアップ酵素として作用すると考えられている. また, 哺乳動物細胞では EndoIV ホモログは同定されておらず, 二つの ExoIII ホモログ, Ape1 と Ape2 が知られている.

　アーキアのゲノム中にも ExoIII および EndoIV のホモログが見つかる. EndoIV はほぼ全てのゲノムにおいて保存されているが, ExoIII ホモログはいくつかの種だけにしか見つからない. また, *M. thermautotrophicus* のように EndoIV ホモログを三つ有するものもあり, APE 遺伝子の保存もアーキア種間で異なるので, いずれのファミリーが各アーキア種における主要な APE なのかわかっていない. *P. furiosus* で PCNA が EndoIV 酵素と相互作用し, APE 活性には影響しないものの, 3′-5′エキソヌクレアーゼ活性を促進することが, UDG, APE, および PCNA タンパク質を用いた BER 再構成系において観察され, UDG と APE が同一 PCNA 分子上に結合して脱塩基と鎖切断の反応を効率良くリレーするモデルが示されている[54].

AER（alternative excision repair）は，BER に類似しているが，特定のエンドヌクレアーゼが損傷部にニックを入れることよって開始される修復経路である（図4.11）．大腸菌のエンドヌクレアーゼV（EndoV）は，脱アミノ塩基の3′側の二番目のリン酸ジエステル結合を切断する．EndoV をコードする *nif* 突然変異株の分析により，この酵素が特に A の脱アミノ化によって生じる Hx の修復に重要な役割を果たしていることがわかっている．EndoV ホモログはユーカリアにもアーキアにも存在する[55]．しかしながら EndoV によって始動する AER 経路が実際にユーカリアやアーキア細胞で機能しているか確認されていない．

アーキアの EndoV の性質には多様性がある．*A. fulgidus* および *P. furiosus* 由来の EndoV タンパク質は，試験管内反応において Hx 含有基質に対する厳密な特異性を示す．一方で，*Ferroplasma acidarmanus* 酵素は O^6-アルキルグアニン-DNA アルキルトランスフェラーゼドメインと EndoV ドメインから構成されており（したがって，FacAGT-EndoV と呼ばれている），U，Hx および X 塩基を含む DNA 基質を切断する．しかし，*P. furiosus* の EndoV は Hx を有する RNA 鎖にも作用するため，ユーカリアの EndoV で報告されているように，RNA 代謝において主要な機能を持つ可能性もある[55]．

アーキアにおける EndoV 関連修復経路を解明するために，Hx 含有 DNA の切断反応に関与するタンパク質が探索された結果，Hx を含むヌクレオチドの5′側を切断する活性が見つかり，既知の酵素との相同性がなかったことから，エンドヌクレアーゼQ（EndoQ）と名付けられた[56]．EndoQ は Hx に加えて，U，X および AP 部位を認識するので，損傷塩基の修復にとって重要であろう．EndoQ はアーキアの中の *Thermococcales* 属およびメタン菌の一部においてのみ保存されており，大部分のバクテリアおよびユーカリアには存在しない．EndoQ による修復経路はおそらくアーキアの中で形成された独特のものと予想される（図4.11）．

4.5.4 損傷乗り越え修復

生物は紫外線（UV）に曝されると，チミン‐チミンシクロブタンピリミジン二量体（CPD）および6-4光生成物（6-4）などの DNA 損傷が生じる．複製 DNA ポリメラーゼは DNA 鎖を高精度で合成するが，これらのポリメラーゼのほとんどは UV 誘発損傷部分を鋳型に複製することができず，複製フォークの進行が妨げられる．この複製フォーク停止を克服する手段の一つは，損傷乗り越え合成（translesion synthesis, TLS）専用の DNA ポリメラーゼと交代することである．TLS のための DNA ポリメラーゼのアミノ酸配列は類似しており，ファミリーY に属するものが多い．大腸菌は二つのファミリーY DNA ポリメラーゼ，PolIV（DinB）および PolV（UmuD′2C）を有する．PolV は，CPD，6-4 および AP 部位を含む複数の鋳型損傷を乗り越え合成することができるが，損傷部分の反対側にヌクレオチドを取り込んだ後の伸長活性を示さない．PolV は損傷誘発突然変異に関与する主要なポリメラーゼである．ユーカリアでは，Y ファミリーポリメラーゼとして，Pol*η*，Pol*ι*，Pol*κ* および Rev1 が同定されている．Pol*η* は CPD 部位の効率的な乗り越えにおいて主要な役割を果たし，損傷の反対側に正しい塩基を挿入する．

アーキア PolY の遺伝子は五つのクラスターに分類できる[57]．系統樹のトポロジーから，アーキアのファミリーY DNA ポリメラーゼはクレンアーキオータ（クラスターI）とユーリア

ーキオータ（クラスター II, III, IV および V）に明確に分けることができる．クラスター I には *Sulfolobus* 種の Dpo4 と Dbh があり，これはアーキアにおいて最もよく特徴付けられた DinB ホモログである．一方，*M. acetivorans* C2A の DinB 遺伝子産物である DinB-1（クラスター II）は，*Sulfolobus* DinB とは対照的に，試験管内において PCNA の存在下で明らかに長い（約 7.2 kb）DNA 産物を合成することができ，損傷乗り越えの後も積極的に複製にかかわっている可能性もある[57]．

　Sulfolobus 由来の 3 種のファミリー Y 酵素の結晶構造を見ると，DNA ポリメラーゼに共通の右手様フィンガー，サム，パームドメインからなる触媒コア構造を有しているが，他のポリメラーゼと比較してフィンガードメインとサムドメインが顕著に小さく，DNA 鎖が入り込みやすい[58]．この構造的特徴は，ミスマッチ塩基対や種々の損傷を含む DNA 鎖でも結合できるようになっており，その機能が理解できる．また，ファミリー Y 酵素は触媒効率を促進しうるユニークな「小指」ドメインを有することも興味深い．

4.5.5　ミスマッチ修復

　アーキアの全ゲノム配列中にミスマッチ修復（MMR）に関わる遺伝子が見つからないことは注目されてきた．MutS, MutL およびそれらのホモログは，バクテリアおよびユーカリアにおいて DNA 鎖中のミスマッチ塩基の認識およびその切断を担い，MMR の主要なタンパク質である．MutS に類似した配列をコードする遺伝子を有するアーキアはいくつか存在するが，その配列保存性は低い．*H. salinarum* NRC-1 の *mutS/mutL* ホモログ遺伝子は，この好塩菌細胞の低い突然変異率の維持のために必須ではなく[59]，これまでにアーキアの MutS ホモログが MMR 機能に関連するという報告はない．また，*mutS* 遺伝子を持たない *S. acidocaldarius* の突然変異頻度は，他の常温バクテリアと同程度かそれ以下であり[60]，生育環境条件がより厳しいにもかかわらず，高いゲノム安定性を維持していることが示唆される．これらの結果から，アーキアには機能的な MutS タンパク質は存在せず，MMR 機能を有しないのか，またはバクテリアやユーカリアに見られる MutS/MutL を用いたユビキタスな MMR 経路に代わる別の経路を有しているのか，大変興味が持たれる疑問であった．

　アーキアに MMR 機能が存在すると仮定して，関与するタンパク質が探索された結果，*P. furiosus* からミスマッチ塩基対を含んだ DNA 鎖を切断するエンドヌクレアーゼ活性が見つかった[61]．この酵素は二本鎖 DNA 中のミスマッチヌクレオチドを認識し，両方の DNA 鎖中のミスマッチヌクレオチドの 5′ 側の 3 番目のホスホジエステル結合を加水分解する．生成された DNA 末端は制限酵素と同じように 3′-OH および 5′-リン酸になる．この酵素はミスマッチ特異的（mismatch specific）であることから，エンドヌクレアーゼ MS（EndoMS）と名付けられたが，そのアミノ酸配列が，以前より *P. abyssi* で知られていた，分枝状 DNA の一本鎖 DNA 部分に特異性を持つ両方向性のヌクレアーゼで NucS と呼ばれていた酵素[62]と相同性があった．NucS は DNA 代謝中間体構造のプロセシングに関与すると予測されてきたが，詳細に性質が調べられた結果，NucS の本来の基質はミスマッチ塩基対であり，これらは保存された同じ酵素であり，EndoMS はアーキア特有の MMR 経路を構成するものと予想されている．

　ミスマッチが生じることによるゲノムの突然変異を避けるためには，親鎖と娘鎖との間の区

別が重要である．大腸菌および γ-プロテオバクテリアの MMR 経路において，鎖識別は Dam メチラーゼによる GATC 配列のメチル化に依存し，親鎖は複製前に完全にメチル化されているが，複製の直後には娘鎖はまだメチル化されていない．MMR システムはこのヘミメチル化状態で働き，娘鎖からのミスマッチヌクレオチドを切り出す．しかし，ほとんどのバクテリアやユーカリアはこの識別システムを欠いており，β-クランプまたは PCNA が MutL ヌクレアーゼを鎖特異的に活性化することで区別されると考えられている．一方，EndoMS はミスマッチを含む両方の鎖を切断するため，親鎖，娘鎖の区別は必要ない．EndoMS による二本鎖切断の後は 3′ 突出末端が生じるように変換されて，後述するような二本鎖切断後の HRR 経路に入ると予想される．興味深いことに，*Thermococcus* 属における *endoMS* 遺伝子は相同組換え（homologous recombination, HR）の重要なタンパク質である RadA リコンビナーゼをコードする *radA* 遺伝子に隣接して存在している[62]．EndoMS を用いる修復経路はアーキアで進化したと予想されるが，MutS/MutL 系を有しない少数のバクテリアにおいても見つかっている．

4.6 | DNA 組換え

生物の持つ HR 能は，遺伝子に変化をもたらして子孫に多様性をもたらすとともに，日常的に重要な修復機能の一つともなっている．HR は二本鎖切断によって開始されるが，その過程を進行させるタンパク質は生物間で保存されている[63]．アーキアの相同組換えに関わるタンパク質について，個々に生化学的な解析がなされてきており，その基本機構はバクテリア，ユーカリアと同様と考えられるが，アーキア特有の分子も含まれる．

4.6.1 RecA ファミリーリコンビナーゼ

HR の主役的タンパク質は RecA リコンビナーゼである．RecA は一本鎖 DNA にフィラメント状に結合してヌクレオフィラメントを形成し，その DNA と相同の配列を見つけて二本鎖の中に入り込んで，相補鎖の方と塩基対を形成し，もともと塩基対を形成していた鎖を追い出して鎖交換（strand exchange）反応を起こす．RecA と類似した配列のタンパク質がユーカリアにも存在することがわかり，Rad51 と名付けられた酵母やマウスのタンパク質が実際に鎖交換活性を有し，HR に関係していることが示された．RecA と Rad51 は中央のドメインが

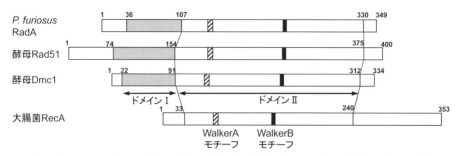

図 4.12　三つの生物ドメインに保存される RadA/Rad51/RecA ファミリータンパク質（リコンビナーゼ）の一次配列比較．

類似しており，RecA は C-末端側に，Rad51 は N-末端側に特有のドメインを有する（図4.12）．アーキアでもこのファミリーのタンパク質が存在する．*P. furious* の RecA 様タンパク質はユーカリアの Rad51 と同様に N-末端側に特有のドメインを持ち，リコンビナーゼ活性を有していたので RadA と名付けられた[64]．

4.6.2 ホリディジャンクションリゾルバーゼ

アーキアの RadA は RecA や Rad51 と同様に鎖交換活性を有し，組換え中間体の四分岐構造である HJ を形成する．この分岐点は塩基間の相補性を使って移動することができ（分岐点移動，branch migration），適当な位置で特異的な切断酵素によって切断されて 2 組の二本鎖に戻る．HJ を特異的に切断するヌクレアーゼとして HJ リゾルバーゼが知られている[65]．HJ 形成後の相同組換え後期過程は，大腸菌で詳しく解析されている．RuvA が HJ 構造を認識して結合し，RuvB を呼び込み，RuvA-RuvB が分岐点移動を起こした後，HJ リゾルバーゼである RuvC が分岐点で 2 カ所に切断を入れ HJ 構造が解消される．切断された部位は，DNA リガーゼによって結合され 2 組の二本鎖 DNA に戻る．

大腸菌で明らかにされた後期過程の分子機構から，ユーカリアの機構を予想しようとしても RuvA，B，C ホモログがユーカリアには保存されていない．しかし，HJ 構造が形成されるのはユーカリアでも保存されているので，その分岐点移動と HJ 構造を解消するヌクレアーゼをユーカリアから同定する努力が続けられた．アーキアの RadA がユーカリアの Rad51 に類似しているし，アーキアにも RuvC に似たタンパク質が存在しないので，アーキアの後期過程に関わるタンパク質を同定すればユーカリアにもそのホモログが見つかる可能性が期待された．

P. furiosus の細胞抽出液から HJ リゾルバーゼ活性の探索が行われた結果，HJ 構造の DNA を選択的に切断する酵素活性が検出された．その酵素が同定され，Hjc（holliday junction cleavage）と名付けられたが，遺伝子から推定されたアミノ酸配列は，アーキアには高度に保存されているものの，データベース上にあるユーカリアの配列中に類似したタンパク質が見つからなかった[66]．Hjc はアーキア特有の酵素であり，アーキアのウイルスの一種である SIRV（sulfolobus islandicus rod-shaped virus）の中にホモログが見つかっている．ウイルス DNA がタンデムにつながったコンカテマーを中間体として複製する際に，Hjc のリゾルバーゼ活性を必要とすると予想される．Hjc はアミノ酸配列だけではなく，その結晶構造も大腸菌の RuvC とはまったく類似しておらず，組換え中間体の解消機構が異なると予想される．アーキアの中で，*Sulfolobus* だけにもう一つ同様に分岐構造を認識して切断する活性を有するタンパク質が存在し，Hje（holliday junction enzyme）と名付けられている．その生理的役割は不明である[67]．

4.6.3 ホリディジャンクションの分岐点移動

アーキアにおける HJ の分岐点移動を担う分子を同定するため，*P. furiosus* から，バクテリアの RuvAB タンパク質に対応する分岐点移動活性が探索された結果，合成された HJ 構造 DNA を試験管内反応で，巻き戻す新しいヘリカーゼ活性が見つかった．この活性をコードする遺伝子のクローニングから，その推定アミノ酸配列は SF2 ヘリカーゼとの類似性を示し

第4章　アーキアのDNA代謝

た．精製された組換えタンパク質は試験管内で，RecAタンパク質によって産生されるプラスミドDNAの組換え中間体（α構造）を特異的に解離したので，このタンパク質はHjm（holliday junction migration）と名付けられた[68]．Hjmのアミノ酸配列はショウジョウバエで同定されていたヘリカーゼ308と類似性があることから，Hel308と呼ばれることもある．Hjm/Hel308は複製フォーク様構造に作用して二本鎖を巻き戻すこと，また大腸菌のrecQ変異体を相補することから，アーキアにおけるRecQの機能的ホモログであることも示唆されている[69]．

4.6.4　二本鎖切断の末端修飾

　DNAの二本鎖が切れる（double-strand break, DSB）のは最も危険な損傷であるので，その修復機能は大切である．DSBによってできた遊離DNA末端は，不当な組換え，または連結を受けると染色体再編成をもたらしうる．細胞は切断前の遺伝子配列を忠実に復元しうるDSB修復機構を進化させた．HRはNHEJとともに，よく知られたDSB修復経路の一つである．ミスマッチ修復で記載したEndoMSも二本鎖切断を起こすが，その後はHRによって修復されると予想されている．NHEJは切断されたDNAをそのまま再結合するもので，非常に高速で効率的ではあるが，エラーが起こりやすく，欠失や染色体転座などの突然変異が起こりやすい．対照的に，HRは修復のための鋳型として相同な染色体DNAを使用する高忠実性の機構であり，NHEJよりも正確な修復方法であるが，相同鋳型DNAが供給されうる細胞周期のS期およびG2期に限定される．

　HRを開始するために，切断されたDNA末端を3′-突出の一本鎖にする必要がある[70]．大腸菌のRecBCDヘリカーゼ-ヌクレアーゼ複合体は，実験的に特徴付けられたDNA末端プロセシング機構として最も理解されており，バクテリアの大部分にわたって保存されている．一方，ユーカリアの切断末端プロセシングにおける重要なレギュレーターはMRX/N複合体である．この複合体の中心は，高度に保存されたMre11ヌクレアーゼの二量体であり，Rad50二量体とで複合体を形成する．MRX/N複合体中のもう一つの因子であるXrs2（酵母），またはNbs1（脊椎動物）は，他のDNA修復タンパク質との相互作用を媒介する．バクテリアにおいては，SbcDおよびSbcCがそれぞれMre11，Rad50に相当する．SbcD，SbcCはもともと大腸菌RecBC変異の抑制変異体として同定された．SbcCDタンパク質は，機能的なRecBCDタンパク質が存在しないときに，その代役を果たせる活性を有するものであり，SbcDはMre11のヌクレアーゼ活性に対応する活性を有する．Mre11/Rad50（SbcD/SbcC）複合体によるDSBの最初の限定されたプロセシングの後，Rad51リコンビナーゼの鎖交換のために，長い一本鎖3′突出領域の生成が必要である．この第2段階のプロセシングには，ExoIの5′-3′エキソヌクレアーゼ活性が働くか，あるいはSgs1/BLMヘリカーゼ（バクテリアのRecQホモログ）と一緒に働くDna2ヘリカーゼ-ヌクレアーゼの作用に依存する．

　全てのアーキアにMre11およびRad50が存在し，Mre11/Rad50（SbcD/SbcC）複合体がゲノム安定性を維持する上で必須の役割を果たすことが示唆される．ユーカリアおよびバクテリアにおける末端プロセシングに関与するヘリカーゼおよびヌクレアーゼのホモログは，アーキアには見つからない．それに変わって，好熱性アーキアにおいて保存されたDNA修復関連オ

96

ペロンが発見された．このオペロンは，Mre11 および Rad50 の遺伝子とともに，HerA ヘリカーゼ遺伝子と 5′-3′ エキソヌクレアーゼを有する NurA の遺伝子で構成される．これら四つのタンパク質は，全て一緒に作用して HR に必要な 3′ 突出一本鎖領域を生成すると予測され，P. furiosus オペロンにコードされる四つのタンパク質の試験管内再構成によって実験的に検証された．前述したように，Hjm/Hel308 ヘリカーゼはアーキアにおける RecQ ホモログであるが，これは少数のアーキア種にしか見られず，Hjm/Hel308 が，アーキアの DNA 末端切除プロセシングにおいて役割を果たすかどうかはわからない．

　本章では，アーキアの DNA 代謝と細胞周期についてまとめた．アーキアの分子生物学の始まりは遅れたが，ゲノム解析時代に入ってから急速に発展しており，まだまだ語り尽くせないデータが蓄積しており，紙面の関係でそれぞれの現象について一部のタンパク質しか紹介できていない．アーキアの生命現象を解析していると，進化的に面白いものが多く見えてくる．アーキアの遺伝情報系を動かす分子装置は，ユーカリアのものより構成タンパク質の種類が少なく，より単純になっている複合体が多い．ユーカリアでは遺伝子重複により，生命機能を担う複合体構造がより複雑になっていき，それに付随して制御機構も複雑化していったと考えられる．また，アーキアでは極限環境に生息するものが多いため，環境に適応した特殊な分子機構を備えていると予想される．アーキアという生物ドメインの遺伝情報伝達と維持についての人類の理解は大いに進んだが，それぞれの現象について，まだその分子機構の本質が解明されたものはない．これからの研究の発展が期待される．

文　献

■ 4.1
1)　D. D. Leipe *et al.*: *Nucleic Acids Res.* **27**, 3389（1999）
2)　S. Ishino *et al.*: *Genes Genet. Syst.* **88**, 315（2013）
3)　F. Jacob and S. C. R. Brenner: *Hebd Seances Acad Sci.* **256**, 298（1963）
4)　T. Uemori *et al.*: *Genes Cells* **2**, 499（1997）
5)　F. Matsunaga *et al.*: *Proc. Natl. Acad. Sci. USA* **98**, 11152（2001）
6)　N. P. Robinson *et al.*: *Cell* **116**, 25（2004）
7)　M. Lundgren *et al.*: *Proc. Natl. Acad. Sci. USA* **101**, 7046（2004）
8)　M. Hawkins *et al.*: *Nature* **503**, 544（2013）
9)　F. Matsunaga *et al.*: *Nucleic Acids Res.* **35**, 3214（2007）
10)　F. Matsunaga *et al.*: *Extremophiles* **14**, 21（2010）
11)　E. L. Dueber *et al.*: *Science* **317**, 1210（2007）
12)　M. Gaudier *et al.*: *Science* **317**, 1213（2007）
13)　N. Sakakibara *et al.*: *Mol. Microbiol.* **72**, 286（2009）
14)　S. Ishino *et al.*: *Genes Cells* **16**, 1176（2011）
15)　H. Ogino *et al.*: *Extremophiles* **15**, 529（2011）
16)　Z. Li *et al.*: *Nucleic Acids Res.* **39**, 6114（2011）
17)　A. Bocquier *et al.*: *Curr. Biol.* **11**, 452（2001）
18)　L. Liu *et al.*: *J. Biol. Chem.* **276**, 45484（2001）
19)　F. Matsunaga *et al.*: *EMBO Rep.* **4**, 154（2003）
20)　K. Komori and Y. Ishino: *J. Biol. Chem.* **276**, 25654（2001）.
21)　I. D. Kerr *et al.*: *EMBO J.* **22**, 2561（2003）.

22) Z. Zuo *et al*.: *J. Mol. Biol.* **397** 664 (2010).
23) S. Ishino and Y. Ishino: In "Thermophilic microbes in environmental and industrial biotechnology" J. Litterchild *et al*.（Eds.），（Springer Science+Business Media, 2012）p. 429
24) C. J. Bult *et al*.: *Science* **273**, 1058 (1996)
25) Y. Ishino *et al*.: *J. Bacteriol.* **180**, 2232 (1998)
26) I. Cann *et al*.: *Proc. Natl. Acad. Sci. USA* **95**, 14250 (1998)
27) I. Cann and Y. Ishino: *Genetics* **152**, 1249 (1999)
28) S. Ishino and Y. Ishino: *Nucleosides, Nucleotides, Nucleic Acids.* **25**, 681 (2006)
29) G. Henneke *et al*.: *J. Mol. Biol.* **350**, 53 (2005)
30) B. R. Berquist *et al*.: *BMC Genet.* **8**, 31 (2007).
31) L. Cubonova *et al*.: *J. Bacteriol.* **195**, 2322 (2013)
32) F. Sarmiento *et al*.: *Proc. Natl. Acad. Sci. USA* **110**, 4726 (2013)
33) I. Cann *et al*.: *J. Bacteriol.* **181**, 6591 (1999)
34) S. Matsumiya *et al*.: *Protein Sci.* **10**, 17 (2001).
35) M. Pan *et al*.: *Biochem. Soc. Trans.* **39**, 20 (2011)
36) I. Cann *et al*.: *J. Bacteriol.* **183**, 2614 (2001)
37) T. Miyata *et al*.: *Proc. Natl. Acad. Sci. USA* **102**, 13795 (2005)
38) H. Nishida *et al*.: *J. Mol. Biol.* **360**, 956 (2006)
39) J. M. Pascal *et al*.: *Nature* **432**, 473 (2004)
40) J. M. Pascal *et al*.: *Mol. Cell* **24**, 279 (2006)
41) K. Mayanagi *et al*.: *Proc. Natl. Acad. Sci. USA* **106**, 4647 (2009)
42) S. Sakurai *et al*.: *EMBO J.* **24**, 683 (2005)
43) I. G. Duggin *et al*.: *EMBO J.* **30**, 145 (2011)
44) D. Cortez *et al*.: *PLoS Genet.* **6**, e1001166 (2010)

■ 4.2
45) D. Barillà: *Trends Microbiol.* **24**, 957 (2016)

■ 4.3, 4.4
46) A. C. Lindås and R. Bernander: *Nat. Rev. Microbiol.* **11**, 627 (2013)
47) 帯田孝之：生化学 **86**, 59 (2014)

■ 4.5
48) Z. Kelman and M. F. White: *Curr. Opin. Microbiol.* **8**, 669 (2005)
49) Y. Ishino and I. Narumi: *Curr. Opin. Microbiol.* **25**, 103 (2015)
50) K. Komori *et al*.: *J. Biol. Chem.* **279**, 53175 (2004)
51) G. Mosedale *et al*.: *Nat. Struct. Mol. Biol.* **12**, 763 (2005)
52) A. R. Meetei *et al*.: *Nat. Genet.* **37**, 958 (2005)
53) S. Grasso and G. Tell: *DNA Repair* **21**, 148 (2014)
54) S. Kiyonari *et al*.: *Biochem. Soc. Trans.* **37**, 79 (2009)
55) S. Kiyonari *et al*.: *J. Biochem.* **153**, 325 (2014)
56) M. Shiraishi *et al*.: *Nucleic Acids Res.* **43**, 2853 (2015)
57) L-J. Lin *et al*.: *J. Mol. Biol.* **397**, 13 (2010)
58) H. Ling *et al*.: *Cell* **107**, 91 (2001)
59) C. R. Busch and J. DiRuggiero: *PLoS One* **5**, e9045 (2010)
60) D. W. Grogan *et al*.: *Proc. Natl. Acad. Sci. USA* **98**, 7928 (2001)
61) S. Ishino *et al*.: *Nucleic Acids Res.* **44**, 2977 (2016)
62) B. Ren *et al*.: *EMBO J.* **28**, 2479 (2009)

■ 4.6
63) M. F. White: *Biochem. Soc. Trans.* **39**, 15 (2011)
64) K. Komori *et al*.: *J. Biol. Chem.* **275**, 33782 (2000)
65) H. D. Wyatt and S. C. West: *Cold Spring Harb Perspect Biol.* **6**, a023192 (2014)
66) K. Komori *et al*.: *Proc. Natl. Acad. Sci. USA* **96**, 8873 (1999)
67) M. Kvaratskhelia and M. F. White: *J. Mol. Biol.* **297**, 923 (2000)
68) R. Fujikane *et al*.: *J. Biol. Chem.* **280**, 12351 (2005)
69) R. Fujikane *et al*.: *Genes Cells* **11**, 99 (2006)
70) J. K. Blackwood *et al*.: *Biochem. Soc. Trans.* **41**, 314 (2013)

第5章

アーキアの遺伝情報発現

　生物は生命活動を営むために，ゲノム DNA 上の遺伝情報を，一旦，RNA に変換し（転写），大部分の RNA を生命活動の担い手であるタンパク質合成のために利用している（翻訳）．その際，RNA 自身は編集加工を経ている必要がある（転写後修飾）．このようないわゆる「遺伝情報発現」は，生物にとって必要不可欠な生命現象であり，基本的に「転写」，「転写後修飾」，「翻訳」の順に，3 段階のプロセスで構成されている．遺伝情報発現には，様々なタンパク質，核酸，および核酸・タンパク質複合体因子が働いており，その中でも転写および翻訳の中心を担う分子装置などはアーキアとユーカリアにおいて構造・機能的に酷似している．一方，アーキアの転写制御の仕組みは，バクテリアと同様の基本原理を採用しており，また，RNA に化学修飾を施す多くのタンパク質がユーカリアあるいはバクテリアのものと共通している．したがって，アーキアの遺伝情報発現は，ユーカリアとバクテリア両方の特徴を兼ね備えている．このようにアーキアの遺伝情報発現に関わる様々な因子の働きは，ユーカリアあるいはバクテリアのどちらかに共通する基本原理で成り立つ．しかしながら，最近，アーキアに特有の因子も発見されてきている．いずれにしても，アーキアの遺伝情報発現を正確に知ることは，生命システムの根幹を理解する上で極めて重要であるといえるだろう．本章では，最新の研究動向を見据えながら，基本的な三つの遺伝情報発現プロセス「転写」（5.1 節），「転写後修飾」（5.3 節），「翻訳」（5.4 節）に加え，「転写制御」（5.2 節）を設けて，これらを柱にした．さらに「転写後修飾」は 5.3.1，5.3.2，5.3.3 項に分けてアーキアの遺伝情報発現を涵養できるような解説を心掛けた．

5.1 アーキアの転写

　ゲノム DNA 上の遺伝情報は，次のように基本的な 3 種類の発現領域に分けられ，アーキアの場合，バクテリアと同様に 1 種類の転写装置 RNA ポリメラーゼ（RNAP）が，各領域の DNA を鋳型に RNA を合成している．

1. 翻訳装置リボソームの構成領域（前駆体 rRNA）
2. タンパク質成分であるアミノ酸配列をコードする領域（前駆体 mRNA）
3. 翻訳装置リボソームにアミノ酸を供給する領域（前駆体 tRNA）

一方，ユーカリアは基本的に 3 種類の RNAP を有しており，RNAP I（Pol I），RNAP II（Pol

II），および RNAP III（Pol III）が分業して，それぞれ前駆体 rRNA，前駆体 mRNA，および前駆体 tRNA の DNA を鋳型に各 RNA 分子種を合成している．アーキアの mRNA には，バクテリアと同様に複数のタンパク質をコードする遺伝子が連結している．いわゆる「ポリシストロニック mRNA」がアーキア内で RNAP によって頻繁に合成されており，単一のタンパク質をコードする mRNA「モノシストロニック mRNA」しか基本的に合成しないユーカリアとは異なる．

5.1.1　転写装置

　アーキアの転写装置 RNAP は，バクテリアおよびユーカリアと同様，多段階的プロセス（転写開始前，転写開始，転写伸長，転写終結）を通して，RNA 合成を遂行する[1]．RNA 合成反応のメカニズムは，DNA ポリメラーゼに多くの点で似ているが，プライマーを必要としないのは RNAP に特徴的である．全生物の RNAP は，複数のタンパク質から構成された巨大タンパク質複合体である．RNAP を構成する個々のタンパク質（サブユニット）の組成は，アーキアとユーカリアにおいて類似している（表 5.1）．古くから Zillig らのグループが中心にアーキア RNAP のサブユニット組成について研究してきた[2-4]．アーキア RNAP のサブユニット数はアーキア種間で多少異なるが，基本的に 11～13 種類で構成され，各ユーカリア Pol I，Pol II，Pol III はそれぞれ 14，12，17 種類のサブユニット，バクテリア RNAP は 5 種類のサブユニットで構成されている．とりわけ，アーキアおよびユーカリア RNAP の各サブユニット数とアミノ酸配列の類似性は，バクテリアと比較した場合よりも高いため，両者が進化的に共通祖先から分岐したことがうかがえる．事実，X 線結晶構造から（図 5.1）[5-11]，バクテリア RNAP 全体の分子構造と比べて，アーキア RNAP およびユーカリア Pol II 全体の分子構造はお互いに類似している．

表 5.1　生物 3 ドメイン RNAP のサブユニット組成.

バクテリア	アーキア	ユーカリア Pol II
β'	Rpo1（A）	Rpb1
	(Rpo1′(A′) + 1″(A″))*	
β	Rpo2（B）	Rpb2
	(Rpo2′(B′) + 2″(B″))**	
α	Rpo3（D）	Rpb3
α	Rpo11（L）	Rpb11
ω	Rpo6（K）	Rpb6
	Rpo5（H）	Rpb5
	Rpo7（E）	Rpb7
	Rpo4（F）	Rpb4
	Rpo10（N）	Rpb10
	Rpo12（P）	Rpb12
	Rpo8（G）***	Rpb8
	Rpo13***	

アーキアの場合，サブユニット組成の表記方法は 2 通りある．
*ほとんどの Rpo1 が 2 種類のサブユニットに分断されている．**メタン生成アーキア RNAP の Rpo2 が 2 種類のサブユニットに分断されている．***クレンアーキオータ RNAP に保存されている．

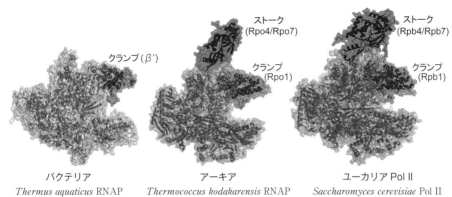

図5.1 生物3ドメインRNAPのX線結晶構造.

　しかし，バクテリア，アーキア，ユーカリアRNAPに共通する鋳型のDNA認識やRNA合成に重要な「コア部分」（蟹の爪のようなかたち）は全生物で保存されている．また，コア部分を司る主要な2種類の巨大サブユニットにおいて，バクテリア（β/β'），アーキア（Rpo1/Rpo2），ユーカリア（Pol I（A190/A135），Pol II（Rpb1/Rpb2），Pol III（C160/C128））のアミノ酸配列は相同性があり，特にMg^{2+}イオンが存在する活性中心とその周辺構造のアミノ酸配列は保存性が高い．したがって，全生物のRNAPは，共通祖先である一つのプロトタイプから分子進化したと考えられる．アーキアの場合，ユーカリアと同様，コア部分から突出した2種類のサブユニット（Rpo4/Rpo7）からなるストークが存在している．アーキアのストークは，主に転写効率を上げる役割があり[12,13]，後述するように転写因子と結合することで転写開始を助長する．興味深いことに，一部のアーキアRNAPのRpo3には［4Fe-4S］型鉄硫黄クラスターが結合している[5]．Rpo3は，三つのドメインで構成され，そのうちの一つにフェレドキシンに似たドメインが存在し，四つのシステイン残基が一つの鉄硫黄クラスターを保持している．超好熱性クレンアーキオータ *Sulfolobus solfataricus* Rpo3の場合，鉄硫黄クラスターは構造因子として機能していることが示唆されている．一方，メタン生成ユーリアーキオータ *Methanosarcina acetivorans* Rpo3では，八つのシステイン残基が二つの［4Fe-4S］型鉄硫黄クラスターを結合し，そのクラスターが転写制御に関わっていることが提案されている[14]．また他のアーキアRpo3で，このフェレドキシンに似たドメインを比較すると，鉄硫黄クラスターを保持するために必須なシステイン残基の欠落，ドメイン自体が他の構造に置換，さらにはドメイン自体が存在しないなど非常に多様化している[6,8]．一方，アーキアRNAPには，ユーカリアPol IIのRpb1サブユニットのC末端側に存在する繰り返し配列（CTD）がない．Pol IIのCTDは，主に特定のアミノ酸がリン酸化されることで自身の多段階的な転写反応プロセスを調節している．また，前駆体mRNAの編集加工や化学修飾を施すタンパク質因子の足場としても機能している．そのため，アーキアRNAPは，ユーカリアPol IIのような複雑で巧妙な仕組みを持たず，限られたタンパク質性の転写因子によって多段階的な転写プロセスを調節している．

5.1.2 転写開始

アーキア RNAP は，2 種類の基本転写因子 TBP および TFB を伴って，プロモーター DNA 領域に動員される（表 5.2, 図 5.2)[15,16]．プロモーターは，概ね転写開始点（+1）から 20～30 ヌクレオチド離れた上流に位置し，基本的に TFB 認識配列（BRE）と TBP 認識配列（TATA ボックス）から構成されている．TBP が TATA ボックスに結合することで，DNA がねじれ，TFB の C 末端領域が BRE および TBP と結合する．その後，TFB の N 末端領域を通じて，RNAP がプロモーター上に集積し，転写開始前複合体が形成される．転写開始反応に移行すると，二本鎖 DNA を一本鎖に解きながら，一本鎖 DNA を鋳型に転写を開始する．

転写開始複合体を形成する際には，転写促進因子 TFE が，アーキア RNAP のストークとその周辺構造に結合して，複合体を安定化し転写活性を助長する[12,17,18]．ストークを司る 2 種類のサブユニット（Rpo4/Rpo7）のうち，*rpo4* 遺伝子破壊株は，温度感受性を示し，その破壊株の RNAP にはストークと TFE が欠落していることが超好熱性ユーリアーキオータ *Thermococcus kodakarensis* で報告されている[19]．一方，*rpo7* 遺伝子は生育に必須であることが推測されている．このようなアーキアの転写開始前・開始複合体形成に関わる TBP 以外の転写因子はユーカリア Pol II の転写開始前・開始複合体形成に必須な基本転写因子と相同性がある（表 5.2)．しかしながら，Pol II の場合，6 種類の基本転写因子に加えて多くの様々なタンパク質と巨大な転写開始前・開始複合体をプロモーター上に形成する．したがっ

表 5.2　生物 3 ドメインの転写開始・伸長因子．

	バクテリア	アーキア	ユーカリア Pol II
開始	σ	TBP	TBP (TFIID)
		TFB	TFIIB
		TFE*	TFIIE
			TFIIF
			TFIIA
			TFIIH
伸長		Spt4	Spt4
	NusG	Spt5	Spt5
		TFS	TFIIS

バクテリアとユーカリアの場合，全ての転写因子を網羅していない．*ほとんどの TFE が TFIIE の α サブユニットに相当するが，一部には β サブユニットを持つものも存在する．

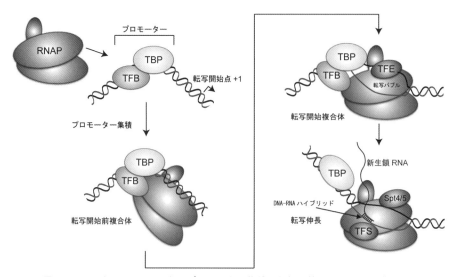

図 5.2　アーキア RNAP によるプロモーター集積から転写伸長過程までの模式図．

て，アーキア RNAP の転写開始前・開始反応は，ユーカリア Pol II のものを単純化したシステムであるといえる．

　アーキアのゲノム DNA は，ユーカリアに類似したヒストン様タンパク質あるいは DNA 結合タンパク質によって菌体内に収納されている（第3章参照）．しかしながら，ユーカリアに見られるヒストン修飾のように，これらのタンパク質の構造変化によって，ゲノム DNA が，RNAP による転写を促進する状態になるという報告例はない．つまり，アーキアはユーカリアと異なり，アーキア RNAP がヌクレオソーム様に収納されたままの DNA を鋳型に転写を行っていると考えられる．事実，試験管内実験において，転写速度は遅くなるもののヒストン様タンパク質に結合した DNA を鋳型に RNA を合成することが知られている[20,21]．

5.1.3　転写伸長・終結

　転写開始から伸長段階に移行すると，TBP をプロモーター上に残し，RNAP は，TFB および TFE と解離し，一本鎖 DNA を鋳型に RNA を合成する．その際，転写伸長因子 Spt4-Spt5 のタンパク質複合体が，RNAP の Rpo1 サブユニットの「クランプ」と呼ばれる部分との結合を通じ，主に Spt5 が上流の非鋳型 DNA と結合することで，開鎖型 DNA の転写バブルを安定化する（図5.1，図5.2）．また，Spt5 が新生鎖 RNA と結合することも知られており，RNAP の転写伸長が Spt4-Spt5 によって促進される．一方，TFE がクランプにも結合することから，RNAP が転写伸長反応に移行する際に，Spt4-Spt5 が TFE と置き換わる[22]．ユーカリアにも Spt4-Spt5 が保存されており，さらにバクテリアの大腸菌では Spt5 に相同性のある NusG も RNAP の転写伸長を促進することが知られている．したがって，これらの転写因子による転写伸長の促進メカニズムは全生物で共通であると考えられる．転写伸長段階の際，間違った RNA を合成した場合，RNAP は，一旦，DNA 上で停滞状態になる．しかし，RNAP は転写伸長因子 TFS と結合することで，RNAP 自身のリボヌクレアーゼ活性が誘導され，誤読した RNA を切断後，もとの転写位置に戻る（バックトラッキング）[23]．このように TFS は転写の校正機能を持ち，ユーカリア Pol II にも同様の機能を備えた TFIIS が保存されている．一方，アーキア RNAP は，転写伸長中に，鋳型 DNA が T あるいは A に富む連続した配列に遭遇すると，他の転写因子が関わることなく，連続した A および U を合成し，DNA-RNA ハイブリッド（図5.2）の AU および AT 塩基対が豊富になる．その結果，DNA-RNA の相互作用が弱まり，新生鎖 RNA は鋳型 DNA から剥がれて転写が終結する[24]．このような転写終結の現象は，バクテリアやユーカリアにおいてはほとんど見られない．

　アーキアは，ユーカリア Pol II に酷似した1種類の RNAP を用いて，ゲノム DNA の遺伝情報を RNA に写し取る．また，Pol II 転写システムの限られた数種類の転写因子によって，RNAP による多段階的な転写プロセスを調節している．さらにアーキア RNAP は，Pol II の CTD が存在しないだけでなく，Pol II が他の転写因子と結合する部分が数多く欠損している．すなわち，アーキア RNAP を主軸とする転写は，ユーカリア Pol II の転写を単純化したものであり，アーキア RNAP には，転写反応に最低限必要な基本原理が備わっていると考えられる．ユーカリア Pol II は，アーキア RNAP 様の単純なプロトタイプを基盤に，発生や分

第5章　アーキアの遺伝情報発現

化などの高次生命現象を発現制御できるように自らを改変したのではないだろうか．その結果，ユーカリアは凄まじく多様化した複雑な生命システムを持つようになり，高度に進化したものと想像される．

5.2 | アーキアの転写制御

　自然界の微生物（アーキアを含む）は，様々な外的環境の変化に常に晒されながらも，それに適応しながら生存を図る．微生物を取り巻く環境には，温度，栄養源（炭素源，窒素源，電子受容体の種類など），塩濃度，圧力，光，pH などの数多くの外的要因が存在する．一般的に微生物は，外的環境の変化を適切に検知し，遺伝子の発現制御を通じて，細胞内システムを再構築する能力を持っており，これにより多様な環境においても生き延びることが可能となっている．この微生物の環境適応機構において最も基盤的な仕組みは，遺伝子の転写レベルでの制御機構である．

5.2.1　アーキアの転写制御因子

　5.1 節でも述べたように，アーキアの基本転写装置は，分子的にはユーカリアのシステムとの類似性が見られる．その一方で，アーキアの転写制御因子に関してはむしろバクテリアの因子との類似性が高いことが知られている[25]．つまりアーキアの転写システムは，バクテリア型の転写制御因子がユーカリア型の転写装置を制御するという，他にはない混合型の特徴を持つといえる．

　Pérez-Rueda と Janga は，代表的な 52 種のアーキアゲノム上に 3,918 個の転写制御因子を推定した[26]．これらの転写制御因子の割合はいずれの生物種においても全 ORF の 5% 以下であった．バクテリアではこの割合は一般的に 8～10% 程度である．このことから，アーキアはバクテリアよりもシンプルな制御系を持つと予想することもできるが，他方で一次構造からでは推測不可能な未知の転写制御因子が眠っている可能性もあり，現時点では簡単に結論を出すことはできない．

　上記の研究でアーキアゲノム上に見出された 3,918 個の転写制御因子は配列類似性に基づいて，75 種のファミリーに分類可能であった．その中の上位 13 種のファミリー（ArsR，Lrp/AsnC，HTH_3，TrmB，MarR，AbrB，Xre，PhoU，PadR，LysR，HTH_10，RpiR，FUR）には，各々 100 個以上の遺伝子が含まれ，それらを合わせると全体の 71% を占める．中でも，ArsR（721 個），AsnC（367 個），HTH_3（361 個），TrmB（276 個）の四つのファミリーは，アーキアに普遍的に分布している．これらの大半は DNA 結合ドメインとして，ヘリックス・ターン・ヘリックス型構造を持つ転写制御因子である．他方で，ユーカリアで最も頻繁に見られる亜鉛フィンガー（zinc-finger）型 DNA 結合ドメインを持つ転写制御因子はバクテリアと同様にアーキアにはほとんど存在しない．転写因子の DNA 結合モチーフの特徴もアーキアとバクテリアで共通したものがある．

5.2.2 転写制御因子を介した転写制御の例

(1) Phr

　熱ショック応答とは，生物が至適生育温度以上の高温に晒された際に，分子シャペロンなどの熱ショックタンパク質（heat-shock protein, HSP）の発現を活性化させ，細胞内タンパク質の変性を防ぐ生理現象である．Phr は超好熱性アーキア *Pyrococcus furiosus* において最初に発見された熱ショック応答性の転写制御因子である[27]．Phr は ArsR ファミリーに属し，そのホモログは近縁の *Thermococcales* 目に分布している．Phr 遺伝子を破壊した株では通常生育温度においても HSP の発現上昇が見られることから[28]，Phr は通常生育温度において HSP の発現を負に制御する転写抑制因子として機能する．HSP 遺伝子群のプロモーター上には Phr 結合配列（5′-TTTN$_2$TNACN$_5$GTNAN$_2$AAA-3′）が存在するが，これは BRE/TATA 配列と転写開始点の間に位置する．このことから，通常生育温度において Phr はプロモーターと結合し，転写開始複合体（RNAP–TBP–TFB 複合体）の形成を物理的に阻害することで，転写抑制作用を示すと予想されている．Phr は細胞内で熱ショックに応答してプロモーター上から解離することが判明しているが[29]，その分子メカニズムはいまだ不明である．

(2) Ptr2

　Ptr2 は超好熱性メタン生成菌 *Methanocaldococcus jannaschii* において発見された，Lrp/AsnC ファミリーに属する転写活性化因子である．SELEX 法により，6 塩基のパリンドローム配列を持つ Ptr2 の結合配列（5′-GGACGAN$_3$TCGTCC-3′）が見出され[30]，さらに Ptr2 結合配列が自身の隣にあるフェレドキシン遺伝子 *frxA* のプロモーター上に確認されている[31]．この Ptr2 結合配列は BRE/TATA 配列のすぐ上流に位置している．DNA footprint assay によって，Ptr2 がこの配列に結合することにより TBP の TATA 配列への結合を促進することが判明し[31]，この作用により *frxA* の転写を活性化すると予想されている．

(3) Tgr

　Tgr（TrmBL1）は超好熱性アーキア *Thermococcus kodakarensis* において発見された TrmB ファミリーに属する転写制御因子である[32]．Tgr は解糖系遺伝子群の転写抑制因子であると同時に，糖新生系遺伝子群の転写活性化因子でもある多機能性因子である．Tgr の被制御遺伝子に対する作用の違いは，これらの遺伝子における Tgr 結合配列（TGM）の位置に起因する．つまり解糖系遺伝子群の TGM は BRE/TATA 配列の下流に存在し，一方で糖新生系遺伝子群の TGM は BRE/TATA box 配列の上流に位置する．また Tgr はマルトトリオース（グルコースが α-1,4 結合で結合した三糖）と結合することにより DNA から解離する．これらの事実より予想される Tgr を介した遺伝子制御機構の概略を示す（図 5.3）．生育環境中に α-多糖類（デンプンなど）が存在しない糖新生生育条件では，Tgr は解糖系遺伝子群の TGM と結合して RNA polymerase の集合を阻害し，遺伝子の転写を抑制することで，解糖系を抑制する．他方で Tgr は糖新生系遺伝子群の TGM と結合して基本転写因子（TBP/TFB）の集合を促進し，遺伝子の転写を活性化することで，糖新生系を亢進する．環境中に α-多糖類が存在する解糖生育条件では，細胞内に取り込まれたマルトトリオースと結合した Tgr が TGM から解離することで，解糖系遺伝子群に対する Tgr の抑制作用が解除され，これらの遺伝子の転写量が増加する（抑制作用の消失）．他方で，同様の作用により糖新生系遺伝子群に

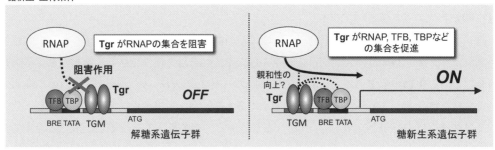

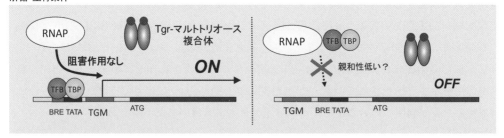

図 5.3　Tgr の転写制御機構のモデル．

対する Tgr の活性化作用が失われ，遺伝子の転写量は減少する（活性化作用の消失）．このように，Tgr はそれ自身が生育環境中の糖濃度を検知するセンサー機能を持ち，さらに遺伝子のプロモーター領域への結合・解離を通じて解糖系・糖新生系遺伝子群の転写を同時かつ双方向に制御するユニークな転写制御因子である．

　TrmB ファミリーの転写制御因子の一部は，Tgr と同様に，栄養源の種類に応じて代謝系をダイナミックに再編成する機能を持つ．例えば，好塩性アーキアである *Halobacterium salinarum* NRC-1 株の VNG1451C 遺伝子にコードされている転写制御因子は，解糖系・糖新生系，TCA サイクル，アミノ酸・核酸生合成系など，100 を超える遺伝子の制御に関与している[33]．またメタン生成アーキアである *Methanosarcina acetivorans* の MreA は，酢酸からのメタン生成に関わる遺伝子群の転写制御を担っている[34]．

5.2.3　基本転写因子を介した転写制御

　一部のアーキアは，基本転写因子 TBP および TFB の遺伝子を複数コピー有している（例：*H. salinarum* NRC-1 株には TBP 遺伝子が 6 個と TFP 遺伝子が 9 個存在する）．基本転写因子が複数個存在する場合，その機能が重複しているケースもあるが[35]，互いに個別の機能を持つケースも知られている．例えば，*H. salinarum* NRC-1 株において，熱ショック応答遺伝子 *hsp5* の熱ショック応答に関わるプロモーター領域は BRE/TATA 配列と重なることが知られている．この配列との *in vitro* での結合実験の結果，TFBb（TFB の一種）が反応温度 50℃ では結合を示すが，37℃ では結合しないことが判明した．同様に実験を行った TFB2 や TFBg では，このような温度依存的な結合は見られなかったことから，TFBb を介した熱ショック応答機構の存在が予想されている[36]．TFBb は自身の転写も熱ショックによって上昇することから，TFBb を介したシグナル増幅機構の存在も示唆される．

本節ではアーキアにおける転写制御の機構や特徴について述べたが，アーキアではいまだ理解が進んでいない転写制御メカニズムが存在すると予想されている．例えば，バクテリアで解析が進んでいるリボスイッチ（mRNA の特定の位置に代謝産物などが直接結合することで遺伝子発現が影響を受ける仕組み，7.1.5 項参照）は，ゲノム情報からアーキアにも同様の機構が存在することが予想されている[37]．一方で，大腸菌のトリプトファンオペロンなどで観察されるアテニュエーションによる制御機構は，転写と翻訳が同じ空間で進行するアーキアにおいても実現可能なシステムではあるが，現時点でその報告例はない．他方で，ユーカリアではヒストンの修飾と脱修飾を介したダイナミックな転写調節機構の存在が知られている．アーキアもヒストンのホモログ（3.5.1 項参照）や機能的にヒストンの代わりとなるタンパク質（Alba など）の存在が知られていることから，今後，同様の機構の発見に繋がることも予想される．また一方で，ユーカリアとは異なる DNA 結合タンパク質への修飾を介した転写制御機構が存在する可能性も考えられる．

5.3 アーキアの転写後修飾

5.3.1 RNA プロセシング

転写された直後の転写産物（一次転写産物：前駆体 RNA）は，生物活性を得るためには特異的に修飾されなければならない．その修飾には，ポリヌクレオチドの余剰配列を末端から切り取るプロセシングや，内部の配列（介在配列）を切り出し繋ぎなおすスプライシング，さらには特定のヌクレオチドの化学修飾がある．これらの修飾反応はいずれもそれぞれ特異的酵素により触媒されている．3 種の主要 RNA の一つである転移 RNA（tRNA）は，DNA の塩基配列をタンパク質のアミノ酸配列へと解読する翻訳反応において，遺伝暗号（コドン）を認識しそれに対応するアミノ酸を運ぶアダプタ分子である．tRNA も他の RNA と同様に前駆体 tRNA として転写された後，その 5′ 末端と 3′ 末端の余剰配列はそれぞれ特異的酵素によってプロセシングされる．アーキアでもユーカリアやバクテリアと同様，前駆体 tRNA の 5′ 末端の余剰配列をプロセシングするリボヌクレアーゼ P（RNase P）と 3′ 末端の余剰配列をプロセシングする tRNase Z が見出されている[38,39]．さらに，ある種のアーキア前駆体 tRNA はユーカリアのそれと同様に介在配列を持つことが知られ，そのスプライシングに関与する酵素も同定されている[40]．本項では，超好熱性アーキア前駆体 tRNA の 5′ 末端余剰配列のプロセシングに焦点を絞り，その反応を触媒するリボ核タンパク質酵素・RNase P の構造と機能について概説する．

(1) 前駆体 tRNA プロセシング酵素・RNase P

RNase P は前駆体 tRNA の 5′ 末端余剰配列を Mg^{2+} イオン依存的に切断するエンドヌクレアーゼで，RNA とタンパク質から構成されている（図 5.4）[41]．RNase P はタンパク質合成反応を触媒するリボソームと同様，ユーカリア，バクテリア，アーキアの全てのドメインに見出されているが，そのサブユニット組成と酵素化学的性質は各ドメイン間で異なっている（表 5.3）．すなわち，大腸菌を代表とするバクテリアの RNase P は，1 分子の RNA と 1 分子のタンパク質からなり，Mg^{2+} の高濃度条件下では RNA サブユニットのみで前駆体 tRNA を切断

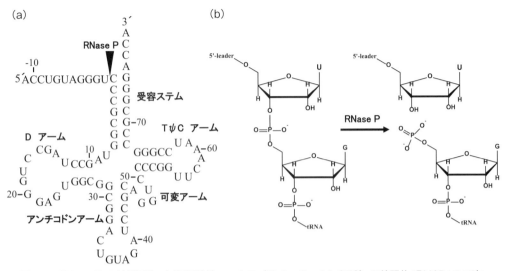

図 5.4 RNase P の触媒活性．(a)超好熱性アーキア（*P. horikoshii* OT3）の前駆体 tRNA^{Tyr} の二次構造．矢印は RNase P の切断部位を示している．(b)RNase P の触媒反応を示している．RNase P は Mg^{2+} イオン依存的にリン酸エステル結合を加水分解し，5′末端にリン酸基を持つ tRNA と 3′末端に水酸基を持つ余剰配列を産生する．

表 5.3 進化系統ドメインの RNase P 構成サブユニットの比較．

サブユニット	アーキア *P. horikoshi*	バクテリア *E. coli*	ユーカリア *H. sapience*
RNA	*Pho*pRNA (329 nt)	M1 RNA (377 nt)	H1 RNA (340 nt)
タンパク質		C5 (14)	
	*Pho*Pop5 (14)		hPop5 (19)
	*Pho*Rpp21 (15)		Rpp21 (18)
	*Pho*Rpp29 (15)		Rpp29 (25)
	*Pho*Rpp30 (25)		Rpp30 (30)
	*Pho*Rpp38 (14)		Rpp38 (32)
			Rpp14 (14)
			Rpp20 (16)
			Rpp25 (21)
			Rpp40 (35)
			hPop1 (115)

タンパク質名の括弧内の数字は，各タンパク質の分子量×10^{-3} を示す．
横同列は各ドメインの相当分子を示す．

する RNA 酵素（リボザイム）である．大腸菌 RNase P RNA がリボザイムであることを発見した Altmann は，テトラヒメナの前駆体リボソーマル RNA が自己スプライシングを触媒することを発見した Cech とともに，1989 年ノーベル化学賞を受賞している．その後，大腸菌 RNase P を主な研究対象として，バクテリア RNase P の構造と機能に関する多くの研究成果が蓄積され，その触媒機構が原子レベルで詳細に明らかにされようとしている[42, 43]．

一方，アーキアとユーカリアの RNase P は，いずれも 1 分子の RNA とアーキアでは 5 種のタンパク質，ユーカリアでは 9〜10 種類のタンパク質から構成され，RNA サブユニットだけでは酵素活性を示さず，タンパク質との相互作用によりその触媒活性が活性化される[42]．

このような性質から，アーキアとユーカリアの RNase P は，"機能性 RNA のタンパク質による活性化機構"を研究するための良いモデル分子と考えられ，ユーカリアよりタンパク質成分が少ないアーキア，なかでも超好熱性アーキア *Pyrococcus horikoshii* OT3 RNase P を対象として，その構造と機能に関する研究が進められている．

(2) アーキア RNase P RNA の構造と機能

P. horikoshii OT3 RNase P は 1 分子の RNA（*Pho*pRNA）と 5 種のタンパク質（*Pho*Pop5，*Pho*Rpp21，*Pho*Rpp29，*Pho*Rpp30，*Pho*Rpp38）から構成され，前述したように *Pho*pRNA のみでは触媒活性を示さず，タンパク質と相互作用することによりその触媒活性が活性化される[44,45]．*Pho*pRNA は 329 ヌクレオチドからなり，他の生物種の RNase P RNA の塩基配列との比較から，図 5.5(a)に示す 16 本（P1〜P16）の二本鎖構造を持つ二次構造が推定されている[44,45]．*Pho*pRNA の全体的な二次構造は，バクテリア RNase P RNA のそれと異なってい

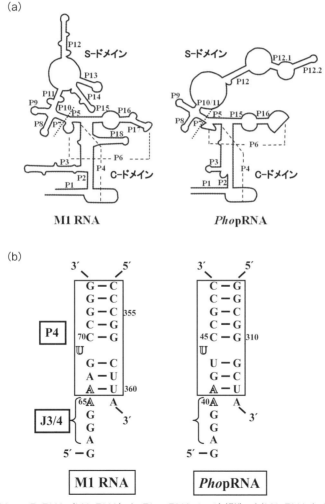

図 5.5 大腸菌 RNase P RNA（M1 RNA）と *Pho*pRNA の二次構造．(a)M1 RNA と *Pho*pRNA の二次構造．*Pho*pRNA の二本鎖構造（P1〜P16）は M1 RNA の命名法に従った[54]．破線は塩基対相互作用を示している．点線は触媒ドメイン（C-ドメイン）と特異性ドメイン（S-ドメイン）の境界を示している．(b)M1 RNA と *Pho*pRNA の触媒部位である P4 と J3/4 の二次構造．触媒活性に重要な M1 RNA の A65，A66，U69，および *Pho*pRNA の A40，A41，U44 を白抜き文字で示している．

るが，触媒活性に重要な触媒 C-ドメインと基質（前駆体 tRNA）との結合に重要な特異性 S-ドメインから構成されているのは同様である．また，バクテリア RNase P RNA において触媒部位として特定されている P4 は，*Pho*pRNA においてもよく保存されている（図 5.5(b)）[42]．Terada らは超好熱性アーキア RNase P の再構成系を用いて，*Pho*pRNA の触媒残基の同定を試みた結果，大腸菌 RNase P RNA（M1 RNA）の触媒残基に相当する A40 と A41 および U44 が *Pho*pRNA の酵素活性にも重要であり，これらのヌクレオチドが M1 RNA の相当残基と同様に，触媒活性に重要な Mg^{2+} の配位に関与していることを明らかにしている[46]．したがって，アーキアの RNase P RNA は，単独では触媒活性を示さないものの，バクテリアのそれと同様の反応機構により前駆体 tRNA の切断反応を触媒しているのであろう．

一方，*Pho*pRNA はバクテリアやユーカリアの RNase P RNA と異なり，アーキア RNase P RNA に特有な二本鎖構造を含む複数のステムループ構造を形成している（図 5.5(a)）．Ueda らは *Pho*pRNA の各ステムループ構造の触媒活性への寄与を検討した結果，各ステムループは前駆体 tRNA 切断活性には必須でないが，その中のいくつかはタンパク質の結合部位として機能し，触媒部位（P4）付近の構造形成に関与していることを明らかにしている[47]．

(3) アーキア RNase P タンパク質の構造と機能

P. horikoshii RNase P の構成タンパク質の結晶構造が高分解能で決定されている（図 5.6）[44,45]．*Pho*Pop5，*Pho*Rpp29，*Pho*Rpp30，*Pho*Rpp38 はいずれも球状タンパク質で，それぞれ RRM（RNA recognition motif），Sm フォールド，TIM（triose phosphate isomerase）バレル，および RRM の各 RNA 結合モチーフを形成している．また，*Pho*Pop5，*Pho*Rpp29，*Pho*Rpp38 は N 末端または C 末端に塩基性アミノ酸に富む不規則な構造を持っている（図

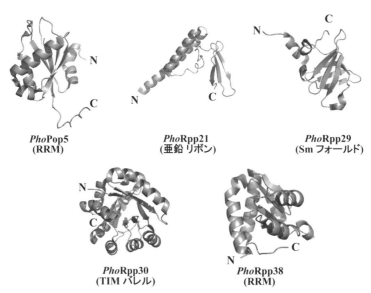

図 5.6 *P. horikoshii* RNase P 構成タンパク質の結晶構造．タンパク質 *Pho*Pop5，*Pho*Rpp29，*Pho*Rpp30，*Pho*Rpp38 は球状タンパク質で，*Pho*Pop5，*Pho*Rpp29，*Pho*Rpp38 は，N 末端または C 末端に不規則構造を持っている．それぞれのタンパク質の RNA 結合モチーフを括弧内に示している．

5.6).リボソームの結晶構造解析により,数種のリボソームタンパク質は同様の不規則構造をN末端またはC末端に持ち,rRNAとの相互作用に関与していることが報告されている[48].したがって,PhoPop5, PhoRpp29, PhoRpp38のN末端またはC末端領域が,PhopRNAとの相互作用に重要な役割を担っているのであろう.一方,PhoRpp21は2本のα-ヘリックスと3本のβ-ストランドからなるL字型構造を形成し,C末端領域はメッセンジャーRNAを切断する転写伸長因子(TF II S)と類似した亜鉛リボンモチーフを持っている(図5.6).

各タンパク質の機能解析により,PhoPop5とPhoRpp30およびPhoRpp21とPhoRpp29はそれぞれ複合体を形成し,PhopRNAのC-ドメインとS-ドメインを活性化していることが明らかになっている[44,45].これらのタンパク質複合体の結晶構造の解析から,図5.7(a)に示すように,PhoPop5は二量体を形成し,それぞれ2分子のPhoRpp30と相互作用しヘテロ四量体を形成している.一方,PhoRpp21とPhoRpp29はヘテロ二量体を形成し,PhoRpp21のN末端側の2本のα-ヘリックスと,PhoRpp29のN末端領域,中央領域,C末端付近のα-ヘリックスとの間で相互作用している(図5.7(b)).これらの相互作用の重要性は,相互作用面への変異の導入によりRNase Pの触媒活性が低下したことから確認されている[44,45].一方,5番目のタンパク質PhoRpp38は,その他のタンパク質とは相互作用せず,PhopRNAのP12とP16を含む2本のステムループ構造に結合し,P. horikoshii RNase Pの耐熱性の向上に関与していることが明らかになっている[44,45].最近,PhoRpp38とP12断片複合体の結晶構造が決定され,PhoRpp38による耐熱性の構造基盤が明らかにされつつある[49].

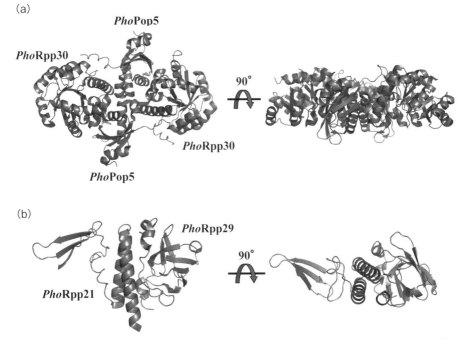

図5.7 P. horikoshii RNase P 構成タンパク質複合体の結晶構造.(a)PhoPop5-PhoRpp30複合体(ヘテロ四量体)の結晶構造.(b)PhoRpp21-PhoRpp29複合体(ヘテロ二量体)の結晶構造.NとCはそれぞれN末端およびC末端を示している.

(4) タンパク質複合体 *Pho*Pop5-*Pho*Rpp30 の *Pho*pRNA 活性化機構

P. horikoshii RNase P 構成タンパク質である *Pho*Pop5 と *Pho*Rpp30 は，協調して *Pho*pRNA の C-ドメインを活性化していることが示唆されている[44, 45]．最近，*Pho*Pop5-*Pho*Rpp30 は *Pho*pRNA の P3 と P16 に結合することが明らかになっている[47]．また，両タンパク質の溶液状態での構造を検討したところ，*Pho*Rpp30 は溶液状態では単量体で存在しているのに対して，*Pho*Pop5 は五～六量体からなる会合体を形成している．Hazeyama らは *Pho*Pop5 と *Pho*Rpp30 の変異体を用いた実験より，*Pho*Pop5 が *Pho*Rpp30 とヘテロ四量体を形成することと，*Pho*Pop5 の C 末端 α-ヘリックス（α4）に位置している正電荷クラスターが *Pho*pRNA の活性化のためには必須であることを明らかにしている[50]．さらに，*Pho*Rpp30 は P3 に対する結合能を持たないのに対して，*Pho*Pop5 は P3 の二本鎖構造を認識して弱く結合し，*Pho*Rpp30 と複合体を形成することにより，P3 と特異的に強く結合できるようになる[51]．*Pho*Pop5-*Pho*Rpp30 の結晶構造と *Pho*pRNA モデル構造を見てみると，*Pho*Pop5-*Pho*Rpp30 において *Pho*Pop5 の C 末端 α-ヘリックス（α4）は約 65Å 離れ，また *Pho*pRNA のモデル構造においても P3 と P16 を含む 2 本のステムループ構造も約 65Å 離れている（図 5.8）[52]．この事実と前述の実験結果より，*Pho*Pop5 の C 末端 α-ヘリックス（α4）が P3 および P16 の二本鎖構造に結合することが推定できる．この仮説に基づき，図 5.9 に示すように *Pho*Pop5-*Pho*Rpp30 による *Pho*pRNA 活性化のモデルが提示されている[51]．すなわち，1) *Pho*Pop5 は単独では非特異的な疎水性相互作用により多量体を形成しているが，*Pho*Rpp30 と *Pho*Pop5 が共存すると，*Pho*Rpp30 が *Pho*Pop5 の分子シャペロンとして機能し，*Pho*Pop5 の二量体の疎水性領域と相互作用することによりヘテロ四量体 [*Pho*Rpp30-（*Pho*Pop5）$_2$-*Pho*Rpp30] を形成する．2) ヘテロ四量体において二つの *Pho*Pop5 の C 末端 α-ヘリックス（α4）が適切な位置（約 65Å）に配位し，P3 と P16 を含む 2 本のステムループ構造に結合する．その結果，近傍の触媒部位（P4）の構造形成が促進されることにより，*Pho*pRNA の C-ドメインが活性化されるのであろう[50]．

P. horikoshii RNase P 構成タンパク質 *Pho*Pop5 が持つ RNA 結合モチーフ（RRM）は，多

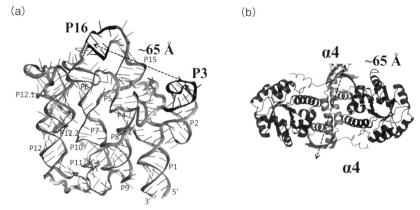

図 5.8 タンパク質複合体 *Pho*Pop5-*Pho*Rpp30 の結晶構造と *Pho*pRNA のモデル構造．*Pho*pRNA のモデル構造(a)においてヘリックス（二本鎖構造）P3 と P16 の距離は約 65Å，タンパク質複合体の *Pho*Pop5 の C 末端 α-ヘリックス（α4）間の距離も約 65Å である．おそらく，ヘテロ四量体の *Pho*Pop5 の C 末端 α-ヘリックス（α4）が P3 と P16 の二本鎖構造に結合するのであろう．

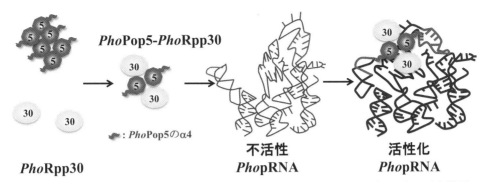

図 5.9 タンパク質 *Pho*Pop5 と *Pho*Rpp30 による *Pho*pRNA の活性化モデル．タンパク質 *Pho*Pop5 は単独では四〜六量体を形成しているが，*Pho*Rpp30 は単量体で存在している．両タンパク質が相互作用することにより，*Pho*Rpp30 は *Pho*Pop5 の疎水性領域を覆い隠すように相互作用して安定なヘテロ四量体を形成する．その結果，*Pho*Pop5 の C 末端の α-ヘリックス（$\alpha 4$）が *Pho*pRNA の P3 と P16 を架橋するように結合し，*Pho*pRNA の触媒ドメイン（C-ドメイン）の適切な構造形成を促進することにより，*Pho*pRNA の触媒活性を活性化する．α-ヘリックス（$\alpha 4$）を で表示している．

くのユーカリアの RNA 結合タンパク質に見出されている．通常，ユーカリアの RNA 結合タンパク質は RRM を重複して持ち，それらの協調作用により標的 RNA への特異性と結合能を向上させている[53]．一方，*P. horikoshii* RNase P 構成タンパク質 *Pho*Pop5 は，標準的な RRM に加え非標準構造（$\alpha 2$ と $\alpha 4$）を獲得することにより二量体化し，その結果として二つの非標準構造である C 末端 α-ヘリックス（$\alpha 4$）が *Pho*pRNA への特異性と結合能を向上させている[51]．おそらく，このことはゲノムサイズの大きいユーカリアでは，"遺伝子の重複"が新規タンパク質をコードする遺伝子獲得のための主な変異であるのに対して，ゲノムサイズの小さいアーキアでは，"遺伝子の重複"の代わりとして小さな遺伝子断片を付加する変異により，新規タンパク質のための遺伝子を獲得してきたのであろう．このように，アーキアの機能性分子に関する研究は，それらの構造と機能に関する情報を提供するだけではなく，機能性タンパク質の分子進化についても大変興味深い情報を提供することができ，今後益々その展開が期待されるところである．

5.3.2 RNA スプライシング

転写によって生じた RNA 一次転写物（前駆体）は，その後様々なプロセッシングを経て成熟型 RNA となり機能するが，その過程で，前駆体が切断され，その結果生じた断片の一部のみが選ばれ，連結されることによって RNA の配列が再構成される場合がある．この過程を RNA スプライシングと呼ぶ（**図 5.10**）．再構成された RNA に含まれる前駆体の部分（あるいは対応するゲノム領域）をエキソン，含まれない部分をイントロンと呼ぶ（図 5.10）．RNA スプライシングは 1 分子の前駆体のみで起きることもあれば，複数種の分子の前駆体の間で生じることもある．これらを区別するとき，前者をシススプライシング，後者をトランススプライシングと呼ぶ（図 5.10）．シススプライシングでは，通常エキソンは転写された順に連結される．トランススプライシングでは前駆体の末端に相当するイントロン部分をアウトロン（outron）またはトレーラー配列と呼ぶ．

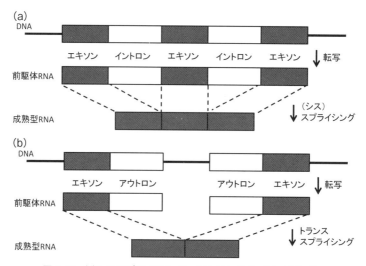

図 5.10 (a)シススプライシング. (b)トランススプライシング.

(1) 生物ドメイン間のイントロンの違い

表 5.4 に三つの生物ドメイン間で見出されているイントロンを示した. このうち, RNA 前駆体が, タンパク質酵素による触媒反応の助けなしで自己スプライシング反応を起こすグループ II イントロンは, アーキアでは *Methanosarcina acetivorans* でのみ報告がある[55].

アーキアで知られるイントロンの大部分は, RNA 前駆体の切断, および切断で生じたエキソン断片の連結にタンパク質からなる酵素の触媒反応を必要とする, いわゆるアーキア型イントロンと呼ばれる[56].

アーキア型イントロンの RNA 前駆体の切断の際, RNA 切断酵素（リボヌクレアーゼ）は RNA 前駆体が構成する特徴的な二次構造（バルジ-ヘリックス-バルジ（bulge-helix-bulge, BHB）構造）を認識して, そのバルジ中の特定の箇所を切断する（図 5.11(a)）[56]. 切断後, RNA 断片の切断部分の 3′ 末端には 2′, 3′ 環状リン酸残基が残り, 5′ 末端はリン酸残基を持たない. その後, RNA 連結酵素（RNA リガーゼ）により二つのエキソン断片は連結される（図 5.11(a)）.

同様のスプライシングはユーカリアの核コードの tRNA 前駆体のスプライシングにも見られる. アーキア型スプライシングとユーカリアの核コードの tRNA 前駆体のスプライシングで用いられている酵素のうち, RNA 切断酵素はそれぞれ共通祖先から進化しており[57,58], また, ユーカリアの大部分が用いる 3′-連結反応[59]を触媒する酵素（3′-RNA リガーゼ）もアーキアの酵素と相同性を持つ.

表 5.4 イントロンの分布.

イントロンの分類		バクテリア	ユーカリア	アーキア
自己スプライシング型および関連するもの	グループ I イントロン	あり	あり	なし
	グループ II イントロン	あり	あり	あり
	スプライソームイントロン	なし	あり	なし
タンパク質酵素によるスプライシングを受けるもの	アーキア型イントロン	なし	なし	あり
	ユーカリア核コード tRNA イントロン	なし	あり	なし

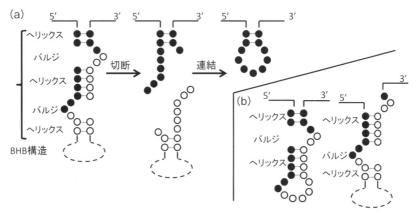

図 5.11　(a)アーキア型スプライシング．(b)厳密な BHB 構造から外れた前駆体．黒丸と実線はエキソン，白丸と破線はイントロン，丸と丸の間の細い実線は塩基対．

(2) アーキアの RNA スプライシング装置

(a) スプライシングエンドヌクレアーゼ

アーキア型イントロンの RNA 前駆体を切断するヌクレアーゼは，スプライシングエンドヌクレアーゼ（または tRNA イントロンヌクレアーゼ，endonuclease of archaea（EndA））と呼ばれる．EndA はアーキアの種類によってサブユニット構造に変化が見られる（図 5.12，表 5.5）．同じサブユニットが四つ集まったホモ四量体（図 5.12(a)）が祖先型と考えられるが，サブユニット遺伝子が重複してそれらがタンパク質として結合し，一方の遺伝子（非触媒サブユニット，図 5.12 の白抜き）部分が変化して触媒活性残基を消失し（図 5.12(b)），さらにそれらがゲノム上で二つに分離した（図 5.12(c)）という進化が想定されている[60]．また二量体型のドメインの分断と配列の並び替えが起きた構造を持つものも知られている（図 5.12(d)）[61]．

また，TACK 上門および最近提唱されている *Parvarchaeota* 門の酵素には，RNA 前駆体に接触できる新たなループ構造（表 5.5）が新たに挿入され，このループ構造を持つ酵素は，厳密な BHB 構造を持たない基質（図 5.11(b)）も切断できるように基質特異性が変化している[61-64]．*Nanoarchaeota* の酵素は上記のグループの酵素と同じ位置にはループ構造を持たないが，同様の基質特異性の拡張が見られる．その理由として，基質結合部位の変化[65]，あるいは，別の箇所に挿入された異なるループ構造による基質との相互作用の変化[63]が提唱されている．

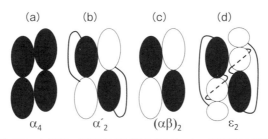

図 5.12　EndA のサブユニット構造．黒塗りは触媒サブユニット，白抜きは非触媒サブユニット領域．

第 5 章　アーキアの遺伝情報発現

表 5.5　EndA の構造.

上門	門	種　名	サブユニット構造	基質結合挿入配列
―	ユーリアーキオータ	*Methanocaldococcus jannaschii*	α_4	なし
		Archaeoglobus fulgidus	α'_2	なし
		Methanopyrus kandleri	$(\alpha\beta)_2$	なし
TACK	タウムアーキオータ	*Candidatus* Cenarchaeum symbiosum	$(\alpha\beta)_2$	あり
	Aigarchaeota	*Ca.* Caldiarchaeum subterraneum	$(\alpha\beta)_2$	あり
	クレンアーキオータ	*Pyrobaculum aerophilum*	$(\alpha\beta)_2$	あり
		Aeropyrum pernix	$(\alpha\beta)_2$	あり
	Korarchaeota	*Ca.* Korarchaeum cryptofilum OPF8	α'_2	あり
DPANN	*Diapherotrites*	GW2011_AR10	α_4	なし
	Parvarchaeota	*Ca.* Micrarchaeum acidiphilum*	ε_2	あり
	Aenigmarchaeota	*Ca.* Aenigmarchaeum subterraneum*	不明**	不明
	Nanoarchaeota	*Ca.* Nanoarchaeum equitans	$(\alpha\beta)_2$	あり？***
	Nanohaloarchaeota	*Ca.* Nanosalinarum sp. J07AB56*	α_4	あり？***
	Woesearchaeota	GW2011_AR20	α_4	なし

＊：ゲノム配列情報は完成していない.
＊＊：既知のゲノム部分配列には遺伝子が見つからない.
＊＊＊：本文参照.

(b) RNA リガーゼ

　EndA による切断で生じたエキソン断片は，RNA リガーゼにより連結される．この酵素は RtcB 型 RNA リガーゼ（名前の由来は大腸菌ホモログ遺伝子が RNA3′ リン酸シクラーゼ（RNA 3′-terminal phosphate cyclase, rtcA）遺伝子オペロンに存在したことから）と呼ばれ，全てのアーキアと，多くのユーカリア，さらに一部のバクテリアに存在する[66]．アーキア RtcB 型 RNA リガーゼによる RNA 連結反応は，GTP と 2 価マンガンイオン依存的である[67]．ユーカリアの RtcB 型 RNA リガーゼは，tRNA スプライシング以外に，細胞内ストレスに関わる一部の mRNA スプライシングにも関わっている[68-72]．一方，バクテリアに存在するイントロンは全て自己スプライシング型であるため（表 5.4），バクテリアにおける RtcB 型 RNA リガーゼの機能は不明だが，外部からの侵入因子により切断された RNA の修復が示唆されている[73]．

(3) アーキアのイントロンの分布

(a) tRNA

　全てのアーキアには，少なくとも一つ以上の tRNA 遺伝子にイントロンがある[74,75]．ユーリアーキオータでは少なく，それ以外のアーキアでより多く見つかる（**表 5.6**）[74,75]．tRNA 遺伝子上のイントロンの位置で，最も多いのはアンチコドン 3 文字目の次の残基（通称 37 番）とその次の残基（通称 38 番）の間である．ユーリアーキオータ tRNA イントロンの大部分がこの位置にある．一方，ユーリアーキオータ以外では，37/38 位以外の様々な位置にイントロンが見られる．一つの遺伝子が複数のイントロンを持つ場合もある．ユーリアーキオータの tRNA^Trp 前駆体のイントロンには，この前駆体 RNA 修飾に関わる，ユーカリアの box C/D 核小体低分子 RNA ホモログ（5.3.3 項参照）がコードされている[76]．tRNA 遺伝子のイントロンの存在意義として，ウイルスゲノムなどの外来因子の挿入部位を失わせる役割が提唱されている[77]（7.1.1 項参照）.

116

表 5.6 代表的なアーキアのイントロンを持つ tRNA 遺伝子数.

上門	門	種名	イントロンを含む tRNA 遺伝子数（全 tRNA 種）
—	ユーリアーキオータ	*Methanocaldococcus jannaschii*	2(37)
		Haloferax volcanii DS2	3(51)
		Thermococcus kodakaraensis KOD1	2(46)
TACK	タウムアーキオータ	*Candidatus* Cenarchaeum symbiosum	8(45)
	Aigarchaeota	*Ca.* Caldiarchaeum subterraneum	13(46)
	クレンアーキオータ	*Pyrobaculum aerophilum*	29(46)
		Sulfolobus tokodaii	24(48)
		Aeropyrum pernix	13*(46)
	Korarchaeota	*Ca.* Korarchaeum cryptofilum OPF8	6(46)
DPANN	*Diapherotrites*	GW2011_AR10	28(46)
	Nanoarchaeota	*Ca.* Nanoarchaeum equitans	4**(44)
	Woesearcheota	GW2011_AR20	26(42)

＊：トランススプライシングが必要な tRNA1 種は含まない.
＊＊：トランススプライシングが必要な tRNA6 種は含まない.

(b) rRNA

rRNA 中のイントロンは，tRNA イントロンに比べると，分布と数が限られていて，ユーリアーキオータには見られず，クレンアーキオータ，*Korarchaeota*, *Aigarchaeota*, *Parvarchaeota* に見られる[78, 79]．rRNA イントロン中にはオープンリーディングフレーム（open reading frame, ORF）が存在することがあり，イントロンが RtcB 型 RNA リガーゼにより環状化することにより，ORF が完成する場合もある[80]．それらの ORF にコードされるタンパク質の中には DNA のエンドヌクレアーゼが含まれ[81]，細胞外から侵入したイントロン配列のゲノムへの挿入との関わりが示唆されている[82]．

(c) mRNA

アーキアでは，タンパク質をコードする遺伝子中のイントロンは極めてまれである．前述のグループ II イントロンの一部がタンパク質遺伝子中に見られる[55]のを除けば，唯一スプライシングが知られているのは，クレンアーキオータの RNA 修飾酵素 Cbf5 の遺伝子のアーキア型イントロンである[56, 83]．イントロンの長さは短く，イントロン中に他の遺伝子が存在するものは知られていない[84]．

(4) トランススプライシングと選択的スプライシング

いくつかのアーキアの tRNA は，複数の転写物の間で起きるトランススプライシングによって生じる[60]．特に，*Candidatus* Nanoarcheum equitans および *Caldivirga maquilingensis* それぞれの 6 種の tRNA は，トランススプライシングによって完成する[85, 86]．中には三つの断片の間でトランススプライシングが起きる例もある（図 5.13，7.1.1 項参照）[86]．

一方，スプライシングの際，断片化の際の切断の位置の変化や，再構成される断片の組み合わせの変化により，同じ前駆体から複数種の成

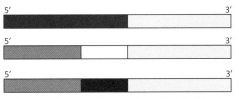

図 5.13 *C. maquilingensis* の 3 種の tRNA[Gly] の模式図．色分けは異なる前駆体に由来することを示す．3′ 側半分は共通している．

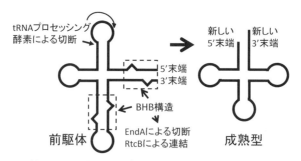

図 5.14 *T. pendens* 開始 tRNA[Met] 前駆体のプロセッシングに見られる RNA 配列の並び替え[87]．前駆体の両末端部分がトランススプライシングの要領で切断，連結され，前駆体の中央部が tRNA プロセッシング酵素により切断されて新たな 5' 末端と 3' 末端になり，さらに通常のスプライシングが 37/38 部位に起きて，tRNA が完成する．

熟型 RNA が合成される場合がある．これを選択的スプライシングと呼ぶ．*Ca.* N. equitans の 2 種の tRNA[Glu]，*C. maquilingensis* の 3 種の tRNA[Gly] および 2 種の tRNA[Ala] はそれぞれ，選択的スプライシングの結果生じる（図 5.13）[85,86]．

(5) RNA 配列の並び替え

スプライシングに用いられる EndA と RtcB 型 RNA リガーゼ，および，tRNA プロセッシング酵素によって，*Thermofilum pendens* の 2 種の tRNA が，配列の並び替え（permutation）によって生成する（図 5.14，7.1 節参照）[87]．同様の配列の並び替えの例が，ユーカリアである原始紅藻に見られる[88]．

5.3.3　RNA 修飾

転写された RNA が成熟して機能性 RNA となる過程において，ヌクレオシドの塩基部や糖部に，様々な化学的修飾が施されることがある．これまでに 140 種類を超える多様な修飾ヌクレオシドが見出されているが[89]，複数の生物ドメインで共通に見つかるものもあれば，一つの生物ドメインだけに特異的に存在するものもある．修飾ヌクレオシドの多くは tRNA と rRNA に含まれているが，mRNA や核小体 RNA（snoRNA）などの低分子 non-coding RNA にも見出されている．

細胞の成育に必須な RNA 修飾の数が限られていることから，特定の修飾ヌクレオシドが，RNA の機能や構造を最適化するために存在すると考えられている．tRNA（図 5.15）を例にとると，34 位や 37 位で見られる多様な修飾ヌクレオシドは翻訳の忠実度を高め，また，それ以外の修飾ヌクレオシドは RNA 構造を安定化する役割がある．しかし，近年ユーカリアにおいて，mRNA のメチル化が遺伝子発現を制御

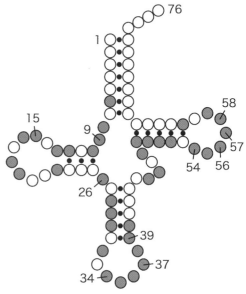

図 5.15 tRNA の二次構造と修飾部位．灰色の丸はこれまでにアーキアの tRNA 中で修飾ヌクレオシドが見つかった部位を示す．

したり[90]，tRNA や rRNA のメチル化が自然免疫の応答をキャンセルしたり[91, 92]と，RNA 修飾が高等真核生物の高次生命現象に関わる例が知られるようになり，注目を集めている．

アーキアにおいては，これまでおよそ50種類の修飾ヌクレオシドが見つかっているが，その約3割がアーキアのみで見られるものである．また，バクテリアやユーカリアで共通に見られる修飾ヌクレオシドでも，修飾部位がアーキア独特であるものも多い[93, 94]．ここでは，アーキアの RNA 修飾について，ウリジンの異性化（プソイドウリジン（Ψ）化），リボースの $2'$-O-メチル化，塩基部のメチル化，その他の修飾，にわけて述べることにする．

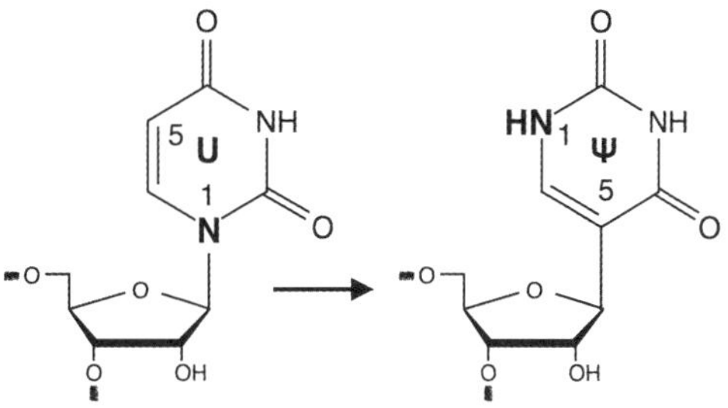

図5.16 プソイドウリジン（Ψ）化．

Ψ 化はアーキアに限らず全てのドメインで見られる主要な修飾の一つである（図5.16）．Ψ 化を担う酵素は，ウリジンの N-グリコシド結合を切断し，5位の炭素とリボースを再結合するが，バクテリアではタンパク質のみで構成される酵素しか存在しないのに対し，アーキアではユーカリアと同様に，タンパク質のみで構成される酵素と，box H/ACA 型 snoRNA に似た sno-like RNA（sRNA）と呼ばれる RNA と複合体を形成して働く酵素が存在する．タンパク質のみで構成される酵素は，酵素ごとに RNA の異なる部位を認識して Ψ 化する．一方，sRNA と複合体を形成するものは，rRNA の Ψ 化に関わっている．この場合，sRNA がガイド役として修飾部位を決定し，タンパク質が Ψ 化を触媒する．修飾部位ごとに sRNA が存在することで，一つのタンパク質因子だけで rRNA の様々な部位を Ψ 化することができる．Ψ はウリジンと同様にアデノシンと塩基対を形成できるが，ウリジンとは異なり1位の窒素が水素結合に関与できるため，三次元的な水素結合を可能にし，RNA の立体構造を安定化すると考えられる．

リボースの $2'$-O-メチル化（図5.17）も全ての生物ドメインで見られる．Ψ 化と同様に，タンパク質のみで構成される酵素が反応を触媒する場合と sRNA とタンパク質の複合体が反応に関わる場合があるが，sRNA として，ユーカリアの box C/D 型 snoRNA に似たものが用

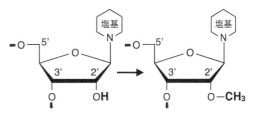

図5.17 リボースの $2'$-O-メチル化．

いられる．アーキアの tRNA の56位には，アーキア特異的に $2'$-O-メチル化されたシチジンが見つかるが，この修飾はアーキア特異的なタンパク質のみの酵素によって行われる[95]．Ψ 化と異なり，$2'$-O-メチル化では sRNA が tRNA の修飾にも関与する場合がある．好塩性アーキアでは，トリプトファン tRNA 遺伝子のイントロン由来の RNA が sRNA として働き，トリプトファン tRNA の34位と39位の $2'$-O-メチル化にかかわる例が知られている[96]．リボースが $2'$-O-メチル化されると非酵素的な加水分解を受けなくなるため，特に高い温度での RNA の化学的な安定性が増すと考えられ，実際，成育温度が高いアーキアほど sRNA の数が多い傾向がある．

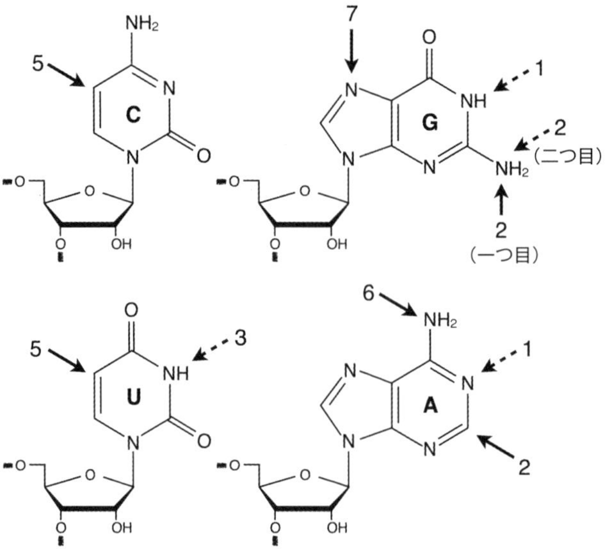

図 5.18 塩基部のメチル化.

　塩基部がメチル化された修飾ヌクレオシドも多い.図5.18の矢印は,アーキアで見出されている塩基のメチル化部位を示しているが,破線の矢印は,ワトソン・クリック塩基対の形成に必要な部位がメチル化されていることを表している.こうしたワトソン・クリック塩基対を妨げるメチル化のほとんどは,RNAの二次構造のループ領域やステム間のヒンジ領域に存在している(例えばtRNAの9,26,57,58位に存在する,図5.14).したがって,塩基部のメチル化は,一本鎖であるべき部位が,塩基対を形成して正しくないRNA構造を形成しないようにし,正規のRNA構造に均一化する効果があると考えられる.またリボースの2′-O-メチル化も含め,修飾されるメチル基はRNA構造内のスペースを埋め,RNA構造を安定化する効果もある.

　その他の修飾については,多彩な修飾ヌクレオシドが存在するが,図5.19には,アーキア

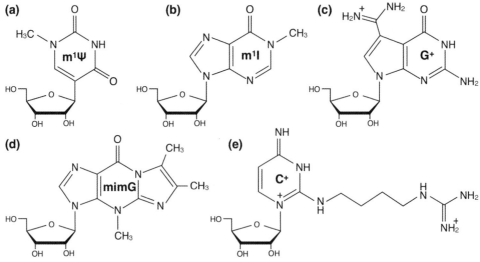

図 5.19 アーキアに特徴的な修飾ヌクレオシド.(a)1-methylpseudouridine(m¹Ψ),(b)1-methylinosine(m¹I),(c)archaeosine(G⁺),(d)methylwyosine(mimG),(e)agmatidine(C⁺).

に特徴的に見られる修飾ヌクレオシドの構造を示した.

ユーカリアやバクテリアの tRNA では 54 位にメチル化されたウリジン（5-methyluridine）が見出されるが，多くのユーリアーキオータでは 1-methylpseudouridine（m$^1\Psi$）が見出される（図 5.19(a)）．m$^1\Psi$ の場合，まず Ψ 化された後に 1 位がメチル化されて作られる[97]．このような多重の修飾はユーカリアやバクテリアでは珍しいが，アーキアではよく見られ，アーキアのみで見出される修飾ヌクレオシドの多くが，多重の修飾ヌクレオシドである．1-methylinosine（m^{1}I）も多重修飾の一つで，tRNA の 57 位に見られる（図 5.19(b)）．また，tRNA の 15 位には archaeosine（G$^+$）というデアザグアニン（グアニンの 7 位の窒素が炭素に置き換わっている）誘導体を塩基部に持つヌクレオシドが存在する（図 5.19(c)）．G$^+$ は tRNA の立体構造内部に埋め込まれ，塩基部の正電荷が RNA 主鎖のリン酸の反発を抑えて tRNA の立体構造を安定化すると考えられる[98]．G$^+$ はアーキア特異的で，ほぼ全てのアーキアで見出されており，複数の酵素が関与する反応で作られることが判明しているが，ユーリアーキオータとクレンアーキオータでその生合成過程が異なると推定され，今後の解明が待たれる．

最後に，アーキアの特定の tRNA にだけ見出される修飾ヌクレオシドとして，methylwyosine（mimG）（図 5.19(d)）と agmatidine（C$^+$）（図 5.19(e)）を紹介する．mimG は三環性の塩基部を持つヌクレオシドで，クレンアーキオータと一部の好熱性ユーリアーキオータのフェニルアラニン tRNA の 37 位で見られる．mimG はリボソーム内でのフェニルアラニンコドン UUU とフェニルアラニン tRNA のアンチコドン GAA の弱い対合を，その大きな塩基部と積み重ねることで安定化する[99]．C$^+$ はアーキア特異的で，ほぼ全てのアーキアに存在するが，AUA コドンを解読するイソロイシン tRNA の 34 位だけに見出される．シトシンの 2 位のケト基がアグマチンに置換された構造を持つが，シチジンの修飾にもかかわらずグアノシンとは対合せず，アデノシンとだけ対合する[100]．C$^+$ がないと AUA コドンを解読できないので，この修飾はアーキアの成育に必須である．ただ，近年，メタゲノム研究で見出されたユーカリアの起源に最も近いと提唱される *Lokiarchaeota* のゲノムには C$^+$ 合成酵素の遺伝子が存在していない[101]．生物における AUA コドンの解読戦略を生物の進化の観点から考えても興味深い.

5.4 アーキアの翻訳

遺伝情報の翻訳は，mRNA，リボソーム，翻訳因子，tRNA 等のコア成分からなる翻訳装置による大掛かりなタンパク質合成反応であり，その基本的な仕組みは全ての生物で保存されている．翻訳の詳細な分子機構に関する研究は主にバクテリアとユーカリアについてなされてきた．mRNA，リボソーム，翻訳因子，tRNA より構成される翻訳装置とその作用機構に関する両ドメインの比較により，進化的によく保存された性質ばかりでなく大きく変化した面も示された．しかし，その変化の意義については未解明な点も少なくない．近年，各種アーキアのゲノム情報や，翻訳装置の構造・機能面の情報が蓄積し，翻訳機構とその進化に関する新たな見解が加わってきた.

5.4.1 翻訳装置
(1) mRNA

mRNAにはアミノ酸配列の情報となる翻訳コード領域が含まれ，3塩基で一組となるコドンが特定のアミノ酸を指定している．コドンが指定するアミノ酸は，アーキアを含むほとんどの生物で共通である．翻訳が開始される開始コドン（AUG）の5′側の非コード領域（リーダー配列）にバクテリアとユーカリア間に大きな相違が見られる（図5.20）．バクテリアでは，開始コドンの約9塩基上流にGGAGGまたこれに類似するSD配列（shine-dalgarno sequence）と呼ばれる配列が存在し，この部位と16S rRNAの3′末端側の一部とが塩基対合できるようになっている．一方，ユーカリアのmRNAの開始コドンの上流にはSD配列はなく，それに代わり5′末端に7-メチルグアノシンが三つのリン酸を介して結合したキャップ構造（m7G）を持つ．また，ユーカリアmRNAの3′末端領域にはポリA構造が付加されている．アーキアのmRNAでは，5′リーダー配列にバクテリアに類似したSD配列を含むSD配列型とリーダー配列を含まないLeaderless型が共存している[102]．前述のように，アーキアmRNAはまたバクテリアの場合と同様に，1本のmRNAに複数の遺伝子（シストロン）が連結したポリシストロン性で，モノシストロン性のユーカリアmRNAとは異なる．アーキアばかりでなく，バクテリアやユーカリアのリボソームもLeaderless型mRNAの翻訳能力を有することが知られている[102]．これらの知見より，3ドメインに分岐以前の太古の生物における

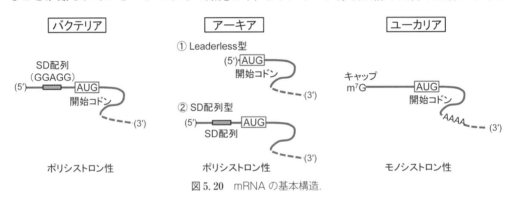

図5.20 mRNAの基本構造．

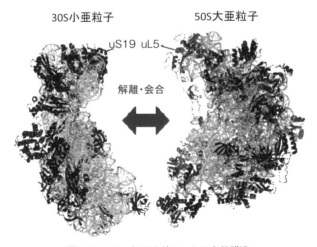

図5.21 アーキアリボソームの立体構造．

5.4 アーキアの翻訳

mRNA の原型は Leaderless 型でかつモノシストロンであり，その後，ポリシストロン性の mRNA が出現した後，SD 配列を介した翻訳システムが誕生したと推測される．

(2) リボソーム

リボソームは翻訳機能に不可欠な数種類の rRNA 成分と多くのタンパク質成分から構成される巨大分子複合体であり，大，小亜粒子からなる（図 5.21）．小亜粒子には mRNA 結合部位の他，多くの翻訳開始因子の結合部位がある．大，小亜粒子が会合すると両亜粒子境界域に空間が生じ 3 分子の tRNA の結合部位が生じる．これらの結合部位はそれぞれ 1 種類のアミノ酸を付加した tRNA が結合する A サイト，伸長するペプチドを保有する tRNA が結合する P サイト（翻訳開始反応で開始 Met–tRNA は直接 P サイトに結合する），そして遊離の tRNA がリボソームから遊離する直前の結合部位である E サイトと呼ばれている．これらの基本構造は全ての生物で類似している．

アーキアのリボソームは 30S と 50S 亜粒子からなり，30S 亜粒子は 16S rRNA と 27 種類のタンパク質成分，50S 亜粒子は 23S と 5S rRNA および 39 種類のタンパク質成分より，それぞれ構成されている．クライオ電子顕微鏡によるアーキアリボソームの解析の結果，30S 小亜粒子と 50S 大亜粒子が会合している状態と解離した状態の高次構造が解明された（図 5.21）[103]．この結果，両サブユニットが会合した際の内側は主に rRNA 成分から構成され（図 5.21 の灰色の部分），タンパク質成分は粒子の外側に散在して存在することが判明した（図 5.21 黒色の部分）．rRNA 成分から構成されるその内側部分に 3 分子の tRNA 結合部位が形成され，外部からもたらされる mRNA のコドンの認識やそれに伴うアミノ酸間のペプチド結合形成に tRNA とともに内部の rRNA 成分が重要な役割を担っている．

rRNA 成分の高次構造は生物種を越えて高度に保存されているのに対し，タンパク質成分に

表5.7 アーキアリボソームタンパク.

アーキア／ユーカリア／バクテリア		アーキア／ユーカリア	
uS2	uL5	eS1	eL19
uS3	uL6	eS4	eL21
uS4	uL10	eS6	eL24
uS5	uL11	eS8	eL30
uS7	uL13	eS17	eL31
uS8	uL14	eS19	eL32
uS9	uL15	eS24	eL33
uS10	uL16	eS25	eL34
uS11	uL18	eS27	eL37
uS12	uL22	eS28	eL38
uS13	uL23	eS30	eL39
uS14	uL24	eS31	eL40
uS15	uL29	eL8	eL41
uS17	uL30	eL13	eL42
uS19		eL14	eL43
uL1		eL15	P1(/P2)
uL2		eL18	
uL3		アーキア／バクテリア	
uL4		なし	

u：普遍型　e：ユーカリア型

123

第5章　アーキアの遺伝情報発現

は進化的多様性が見られる（表5.7）[104, 105]．アーキアの全リボソームタンパク質66種類のうち，約半数（33種類）はバクテリアとユーカリアの両ドメインとの相同性が認められ，生物種を越えて普遍的に存在する成分である．これら普遍的タンパク質は，リボソームが集合する際rRNAに直接結合する成分であり，おそらく太古の生物のリボソームの基本構造を形成したタンパク質と考えられる．そして，残りの33種類は，ユーカリアの成分とのみ相同性が認められる．アーキアに特有のリボソームタンパク質も一部の種で検出されているが，アーキア・バクテリア間にのみ相同性が認められるタンパク質は検出されていない（表5.7）．これらの知見より，太古の生物からバクテリアが先に分岐した後，アーキアとユーカリアは類似の進化プロセスをたどり，ユーカリアと類似する33種類のアーキア型タンパク質が，太古のリボソームに加わり，アーキアリボソームが形成されたと考えられる．

(3) 翻訳因子

翻訳過程は開始，伸長，終結の3段階を経て進行する．各段階で様々な翻訳因子が働き，複雑な反応の各ステップを促進・調節している．主な翻訳因子の機能に関する知見は，バクテリアとユーカリアの材料を用いた実験により得られている．アーキアの翻訳因子については機能解析が遅れているが，ゲノム配列の情報に基づく相同性の分析により，開始因子aIF1A，aIF5Bや伸長因子aEF1A，aEF2，および解離因子aRF1等のように3ドメインで普遍的に存在する因子や，開始因子aIF2，aIF2BやaIF6等のようにユーカリア因子とのみ相同性が認められる因子も存在する（表5.8）[102, 106]．アーキア特有の翻訳因子はこれまで検出されていないが，Leaderless型mRNAの効率的開始機構に係わる因子や，ユーカリアに存在しアーキアには見られないeIF5等の因子の役割を代行する因子は何なのか，今後解明すべき課題が残されている．

表5.8 ドメインにおける翻訳因子．相同性が認められている因子を横に並べ，機能面でのみ類似する因子を（　）内に示す．

	ユーカリア	アーキア	バクテリア
開始	eIF1A	aIF1A	IF1
	eIF5B	aIF5B	IF2
	eIF1/SUI1	aIF1	（IF3）
	eIF2　［3サブユニット］	aIF2　［3サブユニット］	—
	eIF2B　［5サブユニット］	aIF2B　［3サブユニット］	—
	eIF3　［8サブユニット］	—	—
	eIF4F　［4E, 4A, 4G］	—	—
	eIF5	—	—
	eIF6	aIF6	—
伸長	eEF1A	aEF1A	EF-Tu
	eEF1B　［2～3サブユニット］	aEF1B	EF-Ts
	eEF2	aEF2	EF-G
終結	eRF1	aRF1	RF1/RF2
	eRF3	（aEF1A）	RF3
リサイクル	—	—	RRF
	Pelota	Pelota	—
	ABCE1	ABCE1	（EF-G）

(4) tRNA

tRNA は mRNA のコドンの暗号に対応するアミノ酸をリボソームに運ぶ tRNA については前節でも述べているが，アーキアの tRNA 遺伝子にはユニークなイントロンが含まれるという特徴がある．また，tRNA は多様な転写後修飾を受けるが，アーキアではバクテリアやユーカリアでは見られない特徴的なものを含む 47 種類以上の修飾が検出されている[107]．これらの転写後修飾は翻訳過程における mRNA のコドン・アンチコドン塩基間対合の調節や tRNA の機能構造の安定性に寄与すると考えられる．

5.4.2 翻訳開始

アーキアの翻訳開始機構に関する生化学的研究は少なく，詳細なモデルを描くまでには至っていない．しかし，アーキアのゲノム解析の知見よりユーカリアの開始因子との明確なアミノ酸配列の相同性が認められる因子が確認されており（表5.8），ここではユーカリアの翻訳開始機構のモデルを基盤としてアーキアの開始機構モデルを推察し，その特徴を述べる（図5.22）．

ユーカリアの翻訳開始段階では，先ず 40S リボソーム小亜粒子に 4 種類の開始因子 eIF1，eIF1A，eIF3，eIF5 が結合し，60S 大亜粒子の会合を妨げるとともに 40S 亜粒子の A サイトへの tRNA の非特異的結合を抑制し，開始 Met-tRNA を P サイトに導入しやすい状態にする．そして Met-tRNA は eIF2（GTP 結合型）と共に 40S 亜粒子に結合し 43S 開始複合体を形成する（図5.22(a)）．アーキアの場合，真核 eIF3，eIF5 に対応する因子が存在せず，eIF1 と eIF1A に対応する aIF1（aSUI1）と aIF1A のみが 30S 亜粒子に結合し，その後に Met-tRNA が aIF2（GTP 結合型）と共に結合すると考えられる（図5.22(b)）．

mRNA の結合では，ユーカリアの場合，上記 43S 開始複合体が mRNA の 5′ 末端に存在するキャップ構造と開始因子 eIF4 複合体を介して結合する．その後 43S 開始複合体は mRNA 上を移動（スキャニング）し，最初の開始コドンが現れたところで P サイトに存在する Met-tRNA のアンチコドンと開始コドン（AUG）間に塩基対合が生じ，移動は停止する．この際一部の開始因子はリボソームから解離する．一方アーキアの Leaderless 型 mRNA の翻訳では，開始複合体の Met-tRNA が，5′ 末端の開始コドンと直接対合し開始複合体を安定化すると考えられる[102]（バクテリアリボソームでは Leaderless 型 mRNA が 70S リボソームと結合し，翻訳が開始因子非依存的に開始されるという報告もある）．また，SD 配列型 mRNA では SD 配列と 30S 亜粒子間，および Met-tRNA と開始コドン間の両相互作用により開始複合体が安定化すると考えられる．生じた複合体にユーカリアでは 60S 亜粒子，アーキアでは 50S 亜粒子がそれぞれ GTP 結合型 eIF5B と aIF5B の作用を伴い会合する．その後，GTP の加水分解が生じ，リボソームの P サイトに開始 tRNA を残し，他の因子をリボソームから解離させ，翻訳伸長の準備が完了する．

5.4.3 翻訳伸長

翻訳伸長過程は全ての生物で高度に保存されている．アーキアの例を説明すると，伸長因子 aEF1A により，リボソーム A サイトのコドン情報に対応したアミノアシル tRNA がもたらさ

第5章 アーキアの遺伝情報発現

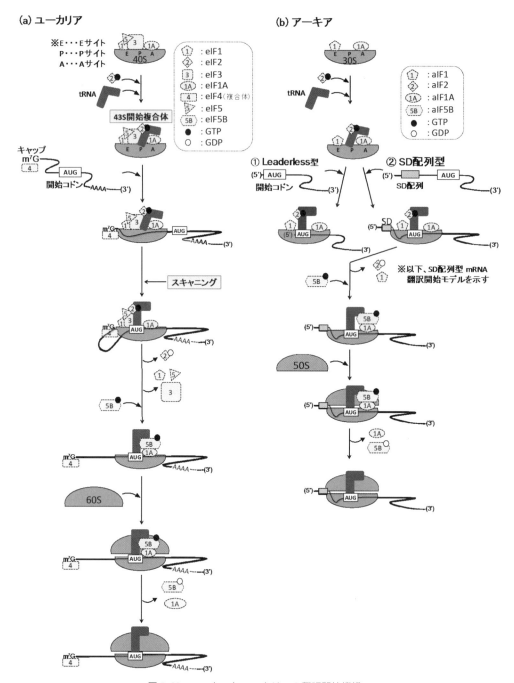

図 5.22 アーキアとユーカリアの翻訳開始機構.

れる．そして，リボソームのペプチジルトランスフェラーゼ活性により，PサイトのペプチジルtRNAのペプチド鎖とAサイトにもたらされたアミノアシルtRNAのアミノ酸間にペプチド結合が生じ，アミノ酸1個分が伸長したペプチド鎖がAサイトのtRNA上に残る．その後，もう一つの伸長因子aEF2の作用によりAサイトのペプチジルtRNAとmRNAを1コドン分移動し，Aサイトに次のコドンがもたらされる．両伸長因子ともGTPaseで，リボソームの共通部位（因子結合センター）に交互に作用することでペプチド鎖伸長が進行する．

5.4.4 翻訳終結とリサイクリング

　ポリペプチド鎖伸長の終わりを提示する 3 種類の終止コドンのいずれかがリボソームの A サイトに来ると，アーキアではユーカリアと同様に 1 種類の解離因子（aRF1）が A サイトに結合する．そして P サイトに位置するペプチジル tRNA からポリペプチド鎖を遊離させリボソームをリサイクルするためには，ユーカリアではさらに eRF3 と ABCE1 が働くが，アーキアでは eRF3 に対応する因子が存在せず，その代わりに伸長因子 aEF1A がその役割も担う点に特徴がある[108]．ABCE1 の相同体はアーキアにも存在し（aABCE1），ABCE1 と同等の機能を担うことが推察されている[109]．aABCE1 はまた，mRNA の切断等で停滞したリボソームのリサイクルにも寄与する翻訳系品質管理因子としても注目されている．

　アーキアの mRNA には Leaderless 型と SD 配列型があることについて，それらが共存している意義は不明であるが，Leaderless 型は生物の共通祖先の遺物と考えられ，翻訳の進化を探るうえで貴重な対象である．アーキアのリボソームや rRNA の大きさはバクテリアのものと類似しているが，リボソームタンパク質成分にはユーカリアの成分とのみ相同性を示すものが多く含まれる．翻訳因子もユーカリアと相同なものが多く，アーキアとユーカリアはバクテリアと分岐した後，リボソームの機能構造や翻訳制御に関して共通の経路で進化をとげたことを示唆している．しかしながらユーカリアには存在するがアーキアには存在しない翻訳因子もあり，アーキアに特異的な事象も見られている．この翻訳機構の詳細を探ることで，アーキアの特徴を知るのみに留まらず，進化の流れに横たわる翻訳の根幹に関する新たな真実が見えてくると考えられる．

文　　献

■5.1

1) F. Werner and D. Grohman: *Nat. Rev. Microbiol.* **9**, 85（2011）
2) W. Zillig *et al.*: *Biochem. Soc. Symp.* **58**, 79（1992）
3) H. P. Klenk *et al.*: *Proc. Natl. Acad. Sci. USA* **89**, 407（1992）
4) H. P. Klenk *et al.*: Syst. *Appl. Microbiol.* **16**, 638（1994）
5) A. Hirata *et al.*: *Nature* **451**, 851（2008）
6) A. Hirata and K. S. Murakami: *Curr Opin Struct Biol.* **19**, 724（2009）
7) Y. Korkhin *et al.*: *PLos Biol.* **7**, e1000102（2009）
8) S-H. Jun *et al.*: *Nature Commun.* **5**, 5132（2014）
9) G. Zhang *et al.*: *Cell* **98**, 811（1999）
10) P. Cramer, *et al.*: *Science* **292**, 1863（2001）
11) K. J. Armache *et al.*: *J. Biol. Chem.* **280**, 7131（2005）
12) M. Ouhammouch *et al.*: *J. Biol. Chem.* **279**, 51719（2004）
13) S. Naji *et al.*: *J. Biol. Chem.* **282**, 11047（2007）
14) F. H. Lessner *et al.*: *J. Biol. Chem.* **25**, 18510（2012）
15) W. Hausner *et al.*: *J. Biol. Chem.* **271**, 30144（1996）
16) S. D. Bell *et al.*: *Proc. Natl. Acad. Sci. USA* **96**, 13662（1999）
17) S. Grunberg *et al.*: *J. Biol. Chem.* **282**, 35482（2007）
18) F. Blombach *et al.*: *J. Mol. Biol.* **19**, 2592（2016）
19) A. Hirata *et al.*: *Mol. Microbiol.* **70**, 623（2008）
20) Y. Xie and J. N. Reeve: *J. Bacteriol.* **186**, 3492（2004）

第 5 章　アーキアの遺伝情報発現

21) K. Sandman and J. N. Reeve: *Curr. Opin. Microbiol.* **8**, 656 (2005)
22) D. Grohman *et al.*: *Mol. Cell* **43**, 263 (2011)
23) U. Lange and W. Hausner: *Mol. Microbiol.* **52**, 1133 (2004)
24) T. J. Santangelo *et al.*: *J. Bacteriol.* **191**, 7102 (2009)

■5.2

25) S. Bell: *Trends Microbiol.* **13**, 262 (2005)
26) E. Perez-Rueda and S. C. Janga: *Mol. Biol. Evol.* **27**, 1449 (2010)
27) G. Vierke *et al.*: *J. Biol. Chem.* **276**, 18 (2003)
28) T. Kanai *et al.*: *J. Biochem.* **147**, 361 (2010)
29) W. Liu *et al.*: *J. Mol. Biol.* **369**, 474 (2007)
30) M. Ouhammouch and E. P. Geiduschek: *EMBO. J.* **20**, 146 (2001)
31) M. Ouhammouch *et al.*: *Proc. Natl. Acad. Sci. USA* **100**, 5097 (2003)
32) T. Kanai *et al.*: *J. Biol. Chem.* **282**, 33659 (2007)
33) A. K. Schmid *et al.*: *Mol. Sys. Biol.* **5**, 242 (2009)
34) M. J. Relchlen *et al.*: *mBio.* **3**, e00189-12 doi: 10.1128/mBio. 00189-12 (2012)
35) T. J. Santangelo *et al.*: *J. Mol. Biol.* **367**, 344 (2007)
36) Q. Lu *et al.*: *Nucleic Acids Res.* **36**, 3031-3042 (2008)
37) J. E. Barrick and R. R. Breaker: *Genome Biol.* **8**, R239 (2007)

■5.3

38) N. Jarrous and V. Gopalan: *Nucleic Acids Res.* **38**, 7885 (2010)
39) B. Spath *et al.*: *Arch. Microbiol.* **190**, 301 (2008)
40) M. Belfort and A. Weiner: *Cell* **89**, 1003 (1997)
41) S. Altman and L. Kirsebom: "The RNA World," R. F. Gesteland *et al.* (Eds.), (Cold Spring Harbor, 1999), p. 351
42) O. Esakova and A. S. Krasilnikov: *RNA* **16**, 1725 (2010)
43) N. J. Reiter *et al.*: *Nature* **468**, 784 (2010)
44) 木村誠：生化学 **81**, 1038 (2009)
45) M. Kimura and Y. Kakuta: "Microorganisms in Sustainable Agriculture and Biotechnology" T. Satyanarayana *et al.* (Eds.), (Springer Science + Business Media B.V. 2012), p. 487
46) A. Terada *et al.*: *Biosci. Biotechnol. Biochem.* **71**, 1940-1945 (2007)
47) T. Ueda *et al.*: *J. Biochem.* **155**, 25 (2014)
48) Y. Timsit *et al.*: *Int. J. Mol. Sci.* **10**, 817 (2009)
49) K. Oshima *et al.*: *Biochem. Biophys. Res. Commun.* in press (2016)
50) K. Hazeyama *et al.*: *Biochem. Biophys. Res. Commun.* **440**, 594 (2013)
51) M. Hamasaki *et al.*: *J. Biochem.* **159**, 31 (2016)
52) C. Zwieb *et al.*: *Biochem. Biophys. Res. Commun.* **414**, 517 (2011)
53) B. M. Lunde *et al.*: *Nat. Rev. Mol. Cell Biol.* **8**, 479-490 (2007)
54) N. R. Pace and J. W. Brown: *J. Bacteriol.* **177**, 1919 (1995)
55) L. Dai and S. Zimmerly: *RNA* **9**, 14 (2003)
56) 渡邊洋一 他：蛋白質・核酸・酵素 **47**, 833 (2002)
57) C. R. Trotta *et al.*: *Cell* **89**, 849 (1997)
58) J. M. Bujnicki and L. Rychlewski: *FEBS Lett.* **486**, 328 (2000)
59) L. Zofallova *et al.*: *RNA* **6**, 1019 (2000)
60) K. Fujishima and A. Kanai: *Front Genet* **5**, 142 (2014)
61) A. Hirata *et al.*: *Nucleic Acids Res.* **40**, 10554 (2012)
62) S. Yoshinari *et al.*: *Nucleic Acids Res.* **37**, 4787 (2009)
63) M. Okuda *et al.*: *J. Mol. Biol.* **405**, 92 (2011)
64) A. Hirata *et al.*: *Nucleic Acids Res.* **39**, 9376 (2011)
65) M. Mitchell *et al.*: *Nucleic Acids Res.* **37**, 5793 (2009)
66) M. Englert *et al.*: *Proc. Natl. Acad. Sci. USA* **108**, 1290 (2011)
67) K. K. Desai and R. T. Raines: *Biochemistry* **51** (2012)
68) N. Tanaka *et al.*: *J. Biol. Chem.* **286**, (2011)
69) Y. Lu *et al.*: *Mol. Cell* **55**, 758 (2014)
70) S. G. Kosmaczewski *et al.*: *EMBO Rep* **15**, 1278 (2014)

71) J. Jurkin *et al.: EMBO J.* **33**, 2922 (2014)
72) A. Ray *et al.: J. Neurosci.* **34**, 16076 (2014)
73) N. Tanaka and S. Shuman: *J. Biol. Chem.* **286**, 7727 (2011)
74) J. Sugahara *et al.: Mol. Biol. Evol.* **25**, 2709 (2008)
75) P. P. Chan and T. M. Lowe: *Nucleic Acids Res.* **44**, D184 (2016)
76) B. Clouet d'Orval *et al.: Nucleic Acids Res.* **29**, 4518 (2001)
77) L. Randau and D. Soll: *EMBO Rep* **9**, 623 (2008)
78) J. Kjems and R. A. Garrett: *Cell* **54**, 693 (1988)
79) B. J. Baker *et al.: Science* **314**, 1933 (2006)
80) J. Z. Dalgaard and R. A. Garrett: *Gene* **121**, 103 (1992)
81) J. Z. Dalgaard *et al.: Proc. Natl. Acad. Sci. USA* **90**, 5414 (1993)
82) J. Lykke-Andersen *et al.: Nucleic Acids Res.* **22**, 4583 (1994)
83) Y. Watanabe *et al.: FEBS Lett.* **510**, 27 (2002)
84) S. Yokobori *et al.: BMC Evol. Biol.* **9**, 198 (2009)
85) L. Randau *et al.: Nature* **433**, 537 (2005)
86) K. Fujishima *et al.: Proc. Natl. Acad. Sci. USA* **106**, 2683 (2009)
87) P. P. Chan *et al.: Genome Biol.* **12**, R38 (2011)
88) A. Soma *et al.: Science* **318**, 450 (2007)
89) M. A. Machnicka *et al.: Nucleic Acids Res.* **41**, D262 (2013)
90) J. M. Fustin *et al.: Cell* **155**, 793 (2013)
91) R. David: *Nat. Rev. Microbiol.* **10**, 238 (2012)
92) M. Oldenburg *et al.: Science* **337**, 1111 (2012)
93) H. Grosjean *et al.: "Archaea: New Models for Prokaryotic Biology", P. Blum（Ed.）, （Caister Academic Press, 2008）, p171
94) G. Phillips and V. de Crecy-Lagard: *Curr. Opin. Microbiol.* **14**, 335 (2011)
95) M. H. Renalier *et al.: RNA* **11**, 1051 (2005)
96) S. K. Singh *et al.: J. Biol. Chem.* **279**, 47661 (2004)
97) J. P. Wurm *et al.: RNA* **18**, 412 (2012)
98) R. Oliva *et al.: RNA* **13**, 1427 (2007)
99) A. L. Konevega *et al.: RNA* **10**, 90 (2004)
100) Y. Ikeuchi *et al.: Nat. Chem. Biol.* **6**, 277 (2010)
101) A. Spang *et al.: Nature* **521**, 173 (2015)

■ 5. 4
102) P. Londei: *FEMS Microbiology Reviews* **29**, 185 (2005)
103) J.-P. Armache *et al.: Nucleic Acids Res.* **41**, 1284 (2013) ［PDBID: 4V6U］
104) O. Lecompte *et al.: Nucleic Acids Res.* **30**, 5382 (2002)
105) N. Ban *et al.: Curr. Opin. Struct. Biol.* **24**, 165 (2014)
106) D. Benelli and P. Londei: *Biochem. Soc. Trans.* **39**, 89 (2011)
107) G. Phillips and V. de Crecy-Lagard: *Curr. Opin. Microbiol.* **14**, 335 (2011)
108) K. Saito *et al.: Proc. Natl. Acad. Sci. USA* **107**, 19242 (2010)
109) T. Becker *et al.: Nature* **482**, 501 (2012)

第 **6** 章

アーキアにおける物質変換

　細胞が分裂する際には細胞内のあらゆる分子をもう1セット用意する必要がある．これには原料やその原料から生体分子の合成に至るまでの酵素系が必要となる．このような同化的な代謝に加え，その進行を支えるエネルギーや電子を供給する異化代謝系も必要となる．本章では異化・同化両面からアーキアにおける物質変換機構とそれに関わる生体分子を取り上げる．6.1節では糖中央代謝に関わる酵素や代謝経路を紹介し，6.2節ではアミノ酸・核酸・補酵素などの基盤的な生体分子の生合成経路を解説する．興味深いことにこれらの代謝経路における出発物質や最終生成物はアーキア，ユーカリア，バクテリアにおいて共通であるが，アーキアが利用する酵素の構造やそれらが触媒する反応がユーカリアやバクテリアのものと異なる場合が多々ある．6.3節ではメタン生成菌のメタン生成代謝機構について，6.4節では高度好塩菌が有するバクテリオロドプシンなどによる光エネルギー転換系について解説する．これらはいずれもアーキアに固有の機能であり，それぞれの細胞におけるエネルギー保存（獲得）に重要な役割を果たしている．6.5節ではフェレドキシンとそれが関与するアーキア代謝を紹介する．アーキアの代謝における重要な酸化還元反応の多くはフェレドキシン依存的であり，フェレドキシンはアーキアのエネルギー代謝を支える中心分子の一つといえる．

6.1 ｜ アーキアにおける糖中央代謝

　本節ではアーキアにおける糖中央代謝，つまり解糖系と糖新生系を担う経路およびそれらの酵素について紹介する．解糖系は糖の分解を担う代表的な代謝であり，一般にグルコース1分子から2分子のピルビン酸を生成する過程を指す．詳細は後述するが，この過程でグルコースは酸化されるので電子（還元力）が供給される．またエネルギーも放出され，その一部がADPからのATP生成に利用され，ATPの形で化学エネルギーも保存される．この異化代謝的な側面以外にも糖からホスホエノールピルビン酸，ピルビン酸といった多様な生体分子の前駆体を提供する役割も果たす．一方，糖新生はアミノ酸や有機酸から糖類を合成する代謝過程を指し，外部からの糖の供給がない場合に重要な役割を果たす．ピルビン酸，ホスホエノールピルビン酸，オキサロ酢酸などからフルクトース6-リン酸，グルコース6-リン酸を合成することにより，糖がない条件においても細胞に必要な糖化合物（糖脂質，糖タンパク質など）の原料を提供する．

131

6.1.1 解糖系

ユーカリアやバクテリアにおける解糖系としては Embden-Meyerhof-Parnas（EMP）経路および Entner-Doudoroff（ED）経路が知られている．アーキアにもこれらと類似した経路が見つかっているが，各反応を司る酵素の構造がユーカリアやバクテリアの既存のものと異なる場合や異なる補酵素などを利用する場合が多々ある[1]．

(1) EMP 経路

ユーカリアや一部のバクテリアにおける EMP 経路は図 6.1(a)に示すとおり，①グルコースのリン酸化から始まり，②グルコース 6-リン酸（G6P）の異性化，③フルクトース 6-リン酸（F6P）のリン酸化，④フルクトース 1,6-ビスリン酸（F1,6P）の開裂，⑤グリセルアルデヒド 3-リン酸（GAP）とジヒドロキシアセトンリン酸（DHAP）の相互変換，⑥GAP のリン酸化を伴う酸化，⑦ATP 生成を伴う 1,3-ビスホスホグリセリン酸（1,3-BPGA）の 3-ホスホグリセリン酸（3-PGA）への変換，⑧3-PGA の 2-ホスホグリセリン酸（2-PGA）への異性化，⑨2-PGA の脱水反応，⑩ATP 生成を伴うホスホエノールピルビン酸（PEP）のピルビ

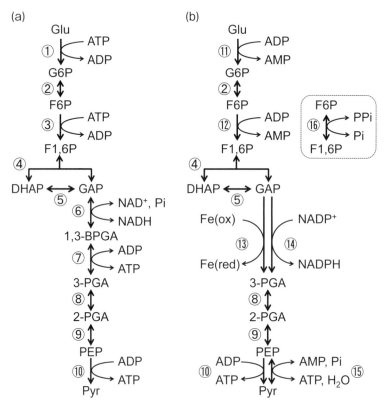

図 6.1 典型的(a)および変型(b) Embden-Meyerhof-Parnas（EMP）pathway における酵素反応．各反応を触媒する酵素は①ATP-dependent glucokinase，②Phosphoglucoisomerase，③ATP-dependent phosphofructokinase，④Fructose-1,6-bisphosphate aldolase，⑤Triosephosphate isomerase，⑥Glyceraldehyde-3-phosphate（GAP）dehydrogenase，⑦Phosphoglycerate kinase，⑧Phosphoglycerate mutase，⑨Enolase，⑩Pyruvate kinase，⑪ADP-dependent glucokinase，⑫ADP-dependent phosphofructokinase，⑬GAP: ferredoxin oxidoreductase，⑭Non-phosphorylating GAP dehydrogenase，⑮Phosphoenolpyruvate synthase（pyruvate, water dikinase），⑯Pyrophosphate-dependent phosphofructokinase.

ン酸（Pyr）への変換，の10種の酵素反応よりなる．反応①と③でそれぞれ1分子のATPが消費され，反応⑦と⑩はそれぞれグルコース1分子あたり2分子のATPが生成するので，EMP経路では1分子のグルコースが2分子のピルビン酸に変換される過程で合計2分子のATPと2分子のNADHを生成する．バクテリアにおいてはグルコースのリン酸化はphosphotransferase system（PTS）により行われる場合もある．PTSではEMP経路下流で生成するPEPがリン酸基供与体として利用され，グルコースの取り込みと連動してG6Pが生成する．

(2) *Thermococcales* 目の変型 EMP 経路

Thermococcales 目を構成する *Pyrococcus, Thermococcus, Palaeococcus* 属のアーキアは比較的早い時期から代謝研究の対象となり，多くの知見が得られている．特に解糖系や糖新生系などの糖質代謝に関しては，関与する酵素のほぼ全てが同定されている（図6.1(b)）．

まず糖質の取り込みに関しては *Pyrococcus furiosus* では2種のABC（ATP-binding cassette）transporter がそれぞれマルトースおよびマルトデキストリンの取り込みに関与している．グルコースなどの単糖は利用できない．*Thermococcus kodakarensis* においてはマルトデキストリンに特異的な ABC transporter のみが機能し，三つ以上のグルコースユニットが結合したマルトデキストリンのみ利用できる．これらの糖は細胞内で加水分解されてグルコースを生成すると考えられている．

Thermococcales 目の解糖系は一般的な EMP 経路とほぼ同じ代謝中間体を介してグルコースからピルビン酸までの変換を行っているが，いくつかの異なる特徴を有する．この変型 EMP 経路（modified EMP pathway）の主な特徴としては，従来の EMP 経路では糖のリン酸化が ATP 依存的であるのに対して *Thermococcales* 目においては ADP 依存型酵素が利用される点である．第二の特徴としては，従来の GAP dehydrogenase（GAPDH）により触媒される GAP→1,3-BPGA 変換，phosphoglycerate kinase（PGK）により触媒される 1,3-BPGA→3-PGA 変換の2段階が GAP から直接 3-PGA を生成する1段階の変換に置き換わっている点である．この変換を触媒する酵素は GAP : ferredoxin oxidoreductase（GAPOR）であり，その名の通り酸化型フェレドキシン（Fe_{ox}）を電子受容体としている．従来経路ならば 1,3-BPGA→3-PGA の変換に伴って ATP が生成するが，*Thermococcales* 目においてはこの基質レベルでのリン酸化が起こらない．しかしながら，還元されたフェレドキシン（Fe_{red}）の電子は膜結合型ヒドロゲナーゼの働きにより，水素発生を伴ってプロトン勾配の形成に役立っている．そのプロトン勾配がナトリウムイオン勾配に変換された後，ATP 生産に利用される．一部の *Thermococcales* 目には GAP→3-PGA の1段階反応を触媒する酵素がさらにもう一つ存在する．この酵素は $NADP^+$ を電子受容体とし，リン酸化を伴わずに GAP を酸化する（non-phosphorylating GAP dehydrogenase, GAPN）．*T. kodakarensis* においては遺伝学的解析により GAPOR および GAPN はともに糖の分解・資化に依存した生育条件では必須であることが示されている．最後に PEP から Pyr への変換は従来経路では専ら pyruvate kinase（PK）によって触媒されるが，*T. kodakarensis* においてはむしろ PEP synthase が重要な役割を果たしていることが示唆されている．この *Thermococcales* 目の変型 EMP 経路の代謝中間体に注目すると，熱に弱い 1,3-BPGA が生成しないことがわかる．

Thermococcales 目においては一般に解糖により生成したピルビン酸はさらに pyruvate : ferredoxin oxidoreductase（POR）の作用により酸化的脱炭酸され，アセチル CoA を生成する．アセチル CoA は ADP-forming acetyl-CoA synthetase により ATP 生成を伴って加水分解され，最終産物の酢酸を生成する．

(3) ED 経路

既存の ED 経路を図 6.2 に示す．上流部分は EMP 経路と大きく異なるが，GAP 以下の下流部分は EMP 経路と共通の反応で進行する．ED 経路では，①グルコースのリン酸化から始まり，②グルコース 6-リン酸（G6P）の酸化，③6-ホスホグルコノラクトンの開環，④6-ホスホグルコン酸の脱水，⑤2-ケト 3-デオキシ 6-ホスホグルコン酸（KDPG）の開裂，まで進む．ここで 1 分子の KDPG から 1 分子のピルビン酸と 1 分子の GAP を生成し，GAP は EMP 経路と同様な機構でピルビン酸まで変換される．反応①で 1 分子の ATP が消費され，GAP からピルビン酸までの過程で 2 分子の ATP を生成するので，典型的な ED 経路においては 1 分子のグルコースが 2 分子のピルビン酸に変換され，その過程で 1 分子の ATP と 2 分子の NAD(P)H を生成する．

(4) 好塩菌の変型 ED 経路

好塩菌の変型 ED 経路（semi-phosphorylative ED pathway，spED 経路）においては，まず

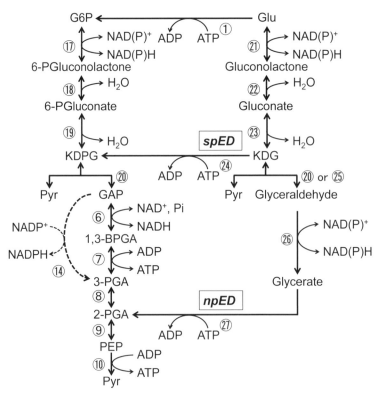

図 6.2 Entner-Doudoroff (ED) pathway, semi-phosphorylative ED pathway, non-phosphorylative ED pathway における酵素反応．各反応を触媒する酵素は⑰Glucose-6-phosphate dehydrogenase，⑱6-Phosphogluconolactonase，⑲Gluconate-6-phosphate dehydratase，⑳2-Keto-3-deoxy-6-phosphogluconate (KDPG) aldolase，㉑Glucose dehydrogenase，㉒Gluconolactonase，㉓Gluconate dehydratase，㉔2-Keto-3-deoxygluconate (KDG) kinase，㉕KDG aldolase，㉖Glyceraldehyde dehydrogenase，㉗Glycerate kinase.

グルコースがリン酸化されず，glucose dehydrogenase により直接酸化され，グルコノラクトンを介してグルコン酸が生成する．続いて gluconate dehydratase の作用によりグルコン酸の脱水反応が進行し，2-ケト 3-デオキシグルコン酸（KDG）が生成する．KDG は KDG kinase によりリン酸化され，KDPG が生成する．得られた KDPG は従来の ED 経路と同様，1分子のピルビン酸と 1 分子の GAP に変換され，最終的に spED 経路では 2 分子のピルビン酸が得られる．spED 経路と従来の ED 経路の違いは，リン酸化がグルコースの酸化・脱水反応前に起こるか，後で起こるかだけであるので，spED 経路を介したグルコース 1 分子の代謝により 1 分子の ATP が生成する（図 6.2）．

(5) *Thermoplasmatales* 目アーキアの変型 ED 経路

Thermoplasma, *Picrophilus* 等の *Thermoplasmatales* 目に属する好酸性好熱性アーキアは non-phosphorylative ED pathway（npED 経路）を利用する．好塩性アーキアと同様，グルコースはリン酸化を伴わずに KDG まで変換される．しかし，ここでは KDG はリン酸化されず開裂し，1 分子のピルビン酸と 1 分子のグリセルアルデヒドを生成する．グリセルアルデヒドは glyceraldehyde dehydrogenase によりグリセリン酸（GA）へと酸化される．ここで GA が glycerate kinase によりリン酸化され，2-PGA が生成する．2-PGA は EMP 経路と同様な機構でピルビン酸へと変換される．典型的な ED 経路や好塩菌の spED 経路においては GAP から 3-PGA までの変換の間に ATP が生成するが，npED 経路のグリセルアルデヒドから GA への変換の間に ATP が生成しない．したがって npED 経路ではグルコース 1 分子がピルビン酸 2 分子にまで代謝されるが，ATP は生成しない（図 6.2）．

(6) *Sulfolobales* 目の変型 ED 経路

Sulfolobales 目の中で，代謝の観点から特に注目されてきたのが，*Sulfolobus solfataricus*, *Sulfolobus acidocaldarius*, *Sulfolobus tokodaii* の 3 種である．ここでは主に *S. solfataricus* の糖代謝機構について紹介する．

S. solfataricus は糖質の取り込みに関与する可能性のある ABC transporter を 5 種保有し，実際グルコースやガラクトースなどの単糖，マルトースなどの二糖，マルトオリゴ糖，アラビノースなどのペントースなど，多様な糖質を取り込み，分解・資化できる．

S. solfataricus の変型 ED 経路は branched ED 経路と呼ばれる．上記のアーキアと同様，グルコースはリン酸化されず KDG まで変換される．ここで，branched ED 経路の名称のとおり，代謝が spED 経路・npED 経路の二つに分岐する．ただし好塩菌の spED 経路とは異なり *S. solfataricus* においては GAP が GAPN の作用により，直接 3-PGA まで酸化される（反応⑭）．したがって GAPDH/PGK による ATP 生成はなく，*S. solfataricus* の branched ED 経路においては spED 経路・npED 経路どちらを介してもグルコース 1 分子をピルビン酸 2 分子まで変換するが，ATP の生成はない（図 6.2）．また，反応㉖を触媒するのは Glyceraldehyde oxidoreductase である．

6.1.2 糖新生

一般に糖新生に関わる酵素は EMP 経路と共通している場合が多い（図 6.3）．異なる酵素が利用されるのはピルビン酸から PEP への変換（PK 反応の逆行）および F1,6P から F6P へ

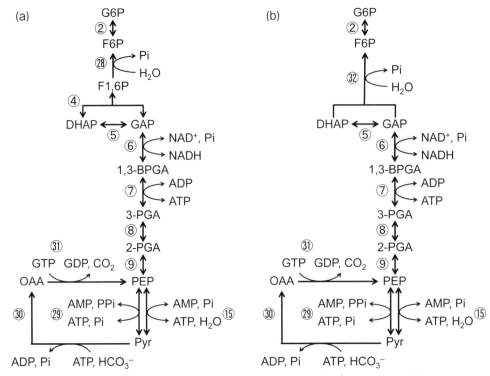

図 6.3 一般の糖新生系および多くの好熱性アーキアに見られる糖新生系．各反応を触媒する酵素は㉘Fructose-1, 6-bisphosphatase, ㉙Pyruvate, phosphate dikinase, ㉚Pyruvate carboxylase, ㉛PEP carboxykinase, ㉜Fructose-1, 6-bisphosphatase/aldolase.

の反応（PFK 反応の逆行）のみである．前者は生物種によりその機構は異なるが，いずれもピルビン酸から PEP への高いエネルギー障壁を克服するために，Pyruvate carboxylase, PEP carboxykinase が構成するオキサロ酢酸を介した経路や pyruvate, phosphate dikinase 反応（ATP + pyruvate + phosphate ⇌ AMP + PEP + pyrophosphate），PEP synthase (pyruvate, water dikinase) 反応（ATP + pyruvate + H₂O ⇌ AMP + PEP + phosphate）等が利用されている．F1,6P から F6P への反応を触媒するのは fructose-1, 6-bisphosphatase（FBPase）である．FBPase が触媒する反応はリン酸エステル結合の加水分解反応であるので，この反応は実質不可逆である．したがって，この反応は PEP と F6P 間の代謝の方向を決定づける重要なものである．

(1) 好熱性アーキアの FBPase

多くの好熱性アーキアは既存の FBPase と相同性を示すタンパク質を保有しない．*T. kodakarensis* においては FBPase 活性を示す構造的に新規なタンパク質が同定された．またこのタンパク質が *T. kodakarensis* の糖新生に必須であることも明らかとなった．この酵素ホモログはほぼ全ての好熱性アーキアのゲノム上に存在し，一部の超好熱性バクテリアのゲノム上にも存在する．一方，常温性のアーキアにはこの酵素ホモログを持たないものもあるので，この FBPase はアーキア特異的よりはむしろ好熱菌特異的 FBPase として捉えた方がよい．興味深いことに *Metallosphaera sedula* や *Thermoproteus neutrophilus* を対象とした研究により，こ

の酵素は FBPase 活性のみならず FBP aldolase 活性をも示すことが明らかとなった．すなわち好熱性アーキアの大半は二機能酵素 FBP phosphatase/aldolase により DHAP と GAP から直接 F6P を生成し，熱安定性の低い F1,6P の蓄積を回避していると考えられる．いままでに知られている二機能酵素は二つの活性中心が酵素上に独立して存在しているが，この酵素ではまず aldolase 反応を触媒した後，活性中心が F1,6P の生成に伴い構造変化し，FBPase の活性中心を形成する．このことから，この酵素は真の二機能酵素といえる．

(2) 3-PGA から GAP までの変換

従来の EMP 経路を利用する生物においては，3-PGA から GAP までの変換は解糖方向の代謝と同じく，PGK および GAPDH が利用される．これは解糖において両酵素を利用するアーキアにおいても同様である．一方，上述の通り，*T. kodakarensis* などは GAPOR や GAPN の作用により，一段階で GAP から 3-PGA までの変換を行っている．*T. kodakarensis* は GAPDH および PGK を保有しているが，これらの酵素は解糖に全く寄与しないことがわかっている．逆に両酵素は糖新生に必須であることが示され，*T. kodakarensis* 等の *Thermococcales* 目に属するアーキアにおいては GAPDH および PGK は糖新生のみに寄与すると考えられる．

6.2 | 生体分子生合成

これまでに同定され，教科書などに掲載されている代謝経路はバクテリアやユーカリアのものが中心であるが，アーキアではこれらとは異なる代謝経路が多く用いられている．これは生命にとって必須な生体分子についても例外ではない．ここでは特に，核酸，アミノ酸，そして補酵素のアーキア特異的な生合成経路について概説する．

6.2.1 核酸の生合成

ユーカリアやバクテリアは核酸の前駆体となるリボース-5-リン酸（R5P）やリブロース-5-リン酸（Ru5P）をペントースリン酸経路（図 6.4(a)）により生合成している．しかし，多くのアーキアはペントースリン酸経路を構成する完全な遺伝子セットを有しておらず，その代わりに 6-phospho-3-hexuloisomerase と 3-hexulose-6-phosphate synthase で構成されるリブロースモノリン酸（RuMP）経路を利用している（図 6.4(b)）．この経路が核酸前駆体の合成経路として機能していることは Soderberg により提唱され[2]，Orita らによる超好熱性アーキア *Thermococcus kodakarensis* における遺伝子破壊実験により確認されている[3]．RuMP 経路は元々ホルムアルデヒドを Ru5P に固定化してフルクトース-6-リン酸（F6P）とすることにより無毒化・代謝する経路としてメタン菌で同定された．しかし，これら二つの酵素反応はいずれも可逆であり，ホルムアルデヒドの固定化とは逆の方向で反応が進むことにより F6P から Ru5P を合成し，核酸を生合成している．これと同様に多くのアーキアは核酸の前駆体を RuMP 経路で生合成していると考えられる．

一方，*Thermoplasmatales* 目に属するアーキアは RuMP 経路を持たない代わりに，非酸化的ペントースリン酸経路を構成する完全な遺伝子セットを有しており，それにより核酸の前駆

第6章　アーキアにおける物質変換

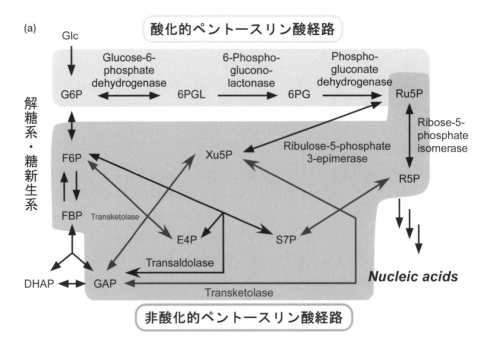

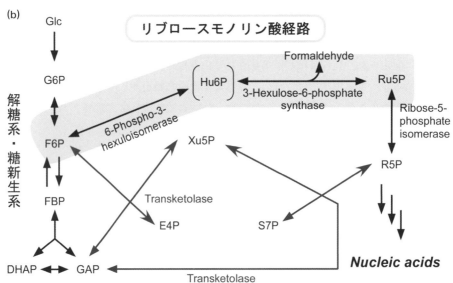

図6.4　ペントースリン酸経路(a)と超好熱性アーキア *Thermococcus kodakarensis* におけるリブロースモノリン酸経路と関連糖代謝経路(b).
Glc：グルコース，G6P：グルコース-6-リン酸，6PGL：6-ホスホグルコノラクトン，6PG：6-ホスホグルコン酸，Xu5P：キシルロース-5-リン酸，FBP：フルクトース-1,6-ビスリン酸，DHAP：ジヒドロキシアセトンリン酸，GAP：グリセルアルデヒド-3-リン酸，E4P：エリスロース-4-リン酸，S7P：セドヘプツロース-7-リン酸，Hu6P：ヘキスロース-6-リン酸.

体を合成しているものと考えられる．また，好塩性アーキアは，RuMP経路および非酸化的ペントースリン酸経路の両方の構成遺伝子を持っておらず，酸化的ペントースリン酸経路で核酸の前駆体を合成している．好塩性アーキアは，この経路を構成する三つの遺伝子のうち，6-phosphogluconolactonase および phosphogluconate dehydrogenase については，バクテリ

アやユーカリアも利用している一般的な遺伝子を有している．一方で，glucose-6-phosphate dehydrogenase（G6PDH）に関しては，2015年にPicklらによる活性を指標としたタンパク質の探索により，新しい遺伝子が同定されている[4]．

6.2.2 アミノ酸の生合成

アミノ酸はタンパク質を構成している分子であり，核酸と同じく全ての生命にとって必須な分子である．しかし，全ての生物が全てのアミノ酸を自ら生合成しているわけではなく，生物種によって生合成できるアミノ酸は異なっている．自ら生合成できないアミノ酸（必須アミノ酸）については他生物が生合成したものを利用している．例えば，ヒトに関しては，バリン，ロイシン，イソロイシン，トレオニン，メチオニン，リジン，ヒスチジン，フェニルアラニン，トリプトファンの9種が必須アミノ酸であり，食物から摂取している．逆に，グリシン，アラニン，セリン，システイン，アスパラギン酸，グルタミン酸，アルギニン，アスパラギン，グルタミン，チロシン，プロリンの11種は自ら生合成している．

アミノ酸の生合成についてはアーキアの中でも多様であるので一概にはいえないが，ユーカリアやバクテリアで同定された既知経路からある程度予測できる生合成経路もあれば，アーキアのみに特異的，もしくはアーキアで初めて同定された経路もある．例えば，*T. kodakarensis* ではトリプトファン[5,6]，ヒスチジン[7]，メチオニン[8]，システイン[9]，グリシン[9]，セリン[9]，リジン[10,11]に関しては生合成経路に関しての知見が得られているが，システインについては既知経路からは予測不可能なものであったのに対し，残り6種のアミノ酸に関しては既知経路からの予測が可能なものであった．

ここではまず，アーキアにおいて特殊な生合成経路が存在するシステインについて述べる．また，バクテリアにおける経路からある程度予測はできたものの新たな機構が同定されたアルギニンおよびそれと関連するリジンの生合成経路についても紹介する．

（1）システイン生合成

システインに関しては核酸の場合とは異なりユーカリアやバクテリアの中でも複数の生合成経路が存在する．ユーカリアやバクテリアでよく知られているシステイン生合成経路は以下の2種である．ヒトを含む哺乳類や酵母は，メチオニンからシスタチオニンを介してシステインを生合成する図6.5の経路1を用いている[12]．植物やバクテリアではセリンからアセチルセリンを合成し，cysteine synthase がアセチル基をチオール基で置換してシステインが生合成される（図6.5の経路2）[13,14]．

一方，Minoらは超好熱好気性アーキア *Aeropyrum pernix* 由来 cysteine synthase は，アセチルセリンに加えてホスホセリンを基質とすることを見出した[15,16]．この菌にはセリンからアセチルセリンを合成する serine acetyltransferase の相同遺伝子が存在しないことから，3-ホスホグリセリン酸からホスホセリンを生合成し，ホスホセリンのリン酸基をチオール基で置換してシステインを合成する図6.5の経路3の存在が考えられる．この経路はアーキアのみにおいて用いられているわけではなく，寄生原虫の1種である *Trichomonas vaginalis* は経路1と3の両方の生合成経路を利用しているとされている[17]．

一方，アーキアの中にはtRNA上でシステインを生合成するという特徴的な機構を有して

第6章　アーキアにおける物質変換

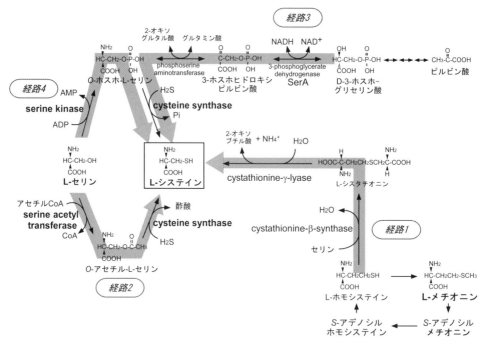

図 6.5　四つのシステイン生合成経路.

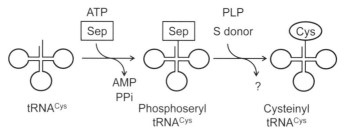

図 6.6　一部のアーキアに見られる tRNA 依存的なシステイン生合成. Sep：ホスホセリン，PLP：ピリドキサール-5'-リン酸，ATP：アデノシン三リン酸，AMP：アデノシン一リン酸，PPi：ピロリン酸.

いるものがいる．一部のメタン生成菌や *Archaeoglobus* は，まずホスホセリンを tRNA に結合し，次にホスホセリンのリン酸基をチオール基で置換して tRNA 上でシステイン（正確にはシステイニル基）を生合成して（図 6.6），タンパク質合成の材料としていることが Sauerwald らにより明らかにされている[18]．

また，2016 年に *T. kodakarensis* において ADP をリン酸基供与体に用いてセリンをリン酸化する serine kinase が同定され，この酵素と cysteine synthase によりセリンから，アセチルセリンではなくホスホセリンを介してシステインを生合成する経路も同定されている（図 6.5 の経路 4）[9]．

(2) リジンおよびアルギニン生合成

一般的にバクテリアはジアミノピメリン酸（DAP）から，下等ユーカリアは α-アミノアジピン酸（AAA）からリジンを生合成している（図 6.7(a)）．一方，好熱性バクテリアである *Thermus thermophilus* は AAA を経由するものの，ユーカリアとは異なる経路でリジンを生

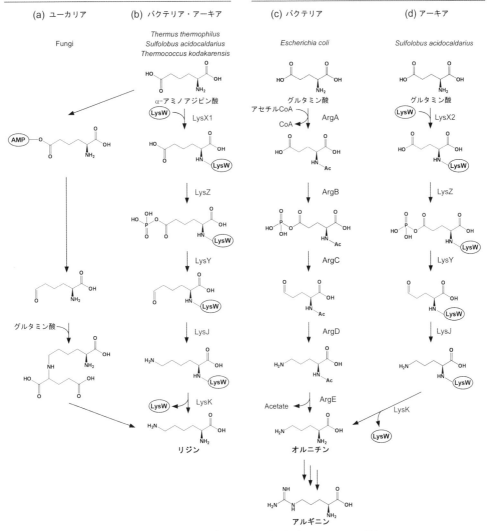

図 6.7 リジン・アルギニン生合成経路（Ac：アセチル基）．

合成している（図 6.7(b)）[19-22]．この経路はアルギニン生合成経路中のグルタミン酸からオルニチンを生合成する経路とよく似ている（図 6.7(c)）．好熱好酸性アーキアの *Sulfolobus*[23] や超好熱性アーキアの *T. kodakarensis*[10,11] も *T. thermophilus* と同じ経路でリジンを生合成している（図 6.7(b)）．ところで，このアルギニン生合成経路において出発物質であるグルタミン酸の側鎖のカルボン酸はアルデヒド基に変換されるが，主鎖のアミノ基がこのアルデヒド基と反応して分子内環化してしまう．これを防ぐためにこの経路ではアセチル-CoA 由来のアセチル基でアミノ基が保護されている（図 6.7(c)）．一方，*Thermus* やアーキアのリジン生合成経路においては AAA のアミノ基をアセチル基ではなく，LysW というキャリアタンパク質により保護している（図 6.7(b)）[24]．また，リジン生合成経路の一連の酵素の活性中心は正に帯電しているが，LysW は負に帯電している．よって，LysW はアミノ基の保護だけでなく，基質と酵素との親和性も上げていると考えられている．

一方 Sulfolobus におけるアルギニン生合成経路においては，リジン生合成で用いられている酵素が用いられており，かつアミノ基を保護しているのはアセチル基ではなくリジン生合成でも用いられている LysW であることが Ouchi らにより明らかにされている（図6.7(d)）[23]．ただし，グルタミン酸に LysW を結合する酵素はリジン生合成で LysW を AAA に結合している LysX₁ ではなく，そのホモログである LysX₂ である．同じ LysW を AAA とグルタミン酸という炭素数が一つ異なるだけのよく似た基質に結合するにもかかわらず，LysX₁ と LysX₂ の基質特異性は厳密である．また，Sulfolobus におけるリジン生合成経路遺伝子の転写は leucine-responsive regulatory protein（Lrp）ホモログにより制御されている[25]．

6.2.3　補酵素の生合成

補酵素は，多くの酵素反応において重要な因子であり，これも生命にとって重要な分子の一つである．例えば，チアミン（ビタミン B₁）と呼ばれるエネルギー代謝に関与する補酵素の一つが不足すると脚気という病気になることは有名である．ここではアーキア特有の補酵素 A（CoA）生合成経路を紹介する．

(1) アーキアにおける CoA の生合成経路

CoA はチオール基を有する分子であり，そのチオール基により様々なカルボニル化合物とチオエステル結合を形成する（図6.8）．これによりカルボニル基の反応性を上げるのが CoA の大きな役割といえる．一般的にはトリカルボン酸回路，脂肪酸の生合成・代謝，イソプレノイド合成など重要な代謝経路における補酵素として機能している．

バクテリアや植物は CoA の前駆体となるパントテン酸を2-オキソ吉草酸からパントイン酸を経由して生合成できるが，哺乳類などは生合成できずパントテン酸を要求する．パントテン酸以降の経路はユーカリアとバクテリアで共通である（図6.9左）．パントイン酸からの4′-ホスホパントテン酸の変換に注目すると，バクテリアにおいてはパントイン酸にβ-アラニンを

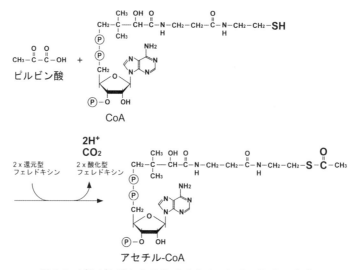

図6.8　ピルビン酸および CoA からのアセチル CoA の合成．

6.2 生体分子生成

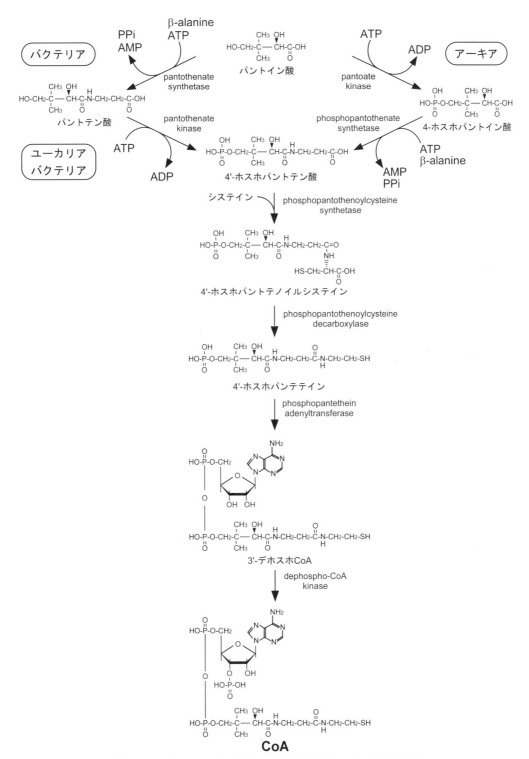

図 6.9 ユーカリア，バクテリア，アーキアにおける CoA 生合成経路.

縮合してパントテン酸とした後，リン酸化して4-ホスホパントテン酸に変換し，その後4段階の反応でCoAを生合成する．一方，ほとんどのアーキアのゲノム上には，pantothenate synthetase および pantothenate kinase の相同遺伝子が存在しない[26]．*T. kodakarensis* ではパントテン酸ではなくパントイン酸をリン酸化する pantoate kinase およびその反応産物の4-ホスホパントイン酸と β-アラニンを縮合する 4'-phosphopantothenate synthetase が同定され，それらのホモログが *Thermoplasmatales* 以外のアーキアに広く存在することがわかった[27]．これによりバクテリアでは縮合，リン酸化の順で反応を進めるのに対し，アーキアの大半ではリン酸化，縮合の順で 4'-ホスホパントテン酸を生合成することが明らかとなっている（図 6.9 右）．

また CoA 分子を合成するためには，2-オキソ吉草酸，β-アラニン，システイン，ATP，NADPH など，多くの材料やエネルギーを必要とする．バクテリアやユーカリアにおいては pantothenate kinase が CoA によるフィードバック阻害を受けることにより過剰な CoA 生合成を回避している．しかしながら，多くのアーキアは CoA 生合成に pantothenate kinase を利用しないため，異なる制御機構が予想される．*T. kodakarensis* においてはケトパントイン酸からパントイン酸への変換を触媒する ketopantoate reductase が CoA 存在下で活性が大きく低下することが明らかとなっており，この酵素に対するフィードバック阻害によって CoA 生合成が制御されていると考えられる[28]．

(2) アーキアにおける NAD(P) の生合成経路

(a) 超好熱性アーキアのデノボ NAD(P) 生合成系

NAD(P)（NAD あるいは NADP を指す）は多数の酸化還元酵素の補酵素として，また ADP リボシル化などの基質として極めて重要な機能を持つ生体物質である[29]．それ以外にも，DNA 修復，カルシウム依存性シグナリング，寿命延長など多彩な機能を演じていることが報告されている．一般に NAD の合成はデノボ経路とサルベージ経路が存在し，前者はアスパラギン酸からの経路とトリプトファン，キヌレニンからの経路の二つの経路が知られている．生物種によって大きく異なっており，バクテリアや植物では前者の経路が，酵母や哺乳動物では後者からの経路が働いている[30]．一方，アーキアでは，ゲノム情報が明らかになるまでは，他の補酵素の生合成系と同様にほとんど不明であった．超好熱性メタン生成菌 *Methanocaldococcus jannaschii* のゲノムの塩基配列が 1996 年に最初に決定された後[31]，嫌気性 *Pyrococcus horikoshii* OT3 など，多くのアーキアのゲノム解析が急速に進み，ゲノム情報が公開され，Metabolism of Cofactors and Vitamins に存在する Nicotinate and nicotinamide metabolism の項目から推定遺伝子が検索でき，生合成経路も推定されるようになった．その結果，アーキアの NAD(P) 生合成経路としてはアスパラギン酸からのデノボ合成の存在が予想されたが，トリプトファン経路やサルベージ経路は見つかっていない．アーキアにおけるアスパラギン酸からのデノボ生合成系の研究は，嫌気性超好熱性アーキア *P. horikoshii* のゲノム情報から推定された関連遺伝子の機能解析を中心に行われた（図 6.10）．図中の 6 種の推定遺伝子を組換え大腸菌で発現させ，発現産物を精製後，活性の確認，生化学的特徴の解析，X 線結晶構造解析などが行われている．また，超好熱性アーキアでの NAD(P) 生合成経路を構成する酵素の特徴は基本的には類似している場合が多いが，アーキアの菌種により異なる酵素

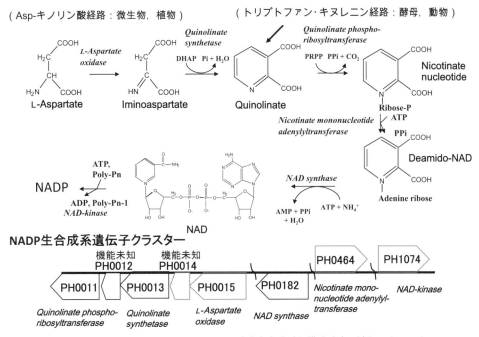

図 6.10 *Pyrococcus horikoshii* の NAD(P) 生合成系と構成酵素の遺伝子クラスター.

が機能している場合もある.

(b) 超好熱性アーキア *P. horikoshii* の NAD(P) 生合成の特徴

P. horikoshii のゲノム情報が 1998 年に報告され,その情報を踏まえたポストゲノム研究としての物質代謝系と構成酵素の機能解析と応用研究が開始された.バイオセンサーやバイオリアクターとして有効利用ができる酵素の探索の過程でアミノ酸配列が大腸菌の L-アスパラギン酸オキシダーゼ (LAO) に高い同一性 (35%) を持つ遺伝子 (PH0015) が見出された.なぜ,嫌気性菌にオキシダーゼ遺伝子があるのか疑問が持たれたが,その推定遺伝子とデノボ NAD(P) 生合成系で 2 番目に機能するキノリン酸合成酵素 (QS) と 3 番目のキノリン酸ホスホリボシル転移酵素 (QPRT) の遺伝子がクラスターを形成しているので,LAO はこの経路の初発酵素であると推論された.この遺伝子を宿主大腸菌に導入し,発現産物を精製後,活性を測定すると L-Asp を酸素依存的に酸化する反応を触媒する LAO であることが確認された.これは超好熱菌から見出された最初のオキシダーゼである[32].嫌気的にも好気的にも生育する大腸菌では,L-アスパラギン酸からのデノボ NAD(P) 生合成経路の初発酵素として LAO が機能する.その場合,L-Asp から生成する $FADH_2$ は,好気条件では酸素により酸化され,FAD が再生されるが,嫌気条件では TCA サイクル中のフマール酸が電子受容体となる.*P. furiosus* の LAO も嫌気条件下では同様にフマール酸が電子受容体になることが実験によって確認されており,生理的にはフマール酸が電子受容体として機能すると予想される.LAO の反応を *in vitro* で観察すると,生成物イミノアスパラギン酸の非酵素的脱アミノ反応によるオキザロ酢酸の生成が認められる.しかし,生理的条件下 (*in vivo*) ではイミノアスパラギン酸は脱アミノされず,次のキノリン酸合成酵素 (QS) の作用によりジヒドロキシアセトンリン酸 (DHAP) との縮合反応を経てキノリン酸が生成する (図 6.10).イミノアスパ

ラギン酸の脱アミノを防ぐため，LAO と QS が複合体を形成することにより，イミノアスパラギン酸を酵素間で受け渡す基質転移メカニズムの存在が推測されるが，構造学的実証はされていない．QS は不安定であるため，NAD(P) デノボ生合成系に関与する 6 種の酵素のうち最後まで機能と構造の詳細が明らかになっていなかった．しかし，安定性の高い P. horikoshii の QS を用いて，基質 L-Asp のアナログである L-リンゴ酸が結合した状態の結晶構造が決定された[33]．このQS はモノマー構造をとり，αβα のサンドイッチ構造をとる三つの類似したドメインから構成される特異的な構造を持っている（図 6.11）．この構造は，活性中心の鉄硫黄クラスターを欠いた状態で決定されたが，その後，鉄硫黄クラスターと基質（アナログ）が結合した構造が解析され，反応メカニズムが推定されている[34]．

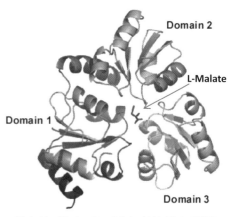

図 6.11 P. horikoshii キノリン酸合成酵素（QS：PH0013）の立体構造．

次に，キノリン酸はキノリン酸ホスホリボシルトランスフェラーゼ（QPRT，推定遺伝子：PH0011）によりニコチン酸モノヌクレオチドに変換され，さらにニコチン酸モノヌクレオチドアデニリルトランスフェラーゼ（NMNAT，PH0464）の作用で ATP と反応し，デアミド NAD が生成する．このデアミド NAD は，NAD シンターゼ（NADS，PH0182）によりアミド化され NAD となる．この P. horikoshii の 3 段階の酵素反応において，大腸菌などの常温生物由来の酵素と異なる特徴としては，NMNAT のアデニル基（AMP）供与体として ATP だけでなく ADP も利用されることである．また，NAD シンターゼによる ATP 依存的アミド化反応のアミノ基供与体はアンモニアであり，酵母などで見られるグルタミンは供与体とならない．最後に，NAD は，NAD キナーゼ（NADK）によりリン酸化され NADP が合成される．P. horikoshii では，ゲノム情報から予想されるアミノ酸配列が結核菌由来の NADK と約 29% の同一性を示す NADK ホモログ（遺伝子 PH1074 の発現産物）が ATP をリン酸基供与体とする NAD から NADP へのリン酸化活性を示した．このアーキアの酵素の特徴としては，ATP だけでなく，リン酸基が 3～64 個結合したポリリン酸もリン酸供与体として高い反応性を持つことである．ポリリン酸は高エネルギーリン酸結合を持っており，生命体にとっての原始的なエネルギー源であったと推測されている．したがって，ポリリン酸を利用できる NADK は ATP 依存性 NADK のプロトタイプと考えられる[35]．ポリリン酸は ATP に比べてかなり安価であるので，NAD から NADP の生産合成用バイオリアクターにはリン酸基供与体として有用である．

(c) アーキアにおける NAD(P) 生合成系の多様性

超好熱性アーキアの NADP 生合成経路を構成する酵素群のホモログをゲノム情報から検索すると，その全ての存在が多くの種で確認できる．P. horikoshii の NADP 生合成系の最初の 3 段階の反応を触媒する LAO，QS，および QPRT の遺伝子（それぞれ PH0015, PH0013, PH0011）は，2 種類の機能未知遺伝子（PH0014, PH0012）とともにクラスターを形成してい

る（図 6.10）．しかし，その他の超好熱性アーキアでは，構成遺伝子の並び順が異なる例や，機能未知遺伝子の挿入がない例などゲノム上の遺伝子構成は多様である．特徴的なのは *Archaeoglobus fulgidus* で，QPRT に相同性を持つ遺伝子 AF1839 と遺伝子クラスターを形成する機能未知遺伝子 AF1838 が存在する．この遺伝子のコードしているタンパク質のアミノ酸配列は LAO とは相同性が全く認められず，超好熱性バクテリア *Thermotoga maritima* の NAD 依存性 L-アスパラギン酸デヒドロゲナーゼ（LADH）に 38% の相同性が認められた．実際に AF1838 を発現させて得られたタンパク質が耐熱性 LADH であることが確認され，また結晶構造も明らかにされている[36,37]．なお *A. fulgidus* では，LAO に相当する遺伝子は見当たらず，LADH が初発酵素として LAO の代替機能を持つと考えられる．

以上，超好熱性アーキアの NAD(P) の生合成系としては，L-Asp からのデノボ生合成系が一般に機能しているといえる．しかし，菌種ごとに機能する酵素の種類や性質が異なる多様性が認められる．

本節で見てきたように生物における生体分子の生合成経路は多様であり，まだ明らかになっていない生合成経路も多数存在する．なぜ多様であるかについては，進化的にそのような形が有利であるから，そのような形に落ち着いたと考えるのが一般的である．例えば，超好熱性のアーキアにおいてアセチルセリンではなくホスホセリンを介してシステインを生合成している理由として，ホスホセリンの方がアセチルセリンより熱安定性が高いことが考えられている．しかし，このような各微生物の生育環境によって生合成経路の特徴を説明できる場合は多くなく，それらを解明することで代謝の進化についての知見が得られると考えられる．今後，アーキアにおける新規な生合成経路の同定やその新規経路が存在する理由の解明が進むことが期待される．

6.3 | メタン生成代謝

光合成などによって生産されたセルロースなどの有機物の約 1% は，酸素のない嫌気条件下で分解される．まず嫌気性の原生生物やバクテリアによって分解され，酢酸などの有機酸や C1 化合物ならびに水素ガスなどが生成する．メタン生成菌はこれらの代謝物を基質としてメタンを生産する．このようなメタン生成菌は例外なくアーキアである．メタン生成代謝はメタン菌のエネルギー代謝であり，この代謝で得られたエネルギーで ATP を ADP と無機リン酸から合成し，生体反応に利用している．ほとんどのメタン生成菌は水素ガスで CO_2 を還元してメタンを生成する．メタノールなどの C1 化合物や酢酸からもメタンが生産されるが，これらの代謝を行うのは一部のメタン生成菌に限られる．メタン生成菌の代謝によって，年間およそ 1 Gt のメタンが地球上で生成している[38]．メタンは再生可能なエネルギー源として有用であるが，その一方で温室効果ガスとしての性質から，大気中メタン濃度の増加は温暖化など地球規模での気象変化の原因となることが心配されている．メタン生成代謝を理解することは，バイオテクノロジーと地球環境保全の側面から重要である．メタン生成菌はチトクロームを含むグループと含まないグループに分類できる．ここでは，チトクロームを含まないメタン生成

第6章　アーキアにおける物質変換

菌の CO_2 からのメタン生成代謝を中心に解説する．

6.3.1　メタン生成代謝で発見された補酵素

メタン生成代謝には特殊な補酵素や酵素が使われている[39]．C1 キャリアーとしてメタノフラン，テトラヒドロメタノプテリンならびに補酵素 M や，電子キャリアーとして F_{420} と補酵素 B や，酵素の補欠分子族として F_{430}，B_{12} 類似コバラミン，FeGP コファクターがメタン生成代謝で発見された（図6.12)[39]．

・メタノフラン（MFR）：メタン生成菌のみに認められる C1 キャリアーで，CO_2 が還元されホルミル基として結合する．

・テトラヒドロメタノプテリン（H_4MPT）：この C1 キャリアーに結合した状態で，CO_2 由来の炭素はホルミル基から，メチル基にまで変換される．化学構造はユーカリアやバクテリアなど多くの生物で使われている C1 キャリアー，テトラヒドロ葉酸に似ている．しかし，構造が若干異なり反応性に差がある．*Methanosarcina* 属などのメタン生成菌に含まれるもの

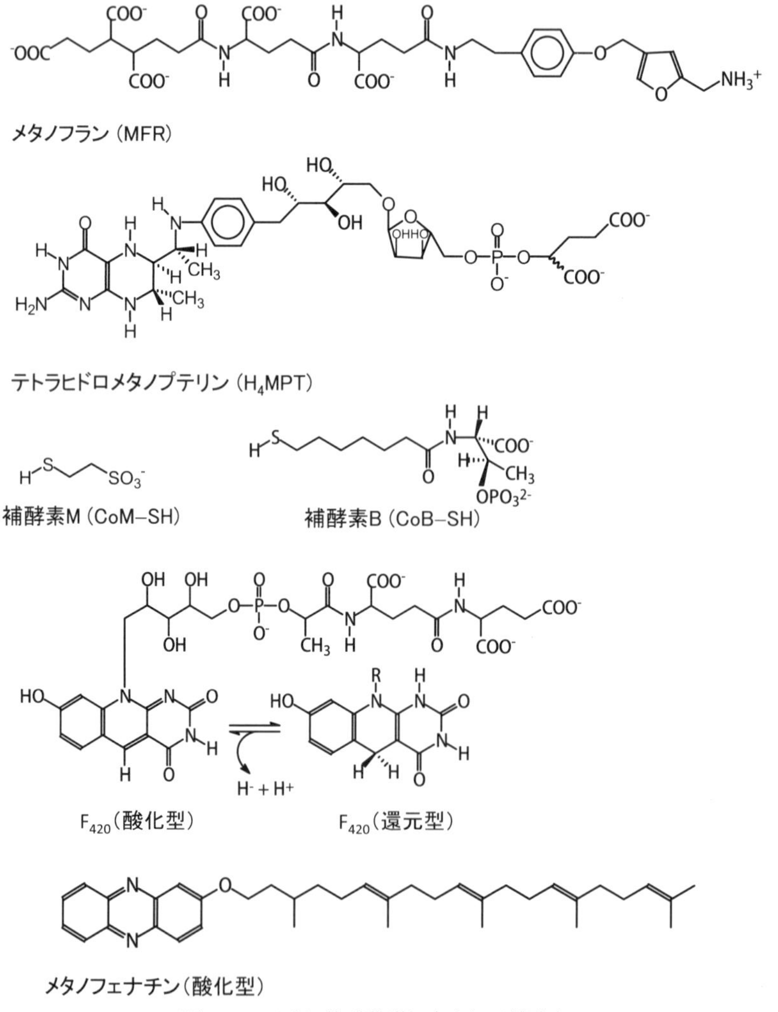

図6.12　メタン生成代謝に含まれる補酵素．

は，側鎖の先端の構造が異なり，テトラヒドロサルシナプテリンと呼ばれるが，反応性はテトラヒドロメタノプテリンと変わらない．
- 補酵素 M（CoM-SH）：この補酵素には炭素がメチル基として結合し，メタン生成反応の基質となる．
- 補酵素 B（CoB-SH）：還元型の補酵素 B がメタン生成反応の還元剤として働く．
- F_{420}：フラビンの5位窒素原子が炭素に置換したデアザフラビンで，機能的には NAD(P) に似て，ヒドリドイオンの授受により2電子酸化還元反応に関与する．メタン生成アーキアだけでなく好塩性アーキアなどにも存在する．また藍藻や放線菌などのバクテリアなどでも使われている．結核菌にも含まれ，F_{420} 関連酵素は結核治療薬の開発においても注目されている[40]．

6.3.2 メタン生成代謝
(1) CO_2 と水素ガスからのメタン生成代謝

チトクロームを含まないタイプのメタン生成菌のメタン生成代謝を図 6.13 に示した．CO_2 は還元型フェレドキシンを電子供与体とした還元反応によってメタノフランのアミノ基にホルミル基として結合する．この反応はホルミルメタノフラン脱水素酵素（Fmd もしくは Fwd）によって触媒される．Fmd はモリブデンが結合したプテリン補欠分子属を含み，Fwd はタングステン型プテリンを含む．ホルミル基はホルミル転移酵素（Ftr）の働きで，テトラヒドロ

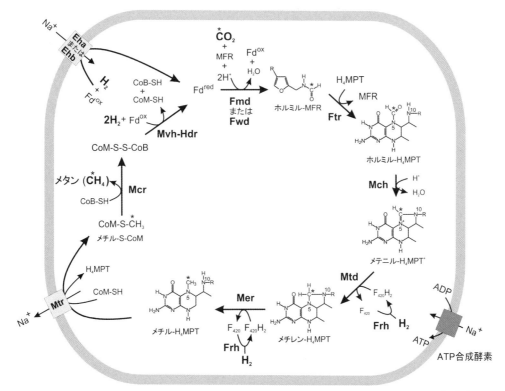

図 6.13 チトクロームを含まないメタン生成アーキアでの CO_2 と水素ガスからのメタン生成代謝[42]．灰色の枠は生体膜を表す．酵素ならびに補酵素の名称は本文参照．

メタノプテリンに転移する．シクロヒドロラーゼ（Mch）によって触媒される脱水縮合反応によってホルミルH_4MPT はメテニルH_4MPT となる．続くメチレンH_4MPT 脱水素酵素（Mtd）とメチレンH_4MPT 還元酵素（Mer）の触媒する還元反応で，ホルミル基はメチル基にまで還元される．ここでの2段階の還元反応の電子キャリアーとして還元型F_{420}が使われる．酸化されたF_{420}はF_{420}依存型［NiFe］型ヒドロゲナーゼの触媒する反応によって還元される．ニッケル濃度を制限した培地では，［Fe］型ヒドロゲナーゼが主要なヒドロゲナーゼとして機能する[41]．H_4MPT 上で形成されたメチル基は CoM-SH に転移する．この反応を触媒するメチル転移酵素（Mtr）は膜貫通ドメインを有する膜酵素であり，この反応と共役してナトリウムイオンが膜外に汲み出され，電気化学的ポテンシャル差としてエネルギーが保存される．メチル補酵素 M 還元酵素（Mcr）によりメチル-S-CoM が CoB-SH による還元反応を受けメタンが生成し，同時に CoM-SH と CoB-SH が結合したヘテロジスルフィド（CoM-S-S-CoB）が生成する．ヘテロジスルフィドは，水素ガスからの電子で還元されて CoM-SH と CoB-SH が再生される．この反応はヒドロゲナーゼ（Mvh）とヘテロジスルフィド還元酵素（Hdr）の酵素複合体（Mvh-Hdr）によって触媒される．この反応でヘテロジスルフィド還元と同時にフェレドキシン（Fd）も還元される[43]．還元型フェレドキシンはメタン生成反応の最初の反応であるCO_2の還元反応に使われる．また，膜に結合したヒドロゲナーゼ酵素複合体（Eha もしくは Ehb）によっても還元型フェレドキシンは再生されるが，この場合は，ナトリウムイオン化学浸透圧エネルギーがフェレドキシン還元反応に供給される．

(2) C1 化合物からのメタン生成代謝

メタノールなどの C1 化合物のメチル基は，C1 化合物に特異的な可溶性メチル基転移酵素によって補酵素 M に結合し，メチル補酵素 M が生成する[38,44]．このタイプのメタン生成代謝を行うのはチトクロームを含むタイプのメタン生成菌だけである．メチル補酵素 M が4分子生成したとすると，その1分子は前述のCO_2と水素ガスからのメタン生成代謝の逆反応によってCO_2にまで酸化される（図6.13）．この代謝で得られた6電子が，残りの3分子のメチル補酵素 M の還元に使われる．メチル補酵素 M からメタンを発生する反応はCO_2と水素ガスからのメタン生成代謝と同じくメチル補酵素 M 還元酵素である．しかし，ヘテロジスルフィドの還元は膜に結合したタイプのヘテロジスルフィド還元酵素によってなされ，この反応に共役して水素イオンが細胞外に汲み出され電気化学的ポテンシャル差としてエネルギーが保存される．ヘテロジスルフィド還元に使われる電子は膜成分であるメタノフェナチンからH_2や還元型F_{420}を経て供給される[44]．

(3) 酢酸からのメタン生成

酢酸からのメタン生成を行うのはチトクロームを含むタイプのメタン生成菌だけである．酢酸は最初にアセチル CoA に変換される．この反応には一つの酵素（アセチル CoA シンセターゼ）を使うメタン生成菌と，二つの酵素（リン酸化酵素とホスホトランスアセチラーゼ）を使うメタン生成菌が知られている．アセチル CoA は CO 脱水素酵素-アセチル CoA シンターゼ複合体によって代謝され，酢酸のメチル基がH_4MPT に転移し，残りの CO 部分が酸化されてフェレドキシンの還元に利用される．メチルH_4MPT はCO_2と水素ガスからのメタン生成代謝と同様に代謝されメタンが生成する[38,44]．

6.3.3 エネルギー代謝

メタン生成はメタン生成菌の唯一のエネルギー獲得代謝である．ここでは３種類の基質からのメタン生成代謝について記したが，いずれの場合も得られるエネルギーが小さい（表6.1）．生物のエネルギー獲得反応には，電気化学的ポテンシャル差を利用したATP合成酵素によるものと，基質レベルのリン酸化が知られているが，メタン生成代謝ではATP合成酵素による系が使われている．チトクロームを含まないメタン生成菌でのCO_2と水素ガスからのメタン生成代謝では電気化学的ポテンシャル差は膜結合メチル基転移酵素反応に伴った，ナトリウムイオンの汲み出し反応によってのみ形成される．チトクロームを含むメタン生成菌では加えて膜結合型のヘテロジスルフィド還元酵素系でもエネルギーが保存される．

C1化合物からのメタン生成反応では，膜結合メチル基転移酵素は逆反応を触媒するため，その反応では逆にナトリウムイオン勾配を消費する．この場合，ヘテロジスルフィド還元反応および，還元型F_{420}やH_2によるメタノフェナチン還元反応，ならびに膜結合Echヒドロゲナーゼ複合体によるフェレドキシンからのH_2発生反応と共役して電気化学的ポテンシャル差が形成される[44]．

酢酸からのメタン生成代謝では膜結合メチル基転移酵素，メタノフェナチン還元反応および膜結合ヘテロジスルフィド還元反応の関与した系の他，膜結合Echヒドロゲナーゼ複合体によるH_2生産反応と共役して電気化学的ポテンシャル差が形成される[44]．

チトクロームを含まないタイプのメタン生成菌では，可溶性のヒドロゲナーゼとヘテロジスルフィド還元酵素の複合体（Mvh-Hdr）が，２分子のH_2からの電子を用いてCoM-S-S-CoBとフェレドキシンを還元する（図6.13）．この酵素反応にはフラビンを使った電子バイフリケーション機構が使われている[43]．この反応機構では，H_2からの２電子を酸化還元電位の比較的高いCoM-S-S-CoBに渡すことにより，高エネルギーの２電子を創出し，酸化還元電位がH_2よりも低いフェレドキシンを還元できると考えられている[45]．

表6.1 メタン生成菌で使われているメタン生成代謝反応の例[46]．

メタン生成代謝反応	ギブスの自由エネルギー変化（$\Delta G^{\circ\prime}$）
$4H_2 + CO_2 \rightarrow CH_4 + 2H_2O$	-131 kJ/mol CH_4
$4CH_3OH + 2H_2O \rightarrow 3CH_4 + CO_2 + 4H_2O$	-106.5 kJ/mol CH_4
$CH_3COO^- + H^+ \rightarrow CH_4 + CO_2$	-36 kJ/mol CH_4
$4HCOO^- + 4H^+ \rightarrow CH_4 + 3CO_2 + 2H_2O$	-144.5 kJ/mol CH_4
$H_2 + CH_3OH \rightarrow CH_4 + H_2O$	-112.5 kJ/mol CH_4

6.4 高度好塩性アーキアのエネルギー転換系代謝

Halobacterium salinarum や *Haloferax volocanii* に代表される高度好塩性アーキアは通性好気性菌であり，好気的条件下では，通常の好気性微生物と同様に呼吸によりエネルギーを得ている．一方，嫌気条件下においては，好気条件下とは異なったシステムを利用した生育がいくつか報告されている．例えば，*Haloarcula marismortui*, *Haloarcula vallismortis* および *H.*

volcanii は，硝酸塩存在下において N_2 とともに N_2O ガスを発生しながら嫌気的に増殖できる[47]．このシステムは，酸素の代わりに硝酸塩を電子受容体とする嫌気的な呼吸であり，脱窒と呼ばれ，塩水湖や天日塩田などの高塩濃度環境における窒素循環を担っていると考えられている．また，*Halobacterium* 属では，暗所下においてオルニチン，アンモニアおよび二酸化炭素の生成を伴ったアルギニン発酵による ATP 合成が報告されている[48]．さらに，バクテリオロドプシンなどのレチナールタンパク質による光エネルギー転換系も有している．このシステムは高度好塩性アーキアが持つ特徴的なものであり，よく研究が進んでいる．本節では，これについて詳細を述べる．

6.4.1 レチナールタンパク質

ある種の高度好塩性アーキアは，細胞膜にレチナール（図 6.14(a)）を発色団に持つレチナールタンパク質を有している．最も研究が進んでいる *H. salinarum* は，四つのレチナールタンパク質を持ち，そのうちの二つは光駆動型イオンポンプ（バクテリオロドプシン（bacteriorhodopsin, bR），およびハロロドプシン（halorhodopsin, hR））であり，他の二つは光センサー（センサリーロドプシン I（sensory rhodopsin I, sRI），およびセンサリーロドプシン II（sensory rhodopsin II, sRII））である．これらレチナールタンパク質のアミノ酸配列の相同性は互いに 27〜35% と高い．また，いずれも 7 本の膜貫通型 α-ヘリックスから形成され，レチナールは，7 番目のヘリックス中央付近に存在するリジン残基の α-アミノ基とプロトン化したシッフ塩基結合（-C＝NH$^+$-）を介して結合するという共通の構造モチーフを有している（図 6.14(b)）．ただし，高度好塩性アーキアの中には，レチナールタンパク質を持たない菌もある．このことから，レチナールタンパク質が，高度好塩性アーキアにとって必須ではないことがうかがえる．

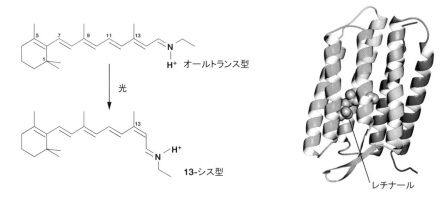

(a) 光照射によるレチナールの異性化　　(b) レチナールタンパク質の立体構造
　　　　　　　　　　　　　　　　　　　　H. salinarum bR（PDB コード：1AT9）
　　　　　　　　　　　　　　　　　　　　7 本の α ヘリックスをらせん状のリボンで示す．

図 6.14　レチナールおよびレチナールタンパク質の構造．

6.4.2 光駆動型イオンポンプ（bR および hR）

H. salinarum の bR は，四つのレチナールタンパク質のうち最も盛んに研究されている．

また発現量も多く，全膜タンパク質の50%にも達するものもある．脊椎動物の網膜にある視物質ロドプシンと同じく，「レチナールを発色団に持つ」，「7回膜貫通型構造をとる」ことからバクテリオロドプシンと名付けられた．568 nmに極大吸収波長を持つbRは，美しい紫色をしており，細胞膜上では三量体を単位に6方晶系の二次元結晶として紫膜と呼ばれるパッチ状の構造体を形成する[49]．bRは光駆動型プロトンポンプであり，光エネルギーに依存してプロトンを細胞の中から外へと汲み出す．その結果，膜の外側より内側にプロトンを動かす電気化学的ポテンシャルが生じ，ATP合成酵素によりATPが合成される．このbRの働きにより，H. salirarumは光を唯一のエネルギー源として生育できる．bRのプロトンポンプのメカニズムは，アミノ酸レベルで解明されている（図6.15）．光照射により，発色団であるオールトランスレチナールが光を吸収して13-シス型レチナールに異性化する（図6.14(a)）．この異性化がスイッチとなり，レチナール分子を取り囲むアミノ酸の状態（位置や電荷）が変化する．そして，この変化がタンパク質全体へと伝播し，極大吸収波長の異なる種々のフォトサイクル中間体（K～O）を経て，数ミリ秒でもとの状態へと戻る．この間に1個のプロトンが細胞内から細胞外に輸送される．プロトン輸送過程がサイクル反応であることから，bRは光刺激の繰り返しに耐えられるという工学応用において大きな利点を有している．また，高い安定性，精製の容易さもあり，現在バイオエレクトリックデバイスへの応用が期待されている．一方，hRは，578 nmに極大吸収波長を持つ光駆動型塩化物イオン組込みポンプであり，光エネルギーを利用して，塩化物イオンを細胞内へと輸送する．高度好塩性アーキアは外部の高濃度の塩による浸透圧に対抗するため，細胞内に高濃度の塩を保持している．hRの機能は，この浸透圧の平衡を維持することに寄与しているといわれている[50]．hRのイオン輸送のサイクルもbRと同様に，光照射に伴ってレチナールが異性化することからスタートする．そして，種々の中間体を経て，もとの状態に戻る間にCl⁻を一方向に輸送する．

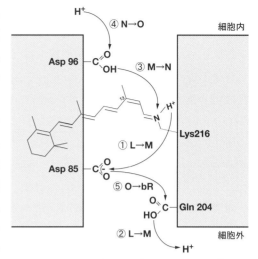

図6.15　bRのプロトン輸送経路．①から⑤の順にプロトン移動が起こり，結果的に細胞内から細胞外へとプロトンが輸送される．
（出典：神取秀樹他：化学 51, 370 (1996)）

6.4.3　光センサー（sRIおよびsRII）

H. salirarumは，長さ約10 μmの桿菌であり，その一方の端に5～10本の鞭毛を持つ．この菌は，鞭毛を時計回りに回転させて鞭毛の付いていない端を先にして直進し，逆に反時計回りに回転させて鞭毛の付いている端を先にして進むことができる．この菌は種々の化学物質や酸素，そして光に対して走性（外部からの刺激を受けて一定方向に移動運動すること）を示し，より心地良い環境へと移動できるように反転の頻度を制御している．そのため，これらの刺激に対する種々のセンサーを有することが知られている．そのうち，sRIおよびsRIIは光

センサーとして機能している．sRI はオレンジ光（≈ 590～600 nm）に対する正の走性に関与（ただし sRI の中間体である sR373（373 nm 極大吸収を持つ）は UV 光に対する負の走性に関与）している．一方，sRII は太陽光のエネルギーピークである青〜緑色光（≈430〜500 nm）の光をよく吸収し，この光に対する負の走性に関与している．sRI および sRII も，bR，hR と同様，光照射に伴ってレチナールが異性化し，種々の中間体を経て，もとの状態へと戻る．これらはそれぞれ，受け取った刺激を伝達するトランスデューサー HtrI および HtrII と 1：1 で結合した状態で細胞膜に存在している（図 6.16）．そのため，sRI および sRII の構造変化がそれぞれ HtrI および HtrII に伝えられ，さらに鞭毛運動へとシグナル伝達されていくのである[51]．四つのレチナールタンパク質の発現は巧みに制御されている．すなわち，酸素が十分にあるときは，光によるダメージを避けるために sRII のみを発現させ，暗い方に泳いでいく．ところが，酸素分圧が下がると，sRI および bR，hR を発現させる．sRI は bR，hR と同様にオレンジ光をよく吸収し，この菌はオレンジ光に対して正の走行性を示すようになる．そして bR, hR がオレンジ光を吸収し，イオンポンプとして機能するのである[52]．

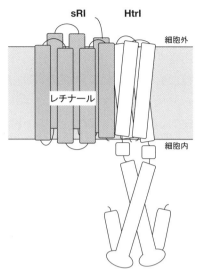

図 6.16　sRI と HtrI の複合体構造模式図．

6.5 フェレドキシン代謝

6.5.1 鉄／硫黄と原始生命

鉄も硫黄も地球や生物を構成する主要元素である．より原始的と考えられる超好熱性バクテリアやアーキアにおいては，鉄硫黄タンパク質であるフェレドキシンが NAD(P)$^+$ を代替して電子伝達に関わる場合がある．これに着目して Bächtershäuser は生命の起源に関する「鉄硫黄ワールド」仮説を唱えた[53]．彼の「表面代謝説」によれば，最初の生命体は化学独立栄養であり，CO_2 などの無機化合物から有機化合物を合成する反応が，火山由来の硫化水素などの化学物質をエネルギー源として黄鉄鉱（硫化鉄 FeS_2）の表面で進行したと考えられる（例えば，$CO_2 + H_2S + FeS \rightarrow HCOOH + FeS_2$）．

本節ではフェレドキシンの関与するアーキアの代謝系を論ずる．

6.5.2 フェレドキシン

フェレドキシン（Fd）は酸不安定硫黄と非ヘム鉄からなる「鉄硫黄クラスター」を活性中心とする分子量数千前後のタンパク質の総称で，生物界に広く分布し，植物の光合成，アーキアやバクテリアの炭酸固定，硝酸還元などの窒素代謝，ヒドロゲナーゼ反応などの様々な酸化還元反応で電子伝達体として働く．

主な鉄硫黄クラスターには，[2Fe-2S] 型，[4Fe-4S] 型，そこから 1 個の鉄原子が脱落し

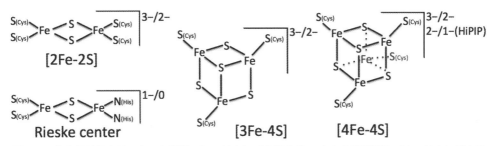

図 6.17 主な鉄硫黄クラスターの種類. $S_{(Cys)}$はタンパク質の Cys 由来の硫黄原子, $N_{(His)}$はタンパク質の His 由来の窒素原子を指す.

た［3Fe-4S］型などがある（図 6.17）．1 個の鉄原子は通常 4 個の硫黄原子と結合し，1 個の電子の授受に伴って +2 または +3 の酸化数をとる．

通常の植物型 Fd では［2Fe-2S］型クラスターにタンパク側から 4 残基の Cys のチオラート基（-S⁻）が配位するが，ミトコンドリアや葉緑体の電子伝達複合体，生体異物分解系においては 2 個の Cys と 2 個の His が配位して酸化還元電位が高い Rieske 型のタンパク質が見られる．［4Fe-4S］型クラスターは，酸化ストレスや鉄欠乏によって［3Fe-4S］型に変換する場合がある．この変換は可逆で，TCA 回路のアコニターゼが鉄制御タンパク質として働くときの鍵反応でもある．アーキアやユーカリアでは tRNA のチオール化に［3Fe-4S］型クラスターが必要な場合がある[54]．［4Fe-4S］型クラスターの 4 個の鉄が 1 個の電子授受に伴って通常は［$2Fe^{3+}$, $2Fe^{2+}$］と［Fe^{3+}, $3Fe^{2+}$］との間を変換する．これに対して［$3Fe^{3+}$, Fe^{2+}］と［$2Fe^{3+}$, $2Fe^{2+}$］との間を変換する場合，より高い酸化還元電位をとるので，Fd は HiPIP (high potential iron-sulfur protein) と呼ばれる．

高度好塩性アーキア Fd には［2Fe-2S］型，好酸性好熱性アーキア Fd には［3Fe-4S］＋［4Fe-4S］の 2 個のクラスター（さらに 1 個の構造亜鉛），メタン生成アーキアには 12 個の［4Fe-4S］型クラスターを持つものがある．このようにアーキアの Fd のクラスターは多様であり，極限環境に適応する構造的基盤も様々である．

6.5.3 フェレドキシンの関与する代謝系

化学合成独立栄養生物（CO_2 を唯一の炭素源として無機化合物を酸化するエネルギーによって有機化合物を合成する生物，全てのアーキアやバクテリアが該当するわけではない）の炭酸固定機構は 6 種類にまとめられるが，そのうちの三つ，還元的アセチル CoA 経路（のホルミルメタノフラン脱水素酵素と CO 脱水素酵素-アセチル CoA 合成酵素），ジカルボン酸-ヒドロキシブチル酸回路（ピルビン酸合成酵素），還元的 TCA 回路（2-オキソグルタル酸合成酵素）において，Fd（還元型）は必須の電子供与体である[55]．

この他に Fd を必須とする酵素として，中央代謝系で働くグリセルアルデヒド-3-リン酸酸化酵素，アルデヒド酸化酵素，ホルムアルデヒド酸化酵素などがあり，これらはタングスト・プテリンを活性中心とする珍しい金属酵素であるが一部のアーキアに限られている[56]．*Sulfolobus* 由来のモリブド・プテリン酵素はグリセルアルデヒド酸化還元酵素として解糖系で働くが電子受容体は Fd ではない[57]．

Fd と $NADP^+$ との間で電子をやりとりする Fd：$NADP^+$ 還元酵素（FNR）は 2 種類のアー

キアで同定されている．このうち *Sulfolobus* 由来のものは分子量が7万のホモ二量体で，バクテリアのチオレドキシン還元酵素との類似性が高い[58]．

6.5.4　2-オキソ酸：フェレドキシン酸化還元酵素

前述したピルビン酸や2-オキソグルタル酸などの2-オキソ酸を合成する反応は，次の式で表される．

$$R\text{-}(C{=}O)\text{-}COOH + CoA + 2Fd（酸化型）\rightleftarrows R\text{-}(C{=}O)\text{-}S\text{-}CoA + CO_2 + 2Fd（還元型）$$

ここで，CoA は補酵素 A，R＝-CH₃ の場合は，R-(C=O)-COOH はピルビン酸，R-(C=O)-S-CoA はアセチル CoA である．R＝-(CH₂)₂-COOH（2-オキソグルタル酸，旧称 *α*-ケトグルタル酸）の場合は，TCA 回路の部分反応である．右向きの反応は，2-オキソ酸の酸化的脱炭酸反応である．

中央代謝系で重要なこの反応は，大部分の好気的な生物では Fd ではなく $NAD(P)^+$ を電子受容体とする分子量数百万の巨大酵素複合体が触媒し，反応は不可逆（右向きだけ）である．この複合体は3種類の酵素 E1/E2/E3 からなり，チアミンピロリン酸（TPP，ビタミン B1 の誘導体）・リポ酸・FAD・NAD^+ などを補因子として要求する複雑な酵素である．

これに対して一部のユーカリア（*Giardia*，*Trichomonas* などミトコンドリアを欠く寄生性の病原微生物）や一部のバクテリア（*Helicobacter*，*Klebsiella*，*Desulfovibrio* など）および全てのアーキアにおいては，この反応は Fd を電子受容体とする分子量が26万前後の酵素（2-オキソ酸：フェレドキシン酸化還元酵素，OFOR）が触媒する．還元型 Fd を用いることで左向きの炭酸固定反応も可能となる．この酵素は，1個の TPP と1～3個の［4Fe-4S］クラスターを補因子とする分子量が約13万のユニット（祖先型遺伝子の交換，欠失，融合に応じた1～5種類のサブユニットからなる）が2個合わさってできている[59]．*Sulfolobus* の OFOR は補因子の数や分子量が最も小さく，亜鉛結合 Fd との複合体の立体構造は，*Desulfovibrio* OFOR の構造と類似する[60]．この酵素は2-オキソ酸特異性が広く，ピルビン酸や2-オキソグルタル酸などを基質とするので，中央代謝を可逆的に進めることが可能であり，このアーキアが従属栄養でも独立栄養でも生育できるための鍵酵素である．

文　　献

■ 6.1
1)　C. Bräsen *et al.*: *Microbiol. Mol. Biol. Rev.* **78**, 89（2014）
■ 6.2
2)　T. Soderberg: *Archaea* **1**, 347（2005）
3)　I. Orita *et al.*: *J. Bacteriol.* **188**, 4698（2006）
4)　A. Pickl and P. Schönheit: *FEBS Lett.* **589**, 1105（2015）
5)　X. Tang *et al.*: *Mol. Gen. Genet.* **262**, 815（1999）
6)　T. Sato *et al.*: *J. Bacteriol.* **185**, 210（2003）
7)　T. Sato *et al.*: *Appl. Environ. Microbiol.* **71**, 3889（2005）
8)　T. Sato *et al.*: *Science* **315**, 1003（2007）
9)　Y. Makino *et al.*: *Nat. Commun.* **7**, 13446（2016）

文　献

10)　A. Yoshida *et al.*: *J. Biol. Chem.* **291**, 21630 (2016)

11)　T. Shimizu *et al.*: *Biochem. J.* **474**, 105 (2017)

12)　O. W. Griffith: "Sulfur and Sulfur Amino Acids", *Methods in Enzymology* **143**, W. B. Jakoby and O. W. Griffith (Eds.) (Elsevier, 1987) p. 366

13)　R. Hell: *Planta* **202**, 138 (1997)

14)　N. M. Kredich and G. M. Tomkins: *J. Biol. Chem.* **241**, 4955 (1966)

15)　K. Mino and K. Ishikawa: *J. Bacteriol.* **185**, 2277 (2003)

16)　K. Mino and K. Ishikawa: *FEBS Lett.* **551**, 133 (2003)

17)　G. D. Westrop *et al.*: *J. Biol. Chem.* **281**, 25062 (2006)

18)　A. Sauerwald *et al.*: *Science* **307**, 1969 (2005)

19)　T. Kosuge and T. Hoshino: *FEMS Microbiol. Lett.* **157**, 73 (1997)

20)　T. Kosuge and T. Hoshino: *FEMS Microbiol. Lett.* **169**, 361 (1998)

21)　N. Kobashi *et al.*: *J. Bacteriol.* **181**, 1713 (1999)

22)　H. Nishida *et al.*: *Genome Res.* **9**, 1175 (1999)

23)　T. Ouchi *et al.*: *Nat. Chem. Biol.* **9**, 277 (2013)

24)　A. Horie *et al.*: *Nat. Chem. Biol.* **5**, 673 (2009)

25)　A. B. Brinkman *et al.*: *J. Biol. Chem.* **277**, 29537 (2002)

26)　U. Genschel: *Mol. Biol. Evol.* **21**, 1242 (2004)

27)　Y. Yokooji *et al.*: *J. Biol. Chem.* **284**, 28137 (2009)

28)　H. Tomita *et al.*: *Mol. Microbiol.* **90**, 307 (2013)

29)　田口寛他：『ビタミン総合事典』日本ビタミン学会（編），（朝倉書店，2010）p. 241

30)　S. Nasu *et al.*: *J. Biol. Chem.* **257**, 626 (1982)

31)　C. J. Bult *et al.*: *Science* **273**, 1058 (1996)

32)　H. Sakuraba *et al.*: *Extremophiles* **6**, 275 (2002)

33)　H. Sakuraba *et al.*: *J. Biol. Chem.* **280**, 26645 (2005)

34)　M. K. Fenwick and S. E. Ealick: *Biochemistry* **55**, 4135 (2016)

35)　H. Sakuraba *et al.*: *Appl. Environ. Microbiol.* **71**, 4352 (2005)

36)　K. Yoneda *et al.*: *Bichim. Biophys. Acta* **1767**, 1087 (2006)

37)　K. Yoneda *et al.*: *FEBS J.* **274**, 4315 (2007)

■6.3

38)　R. K. Thauer *et al.*: *Nat. Rev. Microbiol.* **6**, 579 (2008)

39)　A. A. DiMarco *et al.*: *Annu. Rev. Biochem.* **59**, 355 (1990)

40)　E. Warkentin *et al.*: *EMBO J.* **20**, 6561 (2001)

41)　C. Afting *et al.*: *Arch. Microbiol.* **169**, 206 (1998)

42)　嶋盛吾：化学と生物 **52**, 307 (2014)

43)　A. K. Kaster *et al.*: *Proc. Natl. Acad. Sci. USA* **108**, 2981 (2011)

44)　C. Welte and U. Deppenmeier: *Biochim. Biophys. Acta-Bioenergetics* **1837**, 1130 (2014)

45)　W. Buckel and R.K. Thauer: *Biochim. Biophys. Acta-Bioenergetics* **1827**, 94 (2013)

46)　嶋盛吾：化学と工業 **68**, 706 (2015)

■6.4

47)　R. L. Mancinelli and L. Hochstein: *FEMS Microbiol. Lett.* **35**, 55 (1986)

48)　R. Hartmann *et al.*: *Proc. Natl. Acad. Sci. USA* **77**, 3821 (1980)

49)　R. Henderson and P. N. Unwin: *Nature* **257**, 28 (1975)

50)　T. J. Williams *et al.*: *The ISME J.* **8**, 1645 (2014)

51)　J. L. Spudich: *Mol. Microbiol.* **28**, 1051 (1998)

52)　G. Schäfer *et al.*: *Microbiol. Mol. Biol. Rev.* **63**, 570 (1999)

■6.5

53)　G. Wächtershäuser: "Encyclopedia of Chemical Biology" T. P. Begley (Ed.) (J. Wiley and sons, 2008) Vol. **3**, p. 1397

54)　Y. Liu *et al.*: *Proc. Natl. Acad. Sci. USA*, **113**, 12703 (2016)

55)　G. Fuchs: *Ann. Rev. Microbiol.* **65**, 631 (2011)

56)　R. Roy *et al.*: "Hyperthermophilic Enzymes, Part B", *Methods in Enzymology* **331**, M. W. W. Adams and R. M. Kelly (Eds.) (Elsevier, 2001) p. 132

57)　T. Wakagi *et al.*: *PloS One*, DOI: 10.1371/journal.pone.0147333, (2016)

58) Z. Yan *et al.*: *Extremophiles* **18**, 99 (2014)

59) G. J. Schut *et al.*: "Hyperthermophilic Enzymes, Part B", *Methods in Enzymology* **331**, M. W. W. Adams and R. M. Kelly (Eds.) (Elsevier, 2001) p. 144

60) Z. Yan *et al.*: *Sci. Rep.*, DOI: 10.1038/srep33061 (2016)

第 **7** 章

網羅的分子生物学的手法と
アーキア研究

　ポストゲノム時代に入り，分子生物学は網羅的な視点から生命現象を眺める方法の開発が進められてきた．網羅的な視点というのは当然，ゲノム上の遺伝子配列情報のことであるが，そこから発展して様々な種類の分子情報，たとえば細胞内の遺伝子の発現状態を網羅的に測定するトランスクリプトーム，細胞内のタンパク質の全体を観測するプロテオーム，さらには代謝物質のすべてを網羅的に測定するメタボロームなどの言葉が生まれてきた．そして，これらの網羅的情報を研究する学問分野は，ゲノミクス，トランスクリプトミクス，プロテオミクス，メタボロミクスというように，語尾に―オミクスという言葉が付くので，オミクス研究と呼ばれる．アーキア研究においても，このような網羅的分子情報のアプローチは進んでおり，それぞれの章で紹介されているので，本章では特にトランスクリプトームの中のトピックスである非翻訳 RNA（non-coding RNA）と CRISPR について述べる．

7.1 | アーキアの non-coding RNA

　non-coding RNA（ncRNA）とはその名の通りタンパク質をコードしない RNA のことである[1]．タンパク質をコードする mRNA は coding RNA である．すなわち，ncRNA はタンパク質に翻訳されることなく，RNA 分子のままで働き，様々な生物学的な機能に関与している．このため ncRNA を機能性 RNA と呼ぶことがある．近年，次世代シークエンサーに代表されるような網羅的な解析手法の結果として，アーキアにおいても予想以上に，低分子の ncRNA（small RNA, sRNA とも呼ばれる）がゲノムにコードされていることが明らかとなってきた．さらに，ゲノム編集のツールとして注目されている CRISPR RNA も ncRNA の一種である．これら ncRNA が多様な生物種で膨大に存在することが今世紀になって発見されたので，ncRNA というと歴史的に新しい分子種のような印象もあるが，古典的 ncRNA とも総称されているのが，遺伝情報の翻訳過程に働く tRNA や rRNA である（第 5 章参照）．細胞から全RNA を抽出すると，その大半（98〜99％）を構成するのが tRNA と rRNA である．アーキアにおいてもこの事実は変わらない．tRNA や rRNA の配列保存性は極めて高く，バクテリア，アーキアそしてユーカリアの間においても，その高次（二次）構造上の保存性が明確に見てとれる（第 5 章参照）．したがって，tRNA や rRNA は三つのドメインが分岐するより以前に出現，存在し，その後の進化は極めて限定的だったと考えられる．言い換えるならば，翻訳

159

第7章　網羅的分子生物学的手法とアーキア研究

表7.1　アーキアの代表的な Non-coding RNA（ncRNA）と機能性 RNA ドメイン.

ncRNA （機能性 RNA ドメイン）の名称	種類，具体例	（予想される）機能
transfer RNA（tRNA，転移 RNA）	tRNA^{Ala}, tRNA^{Phe}, tRNA^{Val} 他	アミノ酸をリボソームへ運ぶ.
ribosomal RNA（rRNA，リボソーマル RNA）	16S rRNA, 23S rRNA, 5S rRNA	タンパク質合成の場であるリボソームの構成成分. 23S rRNA にペプチド転移反応の活性中心がある.
small nuceolar RNA（snoRNA，核小体低分子 RNA）*	boxC/D と boxH/ACA の2タイプがある.	rRNA への転写後修飾に関与する.
Ribonuclease P RNA（RNase P RNA）		タンパク質サブユニットとともに複合体を形成し，tRNA 前駆体のプロセシングに関与する.
Signal recognition particle RNA（SRP RNA）		タンパク質サブユニットとともに複合体を形成し，細胞外に分泌されるタンパク質等の（シグナルペプチド領域に結合），移動に関与する.
small RNA（sRNA，低分子 RNA）	タンパク質をコードする遺伝子と遺伝子の間（遺伝子間領域）にコードされるもの，タンパク質をコードする遺伝子のアンチセンス側にコードされるものがある.	標的となる mRNA と結合し，その mRNA の翻訳抑制や分解等に関わる.
CRISPR RNA		タンパク質サブユニットとともに複合体を形成し，ウイルス等に対する生体防御に関与.
mRNA 上の機能性 RNA ドメイン⑴	リボスイッチ	mRNA の遺伝子発現制御に関わる.
mRNA 上の機能性 RNA ドメイン⑵	SECIS（セレノシステイン挿入配列）	翻訳終止の代わりに（終止コドンの場所に）セレノシステインを挿入するための制御配列.

＊アーキアは原核生物のため核小体そのものの存在が同定されていない. しかしながら，ユーカリアの snoRNA と相同な本 RNA をアーキアの snoRNA（archaeal snoRNA）と歴史的に呼んでいる.

という遺伝情報のセントラルドグマの一過程に関わる ncRNA として，その構造を大きく変えることは生物学的な死を意味しており，変えようがなかったと想像されるのである. さて，ncRNA の生理機能というと，RNA 分子だけが重要というような印象があるが，ncRNA が機能的となるためには，ほとんどの場合で特異的なタンパク質との協調的な働きが重要になることを忘れてはならない. 例えば，rRNA はリボソームタンパク質との複合体を形成し機能的なリボソームとなり，tRNA にアミノ酸を付加するのは tRNA アミノアシル合成酵素である（第5章参照）.

　本節では，アーキアにおける ncRNA 分子について概説する. また，ncRNA を広義に解釈して，mRNA 上に存在する機能性 RNA のドメインに関しても若干の解説を加えたい. 本節で取り扱うアーキアの代表的な ncRNA に関して**表7.1**にまとめてある.

7.1.1　アーキアの tRNA

　全ての生物種で tRNA 分子は基本的に同様の構造を持つ. アーキアにおいても，通常の成熟型 tRNA は**図7.1**(a)のようにクローバー葉の RNA 二次構造を呈している. 一方近年になって，アーキアの tRNA 遺伝子にはゲノム上，様々な形で分断されているものがあるとわかってきた. すなわち，このような tRNA 遺伝子から転写された tRNA 前駆体もまた様々な様式で分断されている. したがって，転写後に正確な RNA の加工作業（RNA プロセシング）が

160

7.1 アーキアの non-coding RNA

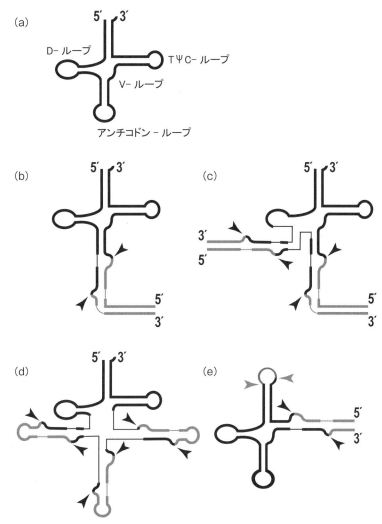

図 7.1 アーキアで見出された分断型 tRNA 前駆体．(a)通常の tRNA の二次構造，(b)スプリット型 tRNA 前駆体，(c)トリ-スプリット型 tRNA 前駆体，(d)マルチイントロン型 tRNA 前駆体，(e)逆位型 tRNA 前駆体．黒い領域が成熟 tRNA になる領域（エキソン）を，灰色の領域が介在配列（イントロン）あるいは，スプリット型 tRNA のリーダー配列を示している．黒い矢頭が tRNA スプライシングエンドヌクレアーゼにより，灰色の矢頭が未知の酵素（RNase P や RNase Z と考えられる）により切断される箇所を示している．

なければ，成熟型の tRNA 分子が創生されることはない．第 5 章で RNA プロセシングについて述べられているが，もう少し詳しく見てみよう．

2005 年にエール大学の Diter Söll らのグループは，超好熱性アーキア *Nanoarchaeum equitans* のゲノム上で特定の tRNA 遺伝子が 5′ 側半分と 3′ 側半分をそれぞれコードする二つの遺伝子として存在していると報告し[2]，これをスプリット型 tRNA（split tRNA）と呼んだ（図 7.1(b)）．それまでにもアンチコドン部分にイントロンが入り込むことで二分された tRNA 遺伝子などは知られていたが，100 塩基以下という短い tRNA が半分ずつの tRNA 断片から構成されるということは，驚愕をもって迎えられた．すなわち，スプリット型 tRNA は 5′ 側半分と 3′ 側半分に相応する tRNA 断片が各々の遺伝子から転写され，それらが細胞内でハイブ

161

リッドを作る．ハイブリッドを作るのに必要なリーダー配列は，tRNA イントロンを切り出すのと同じ酵素である tRNA スプライシングエンドヌクレアーゼによって除去され，tRNA リガーゼによる RNA 連結の過程を経て，成熟型のクローバー葉構造になる．この最初のスプリット型 tRNA は由来する *N. equitans* が寄生性のアーキアであったことから，そのゲノム縮小に伴う副産物かもしれないと当初は考えられた．2009 年になって，Kanai らのグループは寄生性ではない超好熱好酸性アーキア *Caldivirga maquilingensis* にスプリット型 tRNA を，さらには三つの RNA 遺伝子に分断されたトリ‐スプリット型 tRNA（tri-split tRNA, 図 7.1(c)）を見出した[3]．これに加え，カリフォルニア大学の Todd Lowe らのグループもクレンアーキオータ門に属する複数の種でスプリット型 tRNA の報告をした[4]．以上の事実は，スプリット型 tRNA はゲノム縮小に伴う副産物ではないことを明確に示している．さらには，三つのイントロンを有したようなマルチイントロン型 tRNA 前駆体（図 7.1(d)）[5]や，3′ 側と 5′ 側がゲノム DNA 上で逆転しており，環状型の前駆体（図 7.1(e)）を介して成熟型となる逆位型 tRNA（permuted tRNA）[4]をコードする遺伝子などがアーキアゲノム上に次々と発見された．

　断片化された tRNA 遺伝子を持つアーキアの種を系統樹上で見ると，生物門によって違いがあることに気づく（図 7.2）[5,6]．ユーリアーキオータ門に属するアーキアでは，tRNA 遺伝子の一部しか，イントロンを持たないし，持ったとしてもアンチコドンループに一つあるばかりである．その一方で，クレンアーキオータ門（特にサーモプロテアス目）においては，tRNA 遺伝子がイントロンを数多く持つばかりでなく，スプリット型 tRNA や逆位型 tRNA の存在など，様々な形で tRNA 遺伝子が分断されたものが多い．例えば，*Thermofilum pendens* では全体の tRNA のうちで約 85% が断片型 tRNA 遺伝子としてコードされている．しかも，イントロンの挿入箇所はアンチコドンループばかりでなく，様々なところに位置している．第 5 章で見てきたように，イントロンの構造や tRNA 上での挿入箇所は，イントロンを切り取る tRNA スプライシングエンドヌクレアーゼ（EndA）のタイプと機能的な相関があることがわかっている（図 7.2）[7]．確認すると，EndA には α_2, α_4, $(\alpha\beta)_2$, ε_2 などのタイプが知られている．ユーリアーキオータ門に属するアーキアのアンチコドンループに一つあるイントロンを切除するには α_2 や α_4 タイプの EndA で十分だが，このタイプの酵素ではアンチコドンループ以外の位置にイントロンがある場合では，効率良くイントロンの除去はできない．クレンアーキオータ門に多い，変則的な位置や形状の tRNA イントロンを切除するためには $(\alpha\beta)_2$ タイプの EndA が必要であり，同門のアーキアは $(\alpha\beta)_2$ タイプの酵素を有している．この意味で，tRNA イントロンのタイプと tRNA スプライシングエンドヌクレアーゼのタイプは共進化していることになる[7]．ε_2 タイプは，16S rRNA の分類ではユーリアーキオータ門に属しながら，tRNA イントロンの位置や形状が変則的であった微細なアーキア ARMAN-2 のゲノム中に，同イントロンを除去可能な新種の酵素として Kanai らにより発見された[8]．

　それでは，アーキアの tRNA 遺伝子はこのように分断されたものがなぜ多いのかというと，その答えはいまだに推量の域を出ないが，次の二つの説が提唱されている：

(1) 分断化された tRNA は原始の tRNA の姿を反映している[9]．

(2) ゲノムの tRNA 領域はウイルスが入り込む標的になりやすく，tRNA が分断化することで，これを防げる可能性がある[10]．

7.1 アーキアの non-coding RNA

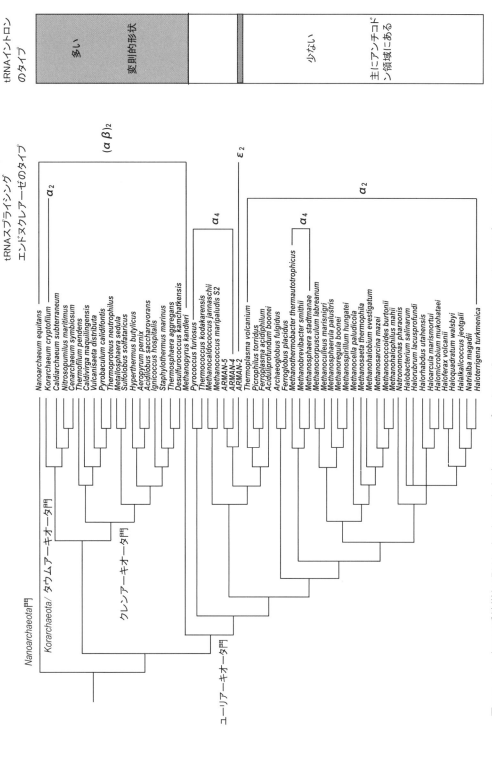

図7.2 アーキアの系統樹と tRNA イントロンおよび tRNA スプライシングエンドヌクレアーゼのタイプ．アーキアの系統樹は 16S rRNA の相同性により構築した（K. Fujishima et al.: Nucleic Acids Res., **39**, 9695 (2011) を改変）．

第7章　網羅的分子生物学的手法とアーキア研究

各々の説は甲乙をつけ難いし，どちらも正解かもしれない．一つの事実として，スプリット型 tRNA を有するアーキアの近縁種では，該当する tRNA が，スプリットされている位置にイントロンを持つイントロン型 tRNA であることがある[3,6]．このことは，スプリット型 tRNA とイントロン型 tRNA には進化的な関連性があり，スプリット型 tRNA の少なくとも一部は起源的でなく，アーキアの進化の過程でイントロン型 tRNA が分断したと類推することができる．といっても，もともと原始にそのような機構があったからこそ，進化の途中でも分断化を遂行することができるとも考えられる．

7.1.2　アーキアの rRNA とその修飾に関わる snoRNA

アーキアの rRNA も tRNA と同じく生命の 3 ドメイン間でその高次構造が非常によく保存されている．rRNA には分子種が存在し，バクテリアやアーキアなどの原核生物では，沈降係数により 16S，23S および 5S の rRNA が主たるものとして同定されている．このうち，23S と 5S がリボソーム大サブユニット（50S サブユニット）に含まれ，16S rRNA が小サブユニット（30S サブユニット）に含まれている．rRNA の遺伝子の多くはゲノム上でクラスターを形成していることが多いが，そのクラスター構造はアーキアの種の進化的な位置づけとよく対応している．すなわち，クレンアーキオータ門に属するほとんどの種において，rRNA 遺伝子クラスターを形成しているのが 16S-23S であり，5S はゲノム上の別の位置に存在している．一方で，ユーリアーキオータ門で比較的に起源的な種の中には，このクラスターに tRNA^{Ala} などが挿入されるものが存在する（16S-Ala-23S）．もう少し進化が進むと，5S がクラスターに参加し（16S-Ala-23S-5S や 16S-23S-5S），さらに進化したと考えられるユーリアーキオータ門の種では，これらのクラスターの一部や全体が重複し，遺伝子のコピー数が 2〜3 倍になっている．

アーキアの rRNA もバクテリアやユーカリアの rRNA 同様に様々な化学修飾（メチル化やシュードウリジン化など）が施されている．ここで，バクテリアの rRNA の修飾は部位特異的な修飾酵素によって行われているが，ユーカリアとアーキアでは，特定の領域を規定するガイドの RNA（ncRNA である）とタンパク質との複合体がこれを行い，このガイド RNA に相応するのが，small nucleolar RNA（snoRNA，核小体低分子 RNA）である[11-13]．アーキアは原核生物なので「核小体」は存在しないが，ユーカリアで同定された snoRNA のアーキアにおける相同 ncRNA ということで，アーキアの snoRNA（archaeal snoRNA あるいは単に small RNA）と歴史的に呼ばれている．ここで，snoRNA はその配列から，boxC/D と boxH/ACA の 2 タイプがあり，それぞれが特異的なタンパク質との複合体を形成し，その機能遂行にあたっている（例えば，boxC/D タイプには Fibrillarin，L7Ae や Nop56/58 などのタンパク質が，boxH/ACA タイプには Cbf5，L7Ae や Nop10 などのタンパク質が結合している）．なお，ユーカリアの snoRNA は rRNA の化学修飾だけでなく，tRNA や特定の mRNA なども標的にすることが示唆されている．さらには，RNA プロセシング，RNA エディティングなどに関わることが報告されている．アーキアの snoRNA に化学修飾を行う以上の拡大された機能があるかどうかについては不明であり，これからの課題である．

164

7.1.3 RNase P RNA と SRP RNA

　Ribonuclease P（RNase P）は RNase P RNA と呼ばれる ncRNA と通常はいくつかのタンパク質サブユニットからなる複合体酵素であり，tRNA 前駆体の 5′ 側末端のプロセシングに当たるエンドリボヌクレアーゼである[14, 15]．ちなみに，tRNA 前駆体の 3′ 側末端のプロセシングにあたるエンドリボヌクレアーゼは RNase Z であり，こちらの方は通常のタンパク質酵素である．アーキアにはこの両者の酵素が存在している．バクテリアの RNase P はタンパク質成分がなくても tRNA の 5′ 末端を切断する活性があることが報告されており，このことから RNase P RNA はリボザイム（RNA 酵素）であることがわかる．一方で，植物のミトコンドリアなどでは RNA 成分がない RNase P が存在しており，この酵素の進化的な位置づけに興味がもたれる（アーキアの RNase P については 5.3.1 項を参照）．

　シグナル認識粒子（Signal recognition particle, SRP）も SRP RNA（ncRNA である）とタンパク質（SRP19 や SRP54 など）の複合体からなる[16]．この複合体は分泌タンパク質がリボソームで合成される際に，その N 末端のシグナル配列（20〜30 アミノ酸残基）を認識し，分泌タンパク質およびリボソームを小胞体の膜に移行させる機能を持つ．SRP RNA は極めて二次構造に富み，配列のほとんどがステム構造を形成している．

7.1.4 アーキアの small RNA

　本節で記載するアーキアの ncRNA のうちで，最も未知なものが small RNA（sRNA）であり，今世紀中にその理解が進むと期待される．このタイプの ncRNA は，同じ原核生物で大腸菌をはじめとしたバクテリアでの研究が先行している．アーキアは遺伝子制御系の因子に関しては，ユーカリアの該当分子をより起源的かつシンプルにした形として存在しているが，遺伝子構造（mRNA にほとんどイントロンがなく，オペロンを組んでいるところなど）および sRNA に関しては，バクテリア型であるといってよい．ユーカリアで大量に存在するマイクロ RNA（microRNA, miRNA）や長鎖 ncRNA（long ncRNA, lncRNA）などはアーキアには存在しない．CRISPR RNA（7.2 節参照）をバクテリア，アーキアの RNA 干渉を担う RNA として，ユーカリアの small interfering RNA（siRNA）と並べる考え方もあるが，進化的に両者は別ものである．

　バクテリアの sRNA（50〜500 塩基長程度）は，個別の研究から同定された遺伝子が結果的に ncRNA であったような例を除けば，2000 年過ぎから集中的に解析されはじめた．それは 21 世紀初頭の新技術である，生命情報科学（Bioinformatics, バイオインフォマティックス）的な解析，cDNA ライブラリーの網羅的な配列解読による解析，ゲノムレベルでの高密度のマイクロアレイ解析（tiling array, タイリングアレイ解析），そして，次世代シークエンサーによる RNA 分画の網羅的な配列解析（RNA-seq 解析）という各手法によるものである．その結果，新たな転写単位が，ゲノムあたり数十から数百くらい，タンパク質をコードする遺伝子とは別に存在すると予想されている．バクテリアの多くの sRNA は標的となる mRNA が存在し，その mRNA の分解や翻訳阻害等を介してその生理機能を発揮することがわかってきているが，アーキアの sRNA の機能解明は始まったばかりである．アーキアの場合もおそらく同様の制御が期待されると思われる．

第 7 章　網羅的分子生物学的手法とアーキア研究

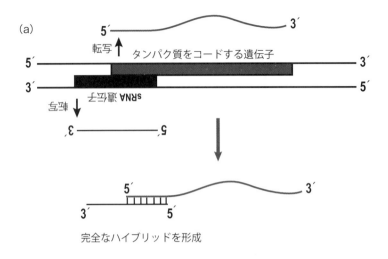

図 7.3　アーキアの sRNA による 2 種の制御機構．(a)シス-アンチセンス型，(b)トランスアンチセンス型．

　アーキアの sRNA の解析は若干出遅れたために，現在，最も効果的な手法の一つである RNA-seq 法を用いた研究が多い．例えば，この手法を用いて，前述の *N. equitans*[17]，さらには超好熱性アーキアである *Pyrobaculum* 属の数種[18]，メタン生成アーキアである *Methanosarcina mazei*[19] および *Methanopyrus kandleri*[20] などのトランスクリプトームの解析が報告されている．解析の結果明らかとなった sRNA 遺伝子の制御機構について図 7.3 にまとめた．まず，タンパク質をコードする遺伝子の逆鎖側から数多くの sRNA が発現していることがわかった（図 7.3(a)）．これは，シス型のアンチセンス RNA と呼ばれ，標的となるセンス側のタンパク質をコードする mRNA と遺伝子がオーバーラップした領域で完全一致するハイブリッドを形成する．一方，遺伝子と遺伝子の間に存在する遺伝子間領域にも sRNA の転写単位が見つかることがある．この場合は標的となる mRNA は別の遺伝子座からの転写物であり，トランス型のアンチセンス RNA となって機能することが多い．標的とのハイブリッド形成も完全一致とはいかず，部分的なことが多い（図 7.3(b)）．バクテリアでは標的となる mRNA の分解や翻訳阻害等を介してその生理機能を発揮するのに対して，アーキアでこの制御に関わる因

子の同定などはこれからの課題である．例えば，大腸菌では Hfq と呼ばれる RNA シャペロンタンパク質（六量体のリング様構造をとる）が sRNA と標的 mRNA の結合を促進すると報告されている．超好熱性メタンアーキアである *Methanocaldococcus jannaschii* でも，Hfq-like なタンパク質の六量体構造について報告されているが[21]，その機能については明確ではなく，今後の研究を待つ必要がある．

最近になって，バクテリアやユーカリアで tRNA の断片（tRNA-derived fragment, tRF）が sRNA として機能的な働きをするという報告が相次いでいる．当初，tRF は単に tRNA の分解物と考えられていたが，ヒトやマウスでは miRNA の制御に関わる Ago タンパク質と複合体を形成し，RNA サイレンシングに関わることが明らかとなっている．アーキアでは，高度好塩性の *Haloferax volcanii* にも tRF があることが報告されている[21]．この例では tRNA[Val] に由来する tRF がリボソームに結合し，翻訳を抑制することが示唆されている．このような tRF は機能性低分子 ncRNA に含まれている．今後，他のアーキアに関しても様々な解析が期待されている．

7.1.5 機能性 RNA ドメイン

独立した ncRNA ではないが，それと同等の働きをするものとして，通常に転写された mRNA 鎖の特定の部位が特別な機能を有する"機能性 RNA ドメイン"について触れておきたい．まず，リボスイッチは主にバクテリアの mRNA で明らかにされた機能性 RNA のドメインである．低分子の化合物がその RNA 領域に結合することで，RNA の高次構造を変え，遺伝子の発現調節（翻訳の活性化など）を行うことが明らかになっている．低分子の化合物の例としては，チアミン二リン酸（TTP），フラビンモノヌクレオチド（FMN），S-アデノシルメチオニン（SAM），グアニンなどの塩基，リジンやグリシンなどのアミノ酸など様々なものがあり，その代謝に関わる酵素をコードする mRNA の制御を行うと考えられる．このようなリボスイッチの全てがアーキアの mRNA に存在しているか否かはまだ不明であるが，以下のような例が報告されている．

アーキアでその存在が示唆されている TTP リボスイッチについて具体的に解説したい（図 7.4）[22,23]．チアミンの生合成に関与する mRNA の 5′ UTR に特異的な RNA 二次構造があ

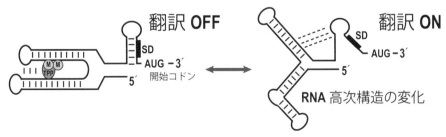

図7.4 チアミン二リン酸（TPP）リボスイッチによる翻訳開始の制御機構．チアミン生合成の mRNA にはリボスイッチによって翻訳制御を行うものがある．TPP が過剰にあるときには Mg^{2+} イオンとともに，mRNA の 5′ 非翻訳領域に存在する特異的な RNA の高次構造に結合し，その結果，この領域に隣接する RNA 鎖が翻訳に必要な SD 配列とハイブリッドを形成するようになり，翻訳は抑制される．一方，TPP が欠乏すると，RNA の高次構造が変化して，SD 配列を覆っていたハイブリッドが解消されることで，翻訳のスイッチが入る（A. Serganov *et al*: *Nature* 441, 1167 (2006) を改変）．

り，TTP が過剰に存在すると TTP は Mg^{2+} イオンとともにこの RNA 領域に結合する．その結果として，AUG 開始コドンの上流にある SD 配列が mRNA 内部でステム構造をとるようになるため翻訳の阻害がおこる（16S rRNA の末端にあるアンチ SD 配列がその mRNA とハイブリッドを形成できない）．つまり翻訳のスイッチは OFF になる．一方で，TTP が欠乏すると，TTP が結合していた RNA の高次構造が変化し，SD 配列を覆っていたステムが開裂するために，16S rRNA の結合が可能になる．これで翻訳 ON の状態になる．

二つ目の機能性 RNA ドメインの例として，セレノシステイン挿入配列（Sec-insertion sequence, SECIS）を取り上げる[24, 25]．21 番目のアミノ酸として知られるセレノシステイン（Sec）は，システインの硫黄原子（S）がセレン原子（Se）に置き換わったアミノ酸である．mRNA にセレノシステイン挿入配列が存在すると，$tRNA^{Sec}$（終止コドンである UGA に相補的なアンチコドンを持つ）とセレノシステイン特異的な翻訳伸長因子 EF-Sec との協調作業により，UGA コドンを Sec のコドンとして認識するようになる．これは機能性 RNA ドメインの導入により遺伝暗号の拡張が可能ということを示しており，極めて興味深い．

リボスイッチ研究を率いているエール大学の Ronald Breaker らは，比較ゲノム解析から特異的な RNA の構造を伴った機能性 RNA の候補配列を数多くバクテリアやアーキアゲノム上に推定し，2010 年に発表している[26]．今後の実験による詳細な検証が待たれる．

これまでに記した多くの ncRNA（あるいはその前駆体 RNA）がアーキアでは環状型となっていることについて触れておきたい．まず，tRNA のイントロンや rRNA 前駆体が環状化することが報告されている[27]．また，超好熱性アーキアである *Pyrococcus furiosus* では環状型の snoRNA が報告されている[28]．さらに，超好熱性アーキアの *Thermoproteus tenax* の SRP RNA も環状化されることがわかり，それによって機能的で安定な SRP RNA になると考察されている[29]．超好熱好酸性アーキアである *Sulfolobus solfataricus* を用いたトランスクリプトーム解析では，上記の ncRNA を含んだ数多くの環状型 ncRNA の報告がある[30]．すなわち，アーキアでは何らかの理由で ncRNA を環状化する必要があるということである．この現象の生理学的な意義の解明のためには，さらなる一連の研究が必要で，アーキア遺伝子の制御研究として重要なポイントとなるであろう．

7.2 | CRISPR/Cas システム

7.2.1 CRISPR の発見

DNA 塩基配列が解読され始めると，原核生物のゲノム中に多くの繰り返し配列（short sequence repeats, SSRs）が存在することがわかり興味を持たれた[31]．SSRs には，繰り返し単位が連続的に繋がっているものと，繰り返し単位間に保存性のないスペーサー配列が存在するものがある．これらの SSRs は同じ細菌属でも種ごとに多様である．SSRs は一般的に遺伝子の転写や翻訳の制御に関わり，その違いによって表現型に多様性が生じることで，環境適応がなされてきたのではないかと想像された．

SSRs の中でも 21〜40 bp の保存された配列が，一定の長さ（20〜58 bp）の様々な配列のス

7.2 CRISPR/Cas システム

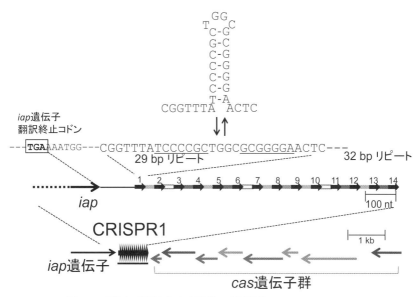

図 7.5　最初に発見された大腸菌の CRISPS.

ペーサーを挟んで繰り返す特徴的な共通性を持った配列のことを CRISPR と呼ぶ．これは clustered regularly interspaced short palindromic repeats を略した言葉である．この配列は 1980 年代後半に大腸菌のリン酸代謝に関わるアルカリホスファターゼ（AP）に関する研究の過程で見つかった[32]．アルカリホスファターゼ（AP）のアイソザイム形成に関わる *iap*（isozyme of alkari phosphatase）という遺伝子の塩基配列解析をしていた際に，*iap* 遺伝子の翻訳終止コドン（TGA）の下流に奇妙な配列が見つかった．29 ヌクレオチドからなる規則正しい繰り返し配列（共通配列は 5′-CGGTTTATCCCCGCTGGCGCGGGGAACTC-3′ という下線部の二回対称性の 14 ヌクレオチド配列を含む）が存在し，この配列は 32 ヌクレオチド長のスペースを挟んで 5 回繰り返していた．この繰り返し配列はその後の解析により大腸菌のゲノムの中でさらに連続しており，合計 14 回繰り返されること（図 7.5），また同様の特徴を有する繰り返し配列が大腸菌のゲノム中にもう 1 カ所存在すること，さらに，これがサルモネラや赤痢菌にも存在することがわかった[33]．その後，結核菌である *Mycobacterium tuberculosis* でも見つかり，繰り返し配列間のスペーサー配列の多様性を DNA マーカーとして利用して菌株の識別に利用できることが指摘された[34]．

7.2.2　CRISPR の保存性

1990 年代に入って，超好塩性アーキアの一種である *Heloferax mediterranei* の高塩濃度適応の仕組みを調べていた研究者が，好塩性アーキアのゲノム DNA が培地の塩濃度の違いに依存して制限酵素での切れ方が変わることを見つけたが，この現象は，塩濃度に依存して DNA 修飾が起こったことによると予想された[35]．これは，エピジェネティックな遺伝子発現制御機構ではないかと考えて，ゲノム DNA を断片化して配列解析を行うと，ある DNA 断片に規則正しい繰り返し配列が見つかった．それは二回対称性を含む綺麗に保存された配列が 14 回繰り返されたもので，タンパク質をコードしない領域に存在した．これらの特徴は，1987 年に

第7章　網羅的分子生物学的手法とアーキア研究

大腸菌で見つかったものと同様で，これがアーキアゲノムにおける CRISPR の発見である．ノザンブロット解析を行って発現が調べられたが，単一バンドにならず複数の RNA からなる広い範囲のシグナルが得られたことから，この遺伝子領域は実際に転写されて様々な大きさの RNA にプロセスされることが示唆された．この特徴的な繰り返し配列が生理的にどういう意味があるのかについて大変興味が持たれたが，それを予想するのは容易ではなかった．

　その後，CRISPR は他の原核生物ゲノム中からも相次いで発見された．繰り返し配列の長さは 21〜40 bp，またスペーサーは 20〜58 bp と多様であったが，スペーサーを挟んだ繰り返し配列という共通性を有しており，この特徴的な配列はバクテリアとアーキアのゲノム上に広く存在するのではないかと予想されるようになった．1990 年代の半ば以降，分子生物学は全ゲノム配列解析の時代に入った．全ゲノム配列が解読された生物として，この繰り返し配列について記述した最初の例は，1998 年にアーキアとして初めて全ゲノム配列が発表された好熱メタン菌の *Methanocaldococcus* (*Methanococcus*) *janaschii* である[36]．このアーキアのゲノム中には CRISPR が 18 コピーも存在することが記載されたが，それ以上に機能を示唆されることはなかった．CRISPR が，多くの原核生物ゲノムに共通に存在すると認識されはじめた 2000 年当時，バクテリアの半数，アーキアのほとんどのゲノム中に検出された．特に，超好熱性アーキアの *Pyrococcus* 属，*Aeropyrum* 属，*Sulfolobus* 属や，超好熱性バクテリアの *Aquifex* 属，*Thermotoga* 属などに，より多く，またより長い配列が存在する傾向にあるということが指摘され，CRISPR が高熱環境適応と関係する可能性が示唆された．それまで，この特徴的な繰り返し配列に対して，SPIDR (spacers interspaced direct repeats)，SRSR (short regularly spaced repeats)，LCTR (large cluster of 20-nt tandem repeat sequences) などと種々の名称が提唱されていたが，2002 年に CRISPR で統一することになった[37]．

　CRISPR は広く原核生物のゲノムに保存されているが，進化的にどの系統に多いという傾向はなく，むしろ種のレベルで異なる．さらに，一つのゲノム中に存在する CRISPR は 1 コピー (*M. tuberculosis*) から 18 コピー (*M. jannaschii*) と多様であり，一つの CRISPR の繰り返し数も 2〜124 回まで様々である．パリ第 11 大学の運営する CRISPR の情報を集めたデータベースによると (http://crispr.u-psud.fr/crispr/)，2014 年 8 月の時点では，全ゲノム配列解析がなされているアーキア 150 種のうちの 126 種 (84%)，バクテリア 2612 種のうちの 1176 種 (45%) に推定 CRISPR が存在している[38]．

7.2.3　Cas タンパク質ファミリー

　ゲノム配列データが増えてくると，ゲノム上の CRISPR の近傍には保存された遺伝子クラスターが存在することがわかった．これらの遺伝子群は CRISPR を有しているゲノム中に全て揃っているとは限らず，また並ぶ順番や CRISPR との相対的な位置関係も様々ではあるが，CRISPR を有するゲノムにのみ保存し，CRISPR を有しないゲノム中には全く見つからないことから，機能的に CRISPR と連動している遺伝子と予想して *cas* (CRISPR-associated) gene と名付けられた[37]．複数の CRISPR を有するゲノム中にはそれぞれに異なる *cas* 遺伝子が存在するので，CRISPR と *cas* は機能的に連動しなら進化してきたと予想される．

　配列比較から次々と重要な遺伝子関係を明らかにしていることで有名な Koonin（米国

170

NIH) たちは，ゲノム配列情報が蓄積され始めた2000年代はじめに，特にアーキアのゲノム配列の翻訳アミノ酸配列の中に機能未知のヘリカーゼやヌクレアーゼ様のタンパク質を見つけ，それらが何かの DNA 修復経路に関係すると予想して RAMPs (repeat-associated mysterious proteins) として提唱した[39]．ゲノム配列解析の初期には超好熱性アーキアゲノムが優先的に解読されたこともあり，RAMPs が生物の高温耐性のための特殊な DNA 修復機能に関係するのではないかと想像されたが，後に Cas タンパク質であることがわかった．その後，さらに詳細な配列比較の結果，45種のファミリーの cas 遺伝子が提唱されている[40]．

7.2.4 CRISPR の機能予測

CRISPR の生理的機能を解明するのは難しかった．近隣遺伝子の発現調節に関わるという予想に加えて，ゲノム DNA の複製後の分配に関わる，複製の速度の調節に関わる，また，前述のように超好熱性アーキアやバクテリアに CRISPR が多い傾向から，高熱環境適応やそれに伴う染色体 DNA 再編に関わっているなどの仮説が出されたが実験的証拠は得られなかった．

CRISPR 領域の配列解析が継続され，配列情報の蓄積が進んだ結果，CRISPR の繰り返し配列の間にあるスペーサー領域に既知のバクテリオファージやプラスミドに相同な配列が含まれていることがわかり，そこから CRISPR/Cas はこれらの外来 DNA の進入から細胞を守るための生体防御システムとして機能しているのではないかという提唱がなされた[41]．バクテリアで乳酸菌の一種である *Streptococcus thermophilus* のゲノム上の CRISPR のスペーサー領域にファージの配列を人工的に挿入すると，ファージに感染していた菌が抵抗性を示すように形質転換された．また，ファージ配列を欠失させるとファージ感染の抵抗性は消失した[42]．さらに，CRISPR がプラスミドの接合や形質転換能にも関与していることが実験的に示され，CRISPR-Cas は原核生物の獲得免疫機能を担うことが明らかになった[43,44]．

7.2.5 獲得免疫システムとしての CRISPR/Cas

CRISPR/Cas による獲得免疫システムは，獲得 (adaptation)，発現 (expression)，切断 (interference) の3段階の過程を経て，侵入 DNA からの生体防御が成立する（図7.6）[45,46]．外来 DNA を 30 bp 程度に断片化してスペーサー領域に取り込む獲得過程により，まずその配列

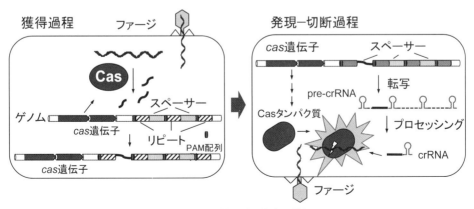

図 7.6 原核生物の獲得免疫の仕組み．

が細胞に記憶されることになる．挿入配列の認識は挿入される DNA 中の共通の配列モチーフ PAM（protospacer adjacent motifs）に依存する．さらに PAM は CRISPR に対する挿入配列の方向も決定する．PAM は通常，数ヌクレオチドの短い配列モチーフであり，CRISPR/Cas システムの違いによって様々に異なる．挿入のための断片化は Cas1-Cas2 タンパク質が担っている．外来 DNA 配列を CRISPR 内に取り込んで免疫された細胞に，同じ配列を有する DNA が侵入すると，その CRISPR 領域が転写されて，侵入 DNA と相同な配列を有する RNA 鎖（pre-crRNA）が生成される．このときの転写には CRISPR の外側のリーダー配列と呼ばれる AT に富んだ部分がプロモーターとして働く．生成された pre-crRNA のプロセッシングは，Cas タンパク質やその付随タンパク質の特異的エンドヌクレアーゼ活性によって切断されて CRISPR RNA（crRNA）となる．crRNA が生成される発現過程を経て，エフェクターと呼ばれる Cas タンパク質と複合体を形成した crRNA が，自身と相同な配列を有する外来 DNA に結合して，その位置で外来 DNA 鎖を切断する．

7.2.6 CRISPR/Cas の分類

　CRISPR/Cas システムの解析が進むと，関連する Cas タンパク質の違いによって大きく三つのタイプ（I，II，III）に分類することが提唱された[47]．獲得過程で働く Cas1，Cas2 はどのタイプにも共通に存在する．タイプ I では pre-crRNA のプロセッシングに Cascade（CRISPR-associated complex for antiviral defense）と呼ばれる複合体が関わる．これには Cas5，Cas6，Cas7 などのタンパク質が含まれる．タイプ III では Cas6 を含む RAMP タンパク質複合体がプロセッシングを担う．タイプ I の切断過程では，スーパーファミリー 2 のヘリカーゼと一本鎖ヌクレアーゼ様の配列を有する Cas3 が標的 DNA 鎖の切断を担う．タイプ III では，Cas10-Csm 複合体が標的 DNA 鎖の切断を担う．しかし，Cas10-Cmr 複合体は DNA 鎖だけではなく RNA 鎖を切断標的とすることから，これらをさらに分類してタイプ III-A，タイプ III-B と呼ばれている．このようにタイプ I，タイプ III が少々複雑なシステムであるのに対して，タイプ II の場合は crRNA の生成とその後の標的 DNA 鎖の切断過程を進めるために Cas9 だけで十分である．そのためゲノム編集技術への応用が考えられたこともあって，分子機構の理解も進んでいる．タイプ II の pre-crRNA のプロセッシングは，単純に Cas タンパク質や Cascade による RNA 鎖切断だけではなく，ゲノム上の CRISPR とは別の領域からの転写 RNA 産物が必要で，この RNA 鎖は tracrRNA（*trans*-acting CRISPR-associated RNA）と名付けられている．tracrRNA はステム－ループ構造を形成して，pre-crRNA 中の相同配列を見つけて二本鎖 RNA を形成する．そこに Cas9 が結合して複合体が形成されると，この二本鎖 RNA 領域を宿主菌のハウスキーピング酵素の一種である RNaseIII が pre-crRNA を切断することにより，Cas9-crRNA-tracrRNA 複合体が形成される．この複合体がゲノム上をスキャンし相同配列を見つけて結合する．その際に外来 DNA に含まれる PAM 配列が重要であり，PAM に結合した Cas9 は二本鎖の DNA を開裂させて crRNA と外来 DNA との二本鎖形成を誘導する．PAM は CRISPR ごとに異なるが，最もよく研究されている *S. pyogenes* の Cas9 による認識に必要な PAM 配列は 5′-NGG-3′（N は任意の塩基）である．Cas9 は組換え中間体解消酵素の RuvC 様のドメインと制限酵素やホーミングエンドヌクレアーゼに見られ

7.2 CRISPR/Cas システム

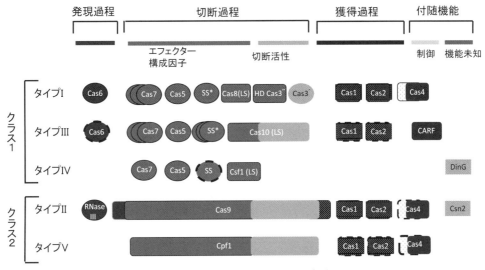

図 7.7　CRISPR/Cas の新しい分類法.

るような H-N-H ドメインを有する．それぞれのドメインのヌクレアーゼ活性が，標的 DNA のそれぞれの鎖を切断することにより二本鎖切断が起こる．crRNA と二本鎖を形成している方の DNA 鎖が Cas9 の H-N-H ドメインによって切断され，もう片方の DNA 鎖は RuvC ドメインによって切断されることが証明されている[48, 49]．

　バクテリアの *Acidithiobacillus ferrooxidans* のゲノム中には CRISPR と Cas1，Cas2 が存在しないのに，Cas タンパク質をコードする遺伝子があるので，crRNA を介さずに DNA/Cas の相互作用によって外来 DNA を認識する可能性が予想されており，タイプ IV に分類される[47]．さらに詳細な解析の結果，切断過程で crRNA と複合体を形成するエフェクタータンパク質が複数のものをクラス 1，単独のものをクラス 2 として大きく分けることが提唱された[50]．エフェクターが複雑なタイプ I，III はクラス 1 に属し，タイプ II はエフェクターが Cas9 単独なのでクラス 2 ということになる．タイプ IV はクラス 1 になるが，クラス 2 に属して，Cas9 の代わりに Cpf1 というヌクレアーゼを有するものが見つかったので，タイプ V とした．この分類法を図式的に示す（図 7.7）．

　この分類に基づき，これまでにアーキアとバクテリアのゲノム中に検出されている CRISPR/Cas を比べてみると，その分布には明らかに偏りがある．顕著な特徴の一つは，タイプ II はバクテリアだけに存在し，アーキアには全く見つからないことである．また，タイプ III は明らかにアーキアに多い．タイプ I はどちらにも存在する．さらに，多くのアーキアが一つのゲノムの中に異なるモジュールからなる複数の CRISPR/Cas を有している．タイプ III はほとんどのアーキア目に存在するが，特に超好熱性アーキアに多い．クレンアーキオータに存在する CRISPR は比較的多様性が低く，同じタイプ I-A を持っているものが 90％，タイプ III-B を持っているものが 53％ である．それに対してユーリアーキオータではタイプ III-A が 52％ であるが，タイプ I-A，I-B，I-D，I-G と区別されるように，多様性に富んでいる．ユーリアーキオータの生育環境はクレンアーキオータに比べるとより広く，バクテリアとも環境的に共有しているので，アーキア-バクテリア間で CRISPR の移動が起きる可能性が高い．

173

第7章　網羅的分子生物学的手法とアーキア研究

7.2.7　カスポゾンの同定

　Koonin の研究グループは，Cas タンパク質の配列間のさらなる詳細な比較を行い，それらを異なるファミリーに分類した[50]．彼らは Cas タンパク質が非常に変化しやすく，原核生物における他の遺伝子産物と比較してより速く進化していることを見出した．これらの分析から，彼らは好熱性アーキアにおける CRISPR/Cas 機構の起源と進化のシナリオを提案した．その過程で Cas タンパク質の配列類似性の徹底的な解析から，新しい可動性遺伝因子を発見しカスポゾン（casposon）と名付けた[51]．Cas1 タンパク質の配列解析の結果，CRISPR に関連していない Cas1 の二つのファミリーが発見され，これらは Cas1-solo と呼ばれた．さらに詳細な配列比較によりグループ 2 の Cas1 がエンドヌクレアーゼ活性にとって重要な保存された残基の全てを有することが明らかになった．この Cas1 の遺伝子周辺には，プロテインプライミング型のファミリー B DNA ポリメラーゼ（PolB）をコードする遺伝子が見つかった．これは，Polinton[52]や Maverick[53]と呼ばれる様々なウイルスおよびユーカリアの自己合成トランスポゾンに一般にコードされるもので，トランスポゾンの典型的な特徴である TIR（terminal inverted repeat）および TSD（target site duplication）様の配列もその周辺に見出された．これらの観察は，Cas1 および PolB を含む遺伝子領域が可動性遺伝要素としてゲノム中に入り込んだことを強く示唆している．このカスポゾンの発見はアーキアのゲノム配列解析の結果得られたものである．

　カスポゾンは，リコンビナーゼとして Cas1 ホモログを使用すると予測され，アーキアおよびバクテリアにおける CRISPR/Cas 獲得免疫系の起源に寄与した可能性がある．最近，Cas1 ホモログが実際にインテグラーゼ活性を有することが実験的に証明されたが，それ例外には移動性遺伝因子である直接的な証拠はいまだない．しかし，*Methanosarcina mazei* の 62 株のゲノム配列比較の結果，カスポゾンが三つの異なる部位に挿入されていること，また，いくつかのカスポゾンは別の可動性遺伝因子の中に含まれており，それを水平伝搬のベクターとして利用した可能性があること，さらに，多くの *M. mazei* ゲノムに，明らかにカスポゾンから誘導されたと思われる末端逆位反復が見つかり，CRISPR 進化の中間体と予想されることなど，興味深い事実が報告されている[54]．

7.2.8　CRISPR/Cas の応用

　CRISPR/Cas システムを利用した，ゲノム中の狙った場所に選択的に二本鎖切断を導入するゲノム編集技術開発にとって，DNA 切断過程に必要なメディエータータンパク質が Cas9 だけのシンプルなタイプⅡが最も適しているが，アーキアにはタイプⅡが見つからないので†，ゲノム編集機構の詳細は他書に譲る．しかし，CRISPR/Cas9 系はアーキア細胞のゲノム編集実験にも利用は可能である．また，CRISPR は多くのアーキアゲノム上に存在し，しかも顕著に多様性に富んでいるので，これを遺伝子マーカーとして菌種の同定に利用することができる．また，CRISPR/Cas による標的 DNA 配列の特異的切断を利用して，特定の菌株に対

---

　†最近，メタゲノム解析の結果，得られた配列の中にアーキア由来の Cas9 ホモログの遺伝子と思われるものが見つかった．

する新たな作用機序による抗菌薬として利用できる．また，CRISPR/Cas によって特定の菌株にウイルス（ファージ）耐性を付与することもできる．

CRISPR/Cas9 はガイド配列に依存して，ゲノム上の狙ったところに Cas9 を結合させることができるので，分子生物学実験手法として，その応用範囲は極めて広い．Cas9 の DNA 鎖切断活性は H–N–H ヌクレアーゼドメインと RuvC ヌクレアーゼドメインが担っているので，それぞれの活性中心のアミノ酸を置換することによって，切断活性のない Cas9（dCas9）を得ることができる．CRISPR/dCas9 は標的 DNA 配列に結合することができるが，切断をすることはできない．したがって，dCas9 に蛍光タンパク質（GFP）を融合させておくと標的配列を特異的に標識することができる．この生細胞内部位特異的標識法は多くの応用が可能である[55]．また，CRISPR-dCas9 が標的 DNA 配列に特異的に結合できることを利用して，人工的に遺伝子発現を制御することができる．

CRISPR は原核生物，特にアーキアのゲノム上に広く保存されているものであることがわかり，Cas タンパク質と組み合わせた生理学的機能は原核生物の獲得免疫であることが解明された．原核生物の獲得免疫系の発見自体が生命科学の大きな進歩であるが，CRISPR/Cas を利用したゲノム編集技術が開発されたことで，CRISPR はよりいっそうのインパクトを与えた．アーキア分子生物学の中でも CRISPR と Cas の研究はいま最も盛んになっている．今後の発展が期待される．

文　献

■ 7. 1
1) 河合剛太，金井昭夫（編）:『機能性 Non-coding RNA』（クバプロ，2006）
2) L. Randau *et al.*: *Nature* **433**, 537 (2005)
3) K. Fujishima *et al.*: *Proc. Natl. Acad. Sci. USA* **106**, 2683 (2009)
4) P. P. Chan *et al.*: *Genome Biol.* **12**, R38 (2011)
5) J. Sugahara *et al.*: *Mol. Biol. Evol.* **25**, 2709 (2008)
6) K. Fujishima and A. Kanai: *Front Genet.* **5**, 142 (2014)
7) G. D. Tocchini-Valentini *et al.*: *Proc. Natl. Acad. Sci. USA* **108**, 4782 (2011)
8) K. Fujishima *et al.*: *Nucleic Acids Res.* **39**, 9695 (2011)
9) M. Di Giulio: *EMBO Rep.* **9**, 820 (2008)
10) L. Randau and D. Soll: *EMBO Rep.* **9**, 623 (2008)
11) A. D. Omer *et al.*: *Science* **288**, 517 (2000)
12) A. D. Omer *et al.*: *Mol. Microbiol.* **48**, 617 (2003)
13) T. S. Rozhdestvensky *et al.*: *Nucleic Acids Res.* **31**, 869 (2003)
14) J. A. Pannucci *et al.*: *Proc. Natl. Acad. Sci. USA* **96**, 7803 (1999)
15) T. A. Hall and J. W. Brown: *Archaea* **1**, 247 (2004)
16) C. Zwieb and S. Bhuiyan: *Archaea* **2010**, 485051 (2010)
17) L. Randau: *Genome Biol.* **13**, R63 (2012)
18) D. L. Bernick *et al.*: *Front Microbiol.* **3**, 231 (2012)
19) D. Prasse *et al.*: *Biochem. Soc. Trans.* **41**, 344 (2013)
20) A. A. Su *et al.*: *Nucleic Acids Res.* **41**, 6250 (2013)
21) J. S. Nielsen *et al.*: *RNA* **13**, 2213 (2007)
22) A. Serganov *et al.*: *Nature* **441**, 1167 (2006)
23) A. Roth and R. R. Breaker: *Annu. Rev. Biochem.* **78**, 305 (2009)

24) M. Rother *et al.*: *Mol. Microbiol.* **40**, 900 (2001)

25) S. Chiba *et al.*: *Mol. Cell* **39**, 410 (2010)

26) Z. Weinberg *et al.*: *Genome Biol.* **11**, R31 (2010)

27) T. H. Tang *et al.*: *Nucleic Acids Res.* **30**, 921 (2002)

28) N. G. Starostina *et al.*: *Proc. Natl. Acad. Sci. USA* **101**, 14097 (2004)

29) A. Plagens *et al.*: *Elife* **4** (2015)

30) M. Danan *et al.*: *Nucleic Acids Res.* **40**, 3131 (2012)

■ 7.2

31) A. van Belkum *et al.*: *Microbiol. Mol. Biol. Rev.* **62**, 275 (1998)

32) Y. Ishino *et al.*: *J. Bacteriol.* **169**, 5429 (1987)

33) A. Nakata *et al.*: *J. Bacteriol.* **171**, 3553 (1989)

34) J. Kamerbeek *et al.*: *J. Clin. Microbiol.* **35**, 907 (1997)

35) G. Juez *et al.*: *J. Bacteriol.* **172**, 7278 (1990)

36) C. J. Bult *et al.*: *Science* **273**, 1058 (1996)

37) R. Jansen *et al.*: *Mol. Microbiol.* **43**, 1565 (2002)

38) I. Grissa *et al.*: *BMC Bioinformatics* **8**, 172 (2007)

39) K. S. Makarova *et al.*: *Nucleic Acids Res.* **30**, 482 (2002)

40) D. H. Haft *et al.*: *PLoS Comput. Biol.* **1**, e60 (2005)

41) F. J. M. Mojica *et al.*: *J. Mol. Evol.* **60**, 174 (2005)

42) R. Barrangou *et al.*: *Science* **315**, 1709 (2007)

43) P. Horvath and R. Barrangou: *Science* **327**, 167 (2010)

44) B. Wiedenheft *et al.*: *Nature* **482**, 331 (2012)

45) W. Jiang and L. A. Marraffini: *Annu. Rev. Microbiol.* **69**, 209 (2015)

46) D. Rath *et al.*: *Biochimie* **117**, 119 (2015)

47) K. S. Makarova *et al.*: *Nat. Rev. Microbiol.* **9**, 467 (2011)

48) G. Gasiunas *et al.*: *Proc. Natl. Acad. Sci. USA* **109**, E2579 (2012)

49) M. Jinek *et al.*: *Science* **337**, 816 (2012)

50) E. V. Koonin and M. Krupovic: *Nat. Rev. Microbiol.* **16**, 184 (2015)

51) M. Krupovic *et al.*: *BMC Biol.* **12**, 36 (2014)

52) V. V. Kapitonov and J. Jurka: *Proc. Natl. Acad. Sci. USA* **103**, 4540 (2006)

53) E. J. Pritham *et al.*: *Gene.* **390**, 3 (2007)

54) M. Krupovic *et al.*: *Genome Biol. Evol.* **8**, 375 (2016)

55) B. Chen *et al.*: *Cell* **155**, 1479 (2013)

第**8**章

アーキアとバイオテクノロジー

　アーキア研究の産業利用として考えられるのは，第一にアーキアの産生する酵素の利用である．アーキアはその生育環境が，高温，高塩濃度，至適 pH の違いなどから，極限環境微生物として多くが知られているので，その産生する酵素はそのような特殊環境で機能することが多い．本章では，実際にそのような特徴を利用した酵素の応用について述べる．8.1 節では物質変換系（第 6 章参照）の酵素の医療・工業への応用について，8.2 節では DNA 代謝系（第 4 章参照）の酵素の遺伝子工学への応用についてまとめる．

8.1 | 産業用酵素

　生物は様々な酵素反応により生命活動を進めている．一般に酵素は基質特異性，反応特異性，立体特異性など無機触媒には認められない性質を有しているとともに，室温や大気圧のような比較的温和な条件下でも高い触媒活性を持ち，有機化学合成反応に用いられている無機触媒に比べて省エネルギーで，副反応が起こりにくいために副生成物が少ない，などの魅力的な特徴を持つものが多い．このような特徴をもつ酵素は，医薬品のような精密性を必要とする特定の物質の生産，および食品加工における栄養や呈味性成分などの増強，有害成分や不要成分の除去などに有効利用できる点で優れている．また，酵素の高い基質特異性を利用して，複雑な物質が混在する食品，血液，細胞中の特定物質の特異的分析用素子などとして，以前から臨床分析や食品分析などの産業分野で利用されている．これら酵素が，どのような産業分野に利用されているのかという個々の具体例などの詳細については，紙幅が限られているので他書に譲る[1]．その中で，これまで産業利用されている酵素は生産性が低いことと変性失活を起こしやすいという欠点も有している．これらの短所を克服し酵素の優れた性質を生かすことができればさらに産業への応用の幅を広げることが可能である．

　アーキアは，温泉の源泉や海底火山の熱水噴出孔のような高温環境から塩田や塩湖のような飽和塩濃度環境に至るまで，我々人類や高等植物などでは到底生息できない極限環境で生育しているものが多い．これら極限環境に適応して生存するためにアーキアは様々な適応戦略を持っている．その適応戦略の一つに，アーキアが生産するタンパク質の極限環境適応化があげられる．超好熱性アーキアは水の沸点を超えるような高温において生育可能であることから，超好熱性アーキアが持つ酵素は高温で触媒活性を失うことなく機能する．また，超好熱性アーキ

177

第8章　アーキアとバイオテクノロジー

ア由来の耐熱性酵素は熱だけでなく様々な有機溶媒や界面活性剤などのタンパク質変性材に対して高い耐性を示すことが知られており，有機溶媒を含む化学反応に利用する素子としての応用が期待されている．さらに高温で触媒反応を行うことによって，反応に必要な有機化合物の溶解度を上昇させたり，反応に必要な物質の粘度を低下させたりすることが可能となる．そのため超好熱性アーキア由来の酵素を使用することは物質生産に多くの利点を有している．

一方，好塩性アーキアは細胞外の高い塩濃度環境を細胞内にも維持することで高い塩濃度環境でも生育することができるように適応している．そのため好塩性アーキア由来酵素も細胞内と同じ高塩濃度下でも触媒反応を起こすことができる．通常の酵素では，高塩濃度のような水分活性が低い環境では，タンパク質の構造が維持できず触媒機能が低下しやすい．好塩性アーキア由来酵素は，低い水分活性環境下である有機溶媒中でも触媒作用を発揮できるものが多く，有機溶媒を含む化学反応における素子としての応用も期待できる．

これらアーキアが有する酵素は，従来の酵素では使用できなかった条件下でも利用できる生体触媒として，新たな産業応用が期待され，またなされている．

本節では，アーキアで見出されている酵素のうち産業応用が既に行われている，あるいは期待されているものについて，代表的な例を紹介する．それぞれの酵素の詳細については，既報の総説などがあるので参照されたい．

8.1.1　加水分解酵素

加水分解酵素は水分子を用いて基質の分解反応を触媒する酵素であり，基質としてはタンパク質，糖，脂質など多岐にわたる．加水分解酵素は，食品加工用酵素を代表とする産業用酵素としてよく使用されている．特にアーキアが持つ加水分解酵素は，高い安定性を生かした食品加工用としての従来からの利用に加えて，医薬品原料などの有機化合物の合成，香料の合成などへの利用にも期待され，研究がなされている．加水分解酵素は水分子を用いて基質の分解反応を触媒するが，水分子が制限された反応環境においては逆反応すなわちアミノ酸や糖からペプチドや多糖を合成する反応を行うことも可能となる．しかし，一般的な酵素は反応環境から水分子が取り除かれるとタンパク質の構造が維持できなくなり酵素活性を失うことが多い．ところが，極限環境に生育する超好熱性，あるいは好塩性アーキアの酵素は有機溶媒に対して高い耐性を示すことから，アーキアの加水分解酵素を用いたペプチド合成や糖に側鎖を付加する配糖化技術への応用が期待されている[2]．加水分解酵素は，バクテリアや酵母などの酵素が古くから産業利用されており，その有用性が実証されているのでアーキアの酵素においても，いち早く応用面への展開が図られた．そのため他種類の酵素群に比べて圧倒的に報告例が多く，優れた総説も数多く紹介されている[3-6]．

(1)　グリコシダーゼ

グリコシダーゼは炭水化物の分解代謝に関与する一群の酵素である．これらの酵素は炭水化物の α-1,4-，α-1,6-グリコシド結合や β-1,4-グリコシド結合を加水分解する．ヒトを含む生物の主食はグルコースのポリマーである炭水化物であり，これをグルコースに分解するグリコシダーゼは最も重要な酵素として，食品関係を含む広範な用途を有している．

178

（a） α-アミラーゼ

α-アミラーゼは *Pyrococcus* 属，*Thermococcus* 属，*Sulfolobus* 属のような海洋性あるいは内陸性の多くの好熱性アーキアから見出されており，詳細な酵素化学的性質が明らかにされている．好熱性アーキアが持つ α-アミラーゼは，他の生物が持つ本酵素とは異なり活性にカルシウムを必要としない．これら好熱菌から単離された α-アミラーゼは100℃付近の熱処理を行っても失活せず例外なく高い耐熱性を示す．これは，常温では水に対して難溶解性のデンプンを高温で加工する酵素として非常に有用な性質である．また，好塩性アーキアから単離された α-アミラーゼからは有機溶媒に対して高い耐性を示すものが報告されている．例えば，*Haloarcula* sp. S-1 や *Halorubrum xinjiangense* が持つ α-アミラーゼはエタノール，クロロフォルム，トルエン，メタノールなどの有機溶媒中でも触媒活性を示すことが報告されている[7,8]．また，*Haloarcula* sp. S-1 の酵素は70℃で30分間処理しても50% の残存活性を示し，*H. xinjiangense* の酵素は70℃で1時間の処理後でも69% の残存活性を示すことから，好熱性アーキアに劣らず高い耐熱性をもっている．

（b） セルラーゼ

セルロースはグルコースが β-1,4-グリコシド結合してできた高分子化合物であり，植物細胞の細胞壁などを構成する自然界に最も多く存在する炭水化物である．セルロースは，デンプンと同じグルコースのポリマーであるので，構成単位のグルコースに分解できれば，食糧になりうるが，主に α-1,4-グリコシド結合からなるデンプンとは結合様式が異なり非常に安定で分解されにくい．しかし，微生物にはセルロースを分解する酵素，セルラーゼを持つものがあり，木質バイオマスの利用面で注目されている．

セルラーゼは1種類の酵素ではなく，セルロースの非結晶部分の β-1,4-グリコシド結合をランダムに加水分解するエンドグルカナーゼとセルロースの非還元末端から二糖類のセロビオース単位で加水分解するエキソグルカナーゼ，セロビオースをグルコースにする β-グルコシダーゼに分けられる．セルラーゼは，食品分野においては，果物エキス等の製造に使用されたり，植物原料からの香料や色素の抽出に使用されたりしている[1]．また，ジーンズなどの綿（セルロース繊維）生地の柔軟化（バイオウォッシュ加工）にも利用されている[9]．さらに，近年ではセルロースを原料としたバイオエタノール製造においてセルラーゼの使用が期待されている．すなわち，アルコール発酵を行う酵母の栄養源となるグルコースをデンプンなどの可食性炭水化物ではない非可食性炭水化物であるセルロースからセルラーゼによって生産するのである[1]．

アーキアにおいては超好熱菌では *P. furiosus* や *P. horikoshii* にエンドグルカナーゼ活性が見出され，酵素の性質の解析が行われている．両エンドグルカナーゼは β-1,4-グリコシド結合だけでなく β-1,3-グリコシド結合も加水分解できる特徴を持っている．これらの酵素は90℃以上の高温に最大活性を示し，高い耐熱性を示すので，産業レベルでのセルロースの分解利用を行うために高温での利活用が期待されている[10,11]．*P. horikoshii* 由来のエンドグルカナーゼは *P. furiosus* の酵素と同様に大腸菌を宿主とする組換え酵素として生産されていたが，発現効率が悪いため，*Bacillus brevis* を宿主とした分泌発現系での組換え酵素が生産されている[12]．アーキアの β-グルコシダーゼに関しては，*Sulfolobus* 属や *Pyrococcus* 属で見出さ

れている．*P. furiosus* の β-グルコシダーゼは最適温度を 102〜105℃ に持ち，100℃ における活性の半減期は 3 日である[13]．*S. solfataricus* の β-グルコシダーゼは 90℃ 以上に最適温度を持ち半減期は 75℃ で 24 時間である[14]．

好塩性アーキアにおいては，*Haloarcula* sp. LLSG7 でセルラーゼの存在が報告されている[15]．この菌からは，単一のセルラーゼは精製されていないが，粗酵素の状態で性質が解析されている．*Haloarcula* sp. LLSG7 の粗酵素中にはエンドグルカナーゼ，エキソグルカナーゼ，β-グルコシダーゼの 3 種のセルラーゼが含まれており，セルロースからグルコースへの分解に利用できる．このセルラーゼは 70℃ で 72 時間処理後でも 90% 以上の残存活性を持ち，高い熱安定性を示す．その最大活性は 40〜80℃ と幅広い温度範囲で，また 20% NaCl の高塩濃度存在下でも認められている．この粗酵素液はトルエン，1-デカノール，*n*-ヘキサン，ベンゼンのような有機溶媒中でもセルラーゼ活性を示す．また，アルカリで処理した稲わらに *Haloarcula* sp. LLSG7 の粗酵素液を反応させた後，その反応産物から酵母 *Saccaharomyces cerevisiae* を用いたアルコール発酵によるエタノール生産が確認されている．

(2) プロテアーゼ

古くからプロテアーゼはグリコシダーゼと同様，産業用酵素として広く利用されているが，極限環境で生育できるアーキア由来のプロテアーゼもその特徴を生かし産業利用を図るため，詳細な研究が早くから行われている．アーキア由来のプロテアーゼの特徴は，様々な変性剤などの化学物質に対して高い耐性を示すことである．*P. furiosus* 由来のエンド型セリンプロテアーゼがタカラバイオ社からタンパク質の一次構造解析用酵素として「*Pfu* Protease S」という商品名で販売されている．この酵素は，95℃ で 3 時間処理を行っても 80% の残存活性を示し，1% SDS 存在下，95℃ で 24 時間処理を行っても 50% の残存活性を示す．また変性剤である尿素の高濃度（6.4 M）存在下で高温処理（95℃，1 時間）しても 70% の活性を保持し，さらに有機溶媒のアセトニトリル（50%）中で 95℃，1 時間処理後でも 90% の活性を保持している[16]．このように超好熱性アーキアが持つプロテアーゼは，広く知られている常温性のバクテリア由来プロテアーゼにはない高い耐熱性や変性剤耐性を示す．その他にも *T. stetteri*[17] *Staphylothermus marinus*[18]，*P. aerophilum*[19]，*Aeropyrum pernix*[20]，*S. solfataricus*[21] などからも見出されており，いずれも高い耐熱性を示す．

一方，好塩性アーキアが持つプロテアーゼも高い安定性を示すことが知られており，*Halogeometrium borinquense* TSS101 株の細胞外分泌型セリンプロテアーゼは 90℃，pH 10 で 1 時間処理しても 80% の残存活性を示し，20% NaCl 存在下では 60℃，pH 10 で最大活性を示す．このように好塩性アーキア由来のプロテアーゼは耐熱性だけでなく耐アルカリ性を示すものも報告されている[22]．

(3) エステラーゼ

エステラーゼは，リパーゼに代表されるようにエステル類を加水分解し，酸とアルコールを生成する反応を触媒する酵素群である．しかし，有機溶媒中では，この酵素群はその逆反応やエステル交換反応を触媒できる．この特徴を生かした医薬品，界面活性剤，香料，バイオディーゼルなどの生産が期待されている[23]．

超好熱性アーキアのエステラーゼは，*A. pernix*[24]，*Picrophilus torridus*[25]，*P. furiosus*[26]，S.

acidocaldarius[27]などから見出されており，全て高い熱安定性を示す．特に，*P. caldifontis* から見出されたエステラーゼは水溶性有機溶媒（メタノール，アセトニトリル，エタノール）に対して高い耐性を示す．また，本酵素は 5% SDS や 8 M 尿素のような変性剤に対しても高い耐性を示す[28]．さらに，*S. islandicus* REY15A から見出されたエステラーゼは 30% メタノール，エタノール，アセトン，1-プロパノール，2-プロパノール，DMSO，アセトニトリルなどの有機溶媒に高い耐性を示す．しかも，この *S. islandicus* エステラーゼを大腸菌で発現させた場合と *S. islandicus* を宿主として発現させた場合とでは酵素化学的性質が大きく異なるという興味深い知見が報告されている[29]．すなわち，チオレドキシン融合タンパク質として大腸菌内で発現，生産された後，プロテアーゼでチオレドキシン部位が切断除去され，得られた *S. islandicus* 由来のエステラーゼ（ECSisEstA）と *S. islandicus* を宿主として発現，生産されたエステラーゼ（SisEstA）との性質の比較が行われた．ECSisEstA はモノマー構造を取るが，SisEstA はダイマー構造を取り，両者で分子構造に大きな違いがみられる．また，SisEstA 活性の最適温度は 90℃ であるが ECSisEst のそれは 60℃ とかなり低い．さらに，SisEstA は 100℃，30 分間の熱処理を行っても失活しないが，ECSisEstA は同じ条件下で 15% の残存活性しか示さず，熱に対する安定性が低い．そして，SisEstA は上述のような様々な種類の有機溶媒に対して高い耐性を示すが，ECSisEstA は SisEstA と比較して相対的にかなり低い耐性を示す．この結果は，大腸菌を宿主として生産された超好熱性アーキア由来の組換え酵素が熱安定性不十分である場合，超好熱性アーキア細胞を宿主に用いて産生すれば，安定性の問題が解決でき，産業利用が図れる可能性を示している．好塩性アーキアにおいても，*H. marismortui*, *Haloarcula* sp. G41 株からエステラーゼ，リパーゼが見出され，高い耐熱性を持つなどの特徴が示されている[30,31]．また，*Haloarcula* sp. G41 株が持つリパーゼは耐熱性だけでなく有機溶媒に対する耐性も示し，30% のメタノール，*N, N*-dimethylformamide（DMF），アセトン，トルエン，ベンゼン，クロロフォルムなどの存在下でもほとんど失活しない．

8.1.2 酸化還元酵素

酸化還元酵素はアミノ酸，糖，有機酸，脂肪酸などの還元物質を電子供与体とし，電子受容体との電子移動を伴う反応を触媒する酵素群である．この触媒反応で用いられる電子受容体が酸素分子の場合は酸化酵素と酸素添加酵素で，NAD(P)，FAD，FMN，PQQ，シトクロム c などの場合は脱水素酵素（還元酵素）である．アーキアでは，様々な種類の酸化還元酵素が見出されているが，産業面の利用が多い脱水素酵素を中心に述べる．

(1) NAD(P)依存性脱水素酵素

酸化還元酵素の中で NAD(P) を補酵素とする脱水素酵素の種類は多く，物質変換に利用されているものも多い．アーキアの NAD(P) 依存性脱水素酵素の中では，アルコールのアルデヒドあるいはケトンへの可逆的酸化反応を行う NAD 依存的アルコール脱水素酵素（ADH）が，医薬品の中間体や前駆体として重要なキラルアルコール化合物の合成用触媒素子として利用されている[32]．その場合，超好熱性アーキアの酵素の有用性は有機溶媒中での基質の溶解性の改善や高温での反応性（速度）の改善などがあげられる．*Thermococcus* 属や *Sulfolobus*

属など多くのアーキアからの ADH は脂肪族アルコールや芳香族一級アルコールを電子供与体とする．しかし，*T. kodakaraensis* からの ADH は 1-フェニルエタノールのような芳香族二級アルコール類に高い反応性を示すことから[33]，医薬品のビルディングブロック剤の合成への利用が期待できる[34]．この酵素は 90℃ に最適温度を持ち，95℃ での活性の半減期は 4.5 時間と耐熱性が非常に高いだけでなく，20% DMSO，DMF，メタノール，エタノール，アセトン，2-プロパノール，50% 酢酸エチル，オクタノール，ヘキサン，オクタンなどの様々な種類の有機溶媒共存下でも耐性を示し活性をもつので，新規利用面が期待できる．

電子供与体がアミノ酸である NAD(P) 依存性脱水素酵素としては，超好熱性アーキアのグルタミン酸脱水酵素がよく研究されている[35-37]．その他の超好熱性アーキアのアミノ酸脱水素酵素としては，*A. fuligidus* にアラニン[38]，アスパラギン酸[39]，*P. horikoshii* にリジン[40]，スレオニン[41]の脱水素酵素遺伝子がそれぞれクローニングされて大腸菌で組換え酵素として産生された．それらの酵素産物の立体構造と触媒機能の解析や基質となるアミノ酸の特異的分析などへの利用[42]が報告されている．

一方，好塩性アーキアにおいて ADH は *Haloferax volcanii*[43, 44]，*H. marismoritui*[45]，*Halobacterium* sp. NRC-1 株[46]から見出され，大腸菌での組換え酵素が生産されている．*H. volcanii* の ADH は有機溶媒耐性を示し，メタノールに耐性があることが報告されている．

(2) フラビン含有脱水素酵素

前述の NAD(P) を補酵素とする脱水素酵素とは異なる FAD あるいは FMN を補酵素とする一群の脱水素酵素が存在する．これらの酵素は 2,6-ジクロロインドフェノールやフェリシアン化カリウムのような人工色素を電子受容体とすることができることから色素依存性脱水素酵素とも呼ばれている．これらの酵素は，人工色素をメディエーターとして電極と酵素反応を直接結び付けることが可能であることから，酵素の基質である生体分子を電気化学的に検出するバイオセンサー用素子として利用できる[47]．バイオセンサー用素子としては血糖値センサーに用いられているグルコース脱水素酵素が最も有名である．しかし，多くの色素依存性脱水素酵素は，生体膜に結合した膜酵素であるため，バイオセンサーに応用する際には，生体膜から界面活性剤などを使って可溶化しなければならない．一般的に，膜酵素は可溶化操作を行うと酵素の安定性が極端に低下するため，バイオセンサーに応用される酵素の種類は限定的である．しかし，超好熱性アーキアや好塩性アーキア由来の酵素は，これまで紹介してきたように界面活性剤のような変性剤や有機溶媒に対して高い耐性を持っていることから，これらの色素依存性脱水素酵素の電気化学バイオセンサー用素子として応用できる．これまでに超好熱性アーキア *P. horikoshii*，*T. profundas*，*P. calidifontis*，*A. pernix* から L-プロリンを基質とする色素依存性 L-プロリン脱水素酵素（LPDH）が見出されており，それらの性質や，その応用に関する研究についてはすでにいくつかの総説で詳しく解説されている[48, 49]．これらの酵素は，界面活性剤処理などの特別な水溶液への可溶化操作を行わなくても容易に可溶性になることから膜表在性のタンパク質であると考えられている．また，これらの酵素は，全て 70℃，10 分間処理しても全く変性せず高い熱安定性を示す．この安定性を利用して黄色ブドウ球菌の DNA 量を電気化学的に検出する DNA バイオセンサーシステムの開発が報告されている[50]．本システムは磁気ナノ粒子（MNP）と金ナノ粒子（AuNP）の 2 種類のナノ粒子と

LPDH を用いて特定の DNA の検出を行う．MNP と AuNP には検出する目的の DNA に相補的な DNA プローブが予め修飾（結合）されており，AuNP にはさらに LPDH の電気化学的検出の際に用いられるメディエーターのフェロセンカルボン酸が修飾されている．この2種類のナノ粒子を目的 DNA が含まれる試料に加えると，その DNA がナノ粒子上の DNA プローブとハイブリットを形成する．このナノ粒子-DNA 複合体に磁気をあて分離後，LPDH の基質を添加して起こる酵素活性値を電気化学的に検出して，回収 DNA 量を計測する．本システムでは，目的の DNA を特異的に微量検出（10 pmol）できる．この検出システムは原理的には DNA プローブを変えるだけで様々な DNA を特異的に検出することが可能となるので，医療，食品，環境分析用センサーへの展開が期待される．

　また，同じく FAD を補酵素として D-プロリンを含む D-アミノ酸の酸化反応を触媒する色素依存性 D-プロリン脱水素酵素が *P. islandicum* から見出されている[51]．この酵素は，前述の LPDH とは異なり，膜に強く結合した膜結合酵素で N 末端に膜結合領域を有する．この酵素は界面活性剤により可溶化することができ，可溶化した後に 80℃，10 分間処理しても変性せず，これまで見出されている膜結合性酵素にはない高い安定性を示すので，D-アミノ酸定量用バイオセンサー用素子としての応用研究が進められている．本酵素を固定化した電極は，70℃ のような高温でも D-アミノ酸の検出が可能であり，少なくとも 80 日間は安定的に利用できる[52,53]．

(3) PQQ 含有脱水素酵素

　超好熱性アーキア *P. aerophilum* からグルコースを含む多くのアルドースを基質とするアルドース脱水素酵素が報告されている[54]．この酵素は上述の脱水素酵素とは異なり PQQ を補酵素とする．この PQQ 酵素は，100℃，10 分間処理しても失活せず，高い耐熱性を示す．この酵素もグルコースを含む糖を定量できるバイオセンサー用素子としての有用性が調べられ，D-グルコースの電気化学的測定が少なくとも 30 日間は，再現性良く行えることが報告されている[55]．このことから，長期間連続的に糖をモニタリングする計測装置への応用が期待されている．また，この酵素をアノード電極用素子として用い，電圧 0.2 V において 11 µW の起電力で 14 日後に 70% の電流密度を維持できる安定した寿命を有する酵素電池が構築されている[56]．今後，好熱性アーキア由来の酵素を用いた高寿命酵素電池の実用化に向けた応用研究が期待されている．

8.2 遺伝子工学用酵素

　DNA を試験管の中で操作し，それを生きた細胞の中に導入して，その DNA に載っている遺伝暗号を発現させる遺伝子工学技術は，分子生物学の進歩とともに発展してきた．DNA を目的の位置で切断する制限酵素（ハサミ）と DNA 鎖を連結する DNA リガーゼ（のり）の発見によって，人類は遺伝子を人工的に切り貼りする技術を身につけ，そこから遺伝子工学が誕生した．遺伝子の形は通常，らせん構造をとった二本鎖の DNA である．DNA 鎖を合成したり，DNA 鎖を切ったり，繋げたり，また二本鎖を解いて一本鎖にしたりするには酵素が必要である．すなわち，遺伝子工学用酵素とは試験管内で DNA の形を人工的に変えるための酵素

の総称である．アーキアは有用な遺伝子工学用酵素の重要な供給源になっている．

8.2.1 DNAポリメラーゼ

　DNAポリメラーゼは，試験管の中で鋳型となるDNA鎖に沿って新しくDNA鎖を合成することができる酵素であり，その反応には鋳型DNAの他にプライマーとなる短いデオキシオリゴヌクレオチドと4種のデオキシモノヌクレオチド3リン酸（dATP, dGTP, dCTP, dTTP）が必要である．これだけの成分があれば，DNAポリメラーゼによって，鋳型DNAの塩基配列に相補的な配列を持ったDNA鎖が試験管内において新しく合成される．この性質によってDNAポリメラーゼは塩基配列解読法やPCRをはじめとする数多くの遺伝子操作に利用されてきた[57,58]．DNAポリメラーゼは遺伝子工学用酵素の中のスーパースター酵素であり，世界の多くのメーカーは競ってより優れた酵素製品の開発に力を入れている．

　ジデオキシ塩基配列が開発された当初は，大腸菌のDNAポリメラーゼのKlenow断片（N末端の5'-3'エキソヌクレアーゼドメインを欠失させたもの）が利用されていたが，PCR時代に入り，耐熱性のDNAポリメラーゼに主役の座を奪われ，現在ではジデオキシ法にも耐熱性ポリメラーゼを利用したサイクルシークエンス法が普及している．さらに，次世代シークエンシング（NGS）に利用されているのも耐熱性DNAポリメラーゼである．PCRの普及以来，試験管内DNA鎖合成は耐熱性DNAポリメラーゼの時代に入り，常温生物由来のDNAポリメラーゼ酵素は，応用という意味では影が薄くなっている[57]．

　一般に，耐熱性の酵素を得るためには，好熱性微生物が良い資源となる．PCRが自動化されたのは耐熱性DNAポリメラーゼのおかげであるが[58]，*Taq*ポリメラーゼとして一躍有名になった酵素は，イエローストーン国立公園の温泉中に生息する*Thermus aquaticus* YT1株という好熱性バクテリアから単離されたものである[59]．*Taq*ポリメラーゼはもともと好熱性バクテリアのDNA合成酵素に興味が持たれて解析されたものであるが，PCRを技術として実用化するために，変性過程の90℃以上でも失活しない酵素が求められたときにすでに知られていた*Taq*ポリメラーゼが利用された．

　PCRの実用化によって，耐熱性DNAポリメラーゼの有用性が示されたので，遺伝子工学用酵素資源として好熱菌がより注目を集めるようになった．好熱性生物にもいろいろな種があり，至適生育温度が異なるとその生物の産生する酵素の耐熱性も異なる．*T. aquaticus*は至適生育温度が70〜72℃の高度好熱性バクテリアであるが，好熱性微生物でも特に80℃以上を至適生育温度とする超好熱菌はほとんどがアーキアである（第2章参照）[60]．*Taq*ポリメラーゼや後述する*Pfu*ポリメラーゼは図8.1に示すように極めて高い熱安定性を示す．40〜60℃を至適生育温度とする中等度好熱性バクテリアの*Bacillus caldotenax*などのDNAポリメラーゼはある程度の耐熱性があり，ジデオキシ

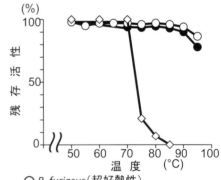

図8.1　DNAポリメラーゼの耐熱性．

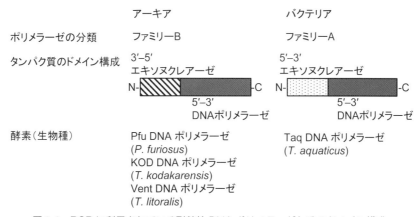

図8.2 PCRに利用されている耐熱性DNAポリメラーゼとそのドメイン構成.

塩基配列解読法には優れた性能を発揮するが[61]，PCRには耐熱性が不十分である．

　DNAポリメラーゼは，初めは酵素の性質によって，その類似性や多様性が語られていたが，遺伝子クローニング技術開発以降はそのアミノ酸配列の類似性から分類されており，現時点ではファミリーA，B，C，D，E，X，Yという七つのグループに分けられている（第4章参照）．同じファミリーの酵素は基本的にはよく似た性質を有していると考えてよい．このうち，遺伝子工学用酵素として市販されて，実用的に利用されているのはファミリーA，Bの二種類だけである（図8.2）．初代塩基配列解読法でシークエンスキットとして市販されたのは，ジデオキシヌクレオチドを基質として認識する点から，全てファミリーAの酵素であり（ファミリーBの酵素はジデオキシヌクレオチドの利用効率が悪いためにシークエンシングには適さない），好熱性バクテリア由来のものが使われてきた．ファミリーA酵素を有するアーキアは現在まで見つかっていない．PCRはジデオキシヌクレオチドを基質に使わないので，ファミリーA，B両方の酵素が用いられており，目的に応じて使い分けられている．ファミリーBの酵素として製品化されているのは，超好熱性アーキア由来のものである．ファミリーBの酵素は，DNA鎖合成を行う時に，鋳型鎖の配列に従って正確に相補鎖を合成するための校正機能に関わる3'-5'エキソヌクレアーゼ活性を有しており，この活性を有しないTaqポリメラーゼなどのファミリーA酵素よりも増幅時の間違いが少ない．種々の報告例があるが，ファミリーB酵素は，ファミリーA酵素よりも一桁正確性が高いので，より正確なPCRに適している[62]．ファミリーA酵素は正確性が低いかわりにDNA合成効率がよいので，目的のDNA断片を増幅することが目的の場合には，まずこちらの酵素を用いればよい．実際にPCRに利用されているファミリーB酵素としては，*P. furious*, *T. kodakarensis*, *T. litralis*などの超好熱性アーキア由来のものである．中でも*T. kodakarensis*由来の酵素は，ファミリーBのPCR酵素の中でも最も伸長性に優れている[63]．

　その後，新たな工夫として，ファミリーA，Bの酵素を混合してPCRに利用することで，両者の優れた性質が発揮されることを期待した方法が開発された．この工夫によって，標準PCRと比較して，より長く，より正確なPCRパフォーマンスを示すlong and accurate PCR（LA-PCR）が普及した[64]．LA型酵素は高度好熱性バクテリア由来のファミリーA酵素と超好熱性アーキア由来のファミリーB酵素が用いられているが，それぞれの由来は製品化して

いる各メーカーによって異なる．現在PCR酵素はこのLA-PCR用酵素を中心に，それぞれの場面で目的や経済性を考えて使い分けられている．

8.2.2 dUTPase

アーキア由来の酵素で遺伝子工学に利用されているものは，ほぼPCRに関連したものである．DNAポリメラーゼ以外に実用化されている酵素として，dUTPaseが知られている．PCRは反応溶液を高温に曝す時間が必要で，それはDNA塩基に損傷を与える原因にもなる．特にシトシンが脱アミノ化されてウラシルになりやすい．鋳型DNA鎖のシトシンや基質になるデオキシシチジン3リン酸（dCTP）がデオキシウリジン3リン酸（dUTP）になるとPCR阻害の原因になる．アーキアのファミリーB DNAポリメラーゼはウラシルポケットと呼ばれる部位を有し，鋳型DNA鎖中にウラシルが存在すると，それがウラシルポケットに入り込み，新生鎖合成を停止させてしまう[65]．しかし，dUTPはdCTPと同様に基質として用いられるので，dUTPを新生鎖に取り込んでしまうとウラシルを含んだDNA鎖ができて，次のPCRサイクルでウラシルを含んだDNA鎖を鋳型に使うと合成阻害の原因となる．dUTPaseはdUTPが間違って新生鎖合成に使われないように分解してしまうので，PCRの促進因子として利用できる[66]．耐熱性のdUTPaseをPCR反応液に加えておくと，サイクルを繰り返しても失活せずに，生じたdUTPを分解する．この原理を利用したPCR商品も実際に市販されている．

8.2.3 DNA結合タンパク質

ファミリーBのDNAポリメラーゼは正確性が高い代わりに，DNA合成の効率が悪く，長鎖の増幅には適さない．しかし，この弱点を克服したPCR技術が開発され[67]，Phusion DNA Polymeraseという商品名で市販されている．これは*Pfu*ポリメラーゼの伸長性が悪い性質を補うために，別の超好熱性アーキアである*Sulfolobus*由来のDNA結合タンパク質Sso7dをDNAポリメラーゼに結合させた融合タンパク質を遺伝子工学的に作製したものである．Sso7dのDNAに対する高い親和性によって*Pfu*ポリメラーゼがDNA鎖から滑り落ちないようにすることで，連続的な合成能が向上した．この工夫によって，*Pfu*ポリメラーゼの高い正

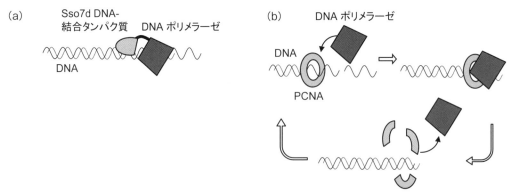

図8.3 ファミリーB DNAポリメラーゼと補助因子を利用したPCR酵素．A．*S. solfataricus*由来DNA結合タンパク質，Sso7dを*Pfu*ポリメラーゼに結合して高い連続合成能を持つ酵素を創製した．B．DNAにセルフロード／アンロードする変異型クランプPCNAをPCRに応用．

確性を維持したまま，伸長性が大幅に改善されたもので，DNA ポリメラーゼのタンパク質工学として大変エレガントな成功例といえる（図 8.3(a)）．

8.2.4 PCNA クランプ

DNA 結合タンパク質 Sso7d と同様の目的で，4.1.7 項で紹介した伸長因子であるクランプを利用して，*Pfu* ポリメラーゼの連続合成能を向上させることに成功した例もある．*Pfu* ポリメラーゼはクランプ分子である PCNA と相互作用し，試験管内 DNA 合成の伸長性が促進されることがわかっていたので[68]，PCNA を PCR に利用すれば，より優れたパフォーマンスを示すことが期待された．しかし，PCNA を PCR に加えると逆に阻害され，アーキア由来の耐熱性 DNA ポリメラーゼに対してクランプ分子を実用的に PCR に応用した成功例はなかった．クランプを PCR に利用するには，クランプ分子の構造と機能の解析から得られた情報をもとに，環状構造の安定性と DNA 鎖合成反応の促進作用の関係を詳細に理解する必要があった．

P. furiosus の PCNA は試験管内においてクランプローダーが存在しない条件下でも正しく DNA 鎖にアクセスし（セルフローディング），DNA 合成反応を促進することも理解できる．PCNA の三量体構造形成にはサブユニット間の逆平行 β-シートにおける水素結合が寄与しており，環状構造の外側に形成されるその水素結合の数が4組である．真核生物 PCNA（ヒト PCNA の場合が8組，酵母 PCNA の場合が7組）と比べてほぼ半減していることから，*P. furiosus* PCNA はユーカリアの PCNA と比べてサブユニット間相互作用が弱いことに加えて，反応を高温で行うことによって，三量体の開環がより起こりやすいと考えられる．PCNA リングの外側でこのような水素結合が観察されるのに対して，リングの内側では境界面においてN-末端側ドメインの正に荷電するアルギニンやリジンがC-末端側ドメインの負に荷電するグルタミン酸やアスパラギン酸とでイオン対ネットワークを形成している．*P. furiosus* PCNA の Asp143 および Asp147 を Ala に置換した変異体は環状構造が不安定化される[69]．変異体 PCNA は，環状構造の不安定化により DNA ポリメラーゼの DNA 鎖伸長反応を促進しないであろうと予想された．D143A/D147A は予想通りであったが，驚いたことに，D143A 変異体は野生型よりもより強く促進した[69]．

この結果をもとに，変異型の PCNA を *Pfu* ポリメラーゼを用いた PCR に応用する工夫がなされ，酵素単独では増幅されない顕著に短い反応時間の条件下で，PCNA 変異体を加えることによって長鎖の DNA 断片を効率良く増幅した（図 8.3(b)）．この PCNA を加えた PCR（PCNA-assisted PCR）は，3′-5′ エキソヌクレアーゼ活性の付いている正確性の高い *Pfu* DNA ポリメラーゼに高伸長性を付与する，大変有用な技術改良として実用化されている[70, 71]．

8.2.5 DNA ヘリカーゼ

DNA ヘリカーゼは，ATP 加水分解のエネルギーを利用して二本鎖の DNA を一本鎖に解離する活性を有する酵素である．最近，超好熱性アーキア由来の DNA ヘリカーゼを PCR へ応用することの有用性を示した成果が報告された[72]．*T. kodakarensis* 由来の DNA ヘリカーゼ活性を有するタンパク質の一つで EshA と名付けられたものを PCR 反応液に加えることで，

非特異的な増幅が抑制されて目的の DNA の増幅効率が上がるというものである．EshA は 3′-突出型の二本鎖特異的なヘリカーゼ活性を示すため，PCR 反応時に鋳型 DNA にアニールされたプライマーに作用することができる．目的の位置に結合するプライマーと比べて，類似した配列に結合したプライマーは，配列が完全に相補的でないため，より不安定に鋳型に結合しているので，それを EshA のヘリカーゼ活性で優先的に剥がし，非特異的な増幅が抑えられることが期待された．実際に用いられて，EshA のヘリカーゼが非特異的な増幅産物を減らした正確な PCR に貢献することが示された．ちなみに，DNA ヘリカーゼ活性を利用して，熱変性の代わりに二本鎖解離し，PCR のように高温にするステップを必要としない等温増幅法（helicase-dependent amplification, HDA）が報告されているが，現在までに実用化されていない．

8.2.6　DNA ポリメラーゼの改変

　遺伝子工学用酵素として開発する場合にとりうる方法として，自然環境下で生息する生物から優れた新規酵素（またはその遺伝子）を探索する方法と，タンパク質工学手法を用いて既存の酵素を部位特異的に改変して新規酵素を創製する方法が考えられる．前者の場合，直接酵素を単離してその性質を調べるには，その生物の細胞を培養して増殖させなければならない．耐熱性酵素探索の対象となるのは好熱性微生物であるが，現在人工的に培養が可能なものは，地球上の微生物全体の 1% に満たない．まだ知られていない微生物の中に大変優れた酵素を有しているものが存在するかもしれない．空気，土壌，河川，海洋などの環境サンプルから微生物を単離せずに直接 DNA を単離するメタゲノム解析手法が最近ますます盛んになってきて，様々な配列データが蓄積している．その中から DNA ポリメラーゼ遺伝子を探し出して，組換えタンパク質として産生させる方法も可能である．

　現在は部位特異的変異導入技術が確立しており，組換えタンパク質として変異体が比較的容易に調製できるようになっているので，人工酵素の創製は，酵素タンパク質のどの部分をどのように改変すれば目的に近付けるのかという実験のデザインの仕方が重要である．そのためには構造と機能の関係に関する情報が必要であるが，DNA ポリメラーゼの立体構造解析が進み，構造が詳細にわかるにつれて基質認識能を変えたり，正確性を調節するなど，目的別の変異型ポリメラーゼ開発が試みられている[73]．PCR は世界中に普及し，日常的に利用されている遺伝子解析技術である．それゆえに，利用者はさらに便利で使いやすく，信頼性のある酵素を求めている．すなわち，より早く，より長く，より正確に，より効率良く目的の DNA 断片を増幅することができる酵素が望まれる．また，周辺技術の進歩により，単一分子を観察して計測する方法が発達してきて，そこには高感度検出により適したヌクレオチド誘導体を基質にできるような，新たな性質を持った DNA ポリメラーゼの需要が生まれる．未知の環境遺伝子資源を利用するために，メタゲノム解析により DNA ポリメラーゼ配列データを収集してそのバリエーションを解析するとともに，それらを利用した新規酵素の創製が期待できる．自然界に存在する未同定の微生物の遺伝子を利用する場合に，全ゲノム DNA を完全な形で得るのは難しいが，採取した DNA が断片化していても，酵素活性に重要な部分の遺伝子領域を PCR によって増幅し，それを既存の酵素遺伝子と入れ替えてキメラ遺伝子を作製し，そこから優れ

た酵素を選び出すという方法も有用であることが示されている[74,75].

8.2.7　DNA リガーゼ

　DNA リガーゼは 1968 年に酵素が発見されて以来，その生理学的重要性および生化学的応用の可能性のために，数多くの生物由来の酵素が研究されてきた．超好熱性アーキアの DNA リガーゼも興味深い研究対象である．二本鎖 DNA（90～100℃）の熱変性工程を含んだ温度サイクルをともなうニック接合反応のための DNA リガーゼ活性は，耐熱性を必要とする LDR／LCR（ligation detection reaction／ligation chain reaction）酵素として価値がある[76].LDR／LCR は，DNA 鎖の単一塩基多型（SNPs）や変異を検出する技術であり，遺伝病の診断に有用である[77]．この方法は 1 塩基の違いを区別するためのものであるので，利用する DNA リガーゼには，連結部分のミスマッチは繋がない高忠実度が要求される．最近この技術は，標的 mRNA を有する RNA 誘発サイレンシング複合体（RISC）の形成を介した基本的な細胞プロセスにおける重要な調節機能を果たすマイクロ RNA（miRNA）の検出にも適用されている[78]．また，改良型 LCR である Gap-PCR[79]や定量的リアルタイム LCR[80]など，感度および有用性が改良されている．超好熱菌由来の DNA リガーゼとして，*T. aquaticus*, *T. thermophilus*, *T. filiformis* および *T. scotoductus* などのバクテリア由来のものと，超好熱性アーキア *P. furiosus* および *Thermococcus* 9°N 由来の DNA リガーゼが現在市販されている．

　アーキア由来の遺伝子工学用酵素として，DNA ポリメラーゼおよび DNA リガーゼは，遺伝子診断，法医学的 DNA タイピング，バクテリアおよびウイルス感染の検出に有用な試薬として，我々の生活に多大な貢献をしている．これらはまた，試験管内での遺伝子操作を用いた基本的な分子生物学研究にとっても重要である．DNA シークエンシング技術の最近の進歩は顕著であり，DNA の異なる化学を用いたいくつかの技術にもとづく「次世代シークエンシング」と呼ばれる新しい方法が次々に開発され，機械，試薬，分析ソフトウェアなどと合わせたシステムとして実用化されてきている[81]．これらの技術には様々な DNA ポリメラーゼや DNA リガーゼが含まれており，さらに色素標識修飾ヌクレオチド，および，より長い読み取りを用いる単一分子検出法による「第 3 世代 DNA シークエンシング」の開発も進んでいる[82]．この技術は，様々な修飾ヌクレオチドを取り込む能力を有する DNA ポリメラーゼを必要とし，そのような DNA ポリメラーゼの創製が進んでいる[83]．今後の酵素開発によって，遺伝子増幅法，遺伝子検出法，塩基配列解析法など，目的ごとに適した性質を有する酵素が創製されていくものと思われる．アーキアはこれらの酵素開発にとって大変貴重な資源となる．

文　　献

■ 8.1
1)　喜多恵子：『応用酵素学概論』（コロナ社，2009）
2)　藤原伸介，福崎英一郎：現代化学 9 月号，14（2002）
3)　F. Niehaus *et al*.: *Appl. Microbiol. Biotechnol.* **51**, 711（1999）
4)　J. Eichler: *Biotechnol. Adv.* **19**, 261（2001）

第 8 章　アーキアとバイオテクノロジー

5)　"Hypertheromphilic Enzymes, Part A", *Methods in Enzymology* **330**, M. W. W. Adams and R. M. Kelly（Eds.）（Elsevier, 2001）

6)[*]　C. D. Litchfield: *J. Ind. Microbiol. Biotechnol.* **38**, 1635（2011）

7)　T. Fukushima *et al.*: *Extremophiles* **9**, 85（2005）

8)　M. Moshfegh *et al.*: *Extremophiles* **17**, 677（2013）

9)　大島敏久，左右田健次：『酵素のおはなし』（日本規格協会，1997）

10)　S. Ando *et al.*: *Appl. Environ. Microbiol.* **68**, 430（2002）

11)　M. W. Bauer *et al.*: *J. Bacteriol.* **181**, 284（1999）

12)　Y. Kashima and S. Udaka: *Biosci. Biotechnol. Biochem.* **68**, 235（2004）

13)　S. W. Kengen *et al.*: *Eur. J. Biochem.* **213**, 305（1993）

14)　F. M. Pisani *et al.*: *Eur. J. Biochem.* **187**, 321（1990）

15)　X. Li and H. Y. Yu: *J. Ind. Microbiol. Biotechnol.* **40**, 1357（2013）

16)　タカラバイオ Pfu ProteaseS データシート

17)　M. Klingeberg *et al.*: *Appl. Environ. Microbiol.* **61**, 3098（1995）

18)　J. Mayr *et al.*: *Curr. Biol.* **6**, 739（1996）

19)　P. Völkl *et al.*: *Protein Sci.* **3**, 1329（1994）

20)　P. C. Croocker *et al.*: *Extremophiles* **3**, 3（1999）

21)　N. Burlini *et al.*: *Biochim. Biophys. Acta* **1122**, 283（1992）

22)　M. Vidyasagar *et al.*: *Archaea* **2**, 51（2006）

23)　M. Levisson *et al.*: *Extremophiles* **13**, 567（2009）

24)　B. Wang *et al.*: *Protein Expr. Purif.* **35**, 199（2004）

25)　M. Hess *et al.*: *Extremophiles* **12**, 351（2008）

26)　R. V. Almeida *et al.*: *Enzyme Microb. Technol.* **39**, 1128（2006）

27)　E. Porzio *et al.*: *Biochimie* **89**, 625（2007）

28)　Y. Hotta *et al.*: *Appl. Environ. Microbiol.* **68**, 3925（2002）

29)　Y. Mei *et al.*: *Appl. Microbiol. Biotechnol.* **93**, 1965（2012）

30)　M. Müller-Santos *et al.*: *Biochim. Biophys. Acta* **1791**, 719（2009）

31)　X. Li and H.Y. Yu: *Folia Microbiol.* **59**, 455（2014）

32)　K. Goldberg *et al.*: *Appl. Microbiol. Biotechnol.* **76**, 237（2007）

33)　X. Wu *et al.*: *Appl. Environ. Microbiol.* **79**, 2209（2013）

34)　R. N. Patel: *Coord. Chem. Rev.* **252**, 659（2008）

35)　T. Ohshima and N. Nishida: *Biosci. Biotechnol. Biochem.* **57**, 945（1993）

36)　C. Kujo and T. Ohshima: *Appl. Environ. Microbiol.* **64**, 2125（1998）

37)　M. W. Bhuiya *et al.*: *Extremophiles* **4**, 333（2000）

38)　D.T. Gallagher *et al.*: *J. Mol. Biol.* **342**, 119（2004）

39)　K. Yoneda *et al.*: *Biochim. Biophys. Acta* **764**, 1087（2006）

40)　K. Yoneda *et al.*: *J. Biol. Chem.* **12**, 8444（2010）

41)　Y. Shimizu *et al.*: *Extremophiles* **9**, 317（2005）

42)　Y. Mutaguchi *et al.*: *Anal. Biochem.* **409**, 1（2011）

43)　D. Alsafadi and F. Paradisi: *Extremophiles* **17**, 115（2013）

44)　L. M. Timpson *et al.*: *Appl. Microbiol. Biotechnol.* **97**, 195（2013）

45)　L. M. Timpson *et al.*: *Extremophiles* **16**, 57（2012）

46)　A. K. Liliensiek *et al.*: *Mol. Biotechnol.* **55**, 143（2013）

47)　J. E. Frew and H. A. Hill: *Anal. Chem.* **59**, 933A（1987）

48)　里村武範他：バイオサイエンスとインダストリー **70**, 340（2012）

49)　R. Kawakami *et al.*: *Appl. Microbiol. Biotechnol.* **93**, 83（2012）

50)　K. Watanabe *et al.*: *Biosens. Bioelectron.* **67**, 419（2011）

51)　T. Satomura *et al.*: *J. Biol. Chem.* **277**, 12861（2002）

52)　Y. Tani *et al.*: *Anal. Chim. Acta* **619**, 215（2008）

53)　Y. Tani *et al.*: *Anal Sci.* **25**, 919（2009）

54)　H. Sakuraba *et al.*: *Arch. Biochem. Biophys.* **502**, 81（2010）

55)　Y. Yamada *et al.*: *Anal. Sci.* **29**, 79（2013）

56)　H. Sakamoto *et al.*: *Biotechnol. Lett.* **37**, 1399（2015）

■8.2

57) S. Ishino and Y. Ishino: *Front. Microbiol.* **5**, 465（2014）
58) S. K. Saiki *et al.*: *Science* **239**, 487（1988）
59) A. Chien *et al.*: *J. Bacteriol.* **127**, 1550（1976）
60) K. O. Stetter: *Biochem. Soc. Trans.* **41**, 416（2013）
61) T. Uemori *et al.*: *J. Biochem.* **113**, 401（1993）
62) 石野良純：蛋白質 核酸 酵素 **41**, 429（1996）
63) M. Takagi *et al.*: *Appl. Environ. Microbiol.* **63**, 4504（1997）
64) W. M. Barns: *Proc. Natl. Acad. Sci. USA* **91**, 2216（1994）
65) B. A. Connolly: *Biochem. Soc. Trans.* **37**, 65（2009）
66) H. H. Hogrefe *et al.*: *Proc. Natl. Acad. Sci. USA* **99**, 596（2002）
67) Y. Wang *et al.*: *Nucleic Acids Res.* **32**, 1197（2004）
68) I. K. O. Cann *et al.*: *J. Bacteriol.* **181**, 6591（1999）
69) S. Matsumiya *et al.*: *Protein Sci.* **12**, 823（2003）
70) S. Ishino *et al.*: *J. Jap. Soc. Extremophiles* **11**, 19（2012）
71) 石野園子，石野良純：生化学 **81**, 1056（2009）
72) A. Fujiwara *et al.*: *Appl. Environ. Microbiol.* **82**, 3022（2016）
73) L. Zhang *et al.*: *Appl. Microbiol. Biotechnol.* **99**, 6585（2015）
74) 石野良純他：環境バイオテクノロジー学会誌 **7**, 87（2007）
75) T. Yamagami *et al.*: *Front. Microbiol.* **5**, 461（2014）
76) F. Barany: *Proc. Natl. Acad. Sci. USA* **88**, 189（1991）
77) M. Zirvi *et al.*: *Nucleic Acids Res.* **27**, e41（1999）
78) Y. Yang *et al.*: *Mol. Biosyst.* **6**, 1873（2010）
79) K. Abravaya *et al.*: *Nucleic Acids Res.* **23**, 675（1995）
80) A. Psifidi *et al.*: *PLoS One* **6**, e14560（2011）
81) J. S. Shendure and H. Ji: *Nat. Biotechnol.* **26**, 1135（2008）
82) W. J. Ansorge: *New Biotechnol.* **25**, 195（2009）
83) M. L. Metzker: *Nat. Rev. Genet.* **11**, 31（2010）
84) C. Hansen *et al.*: *Nucleic Acids Res.* **39**, 1801（2011）

第9章

アーキア研究の展望

　地球が誕生してから46億年，原始生命が誕生してから約38億年が経過している．この生命の歴史の中で，無数の生物が進化してきた．遺伝的変異と淘汰といった単純な形だけではなく，ウイルスなどによる遺伝子の水平移動，動物細胞や植物細胞が誕生するきっかけとなった細胞の寄生・共生と定着，染色体内での遺伝子の移動，自然界でも起こりうる形質転換，形質導入，細胞融合などにより多様な能力を持った生物が誕生してきたのである．この生物多様性という言葉には単に分類学的な意味での種だけではなく，個体の多様性，その背景にある遺伝子レベルでの多様性も含まれている．

　全生物の進化系統樹（無根）を示せば図9.1のようになる．すなわちバクテリア，アーキア，ユーカリアのいずれかのドメインに分類される．またバクテリアとアーキアは原核細胞であり構造上は大差ない．しかしバクテリアの生息地は広範囲の環境であるのに対し，アーキアは通常極限環境で生息しており，そのために生体成分や機能には独特の特徴を持つものが多い．

　さて地球の長い歴史を1年のカレンダーで示すとすれば，人類の直接的祖先である原人は12月31日の19時ごろに生まれたと考えられている．地球の歴史からみれば，人類は最後に現れた生物であるのに，自分たちの生存条件を基本として，それからかけ離れた環境条件を極限環境と称しているにすぎないから，極限環境に生育している生物にとっては苦笑すべきことかもしれない．

　極限環境の条件としては，温度（高温，低温），pH（アルカリ性，酸性），高圧力，高浸透圧，貧栄養，有機溶媒耐性，乾燥，酸素の有無などがあげられる．これらの極限環境で生育する生物は，それぞれの環境に適応するために特殊な戦略を用意しているのが常である．例えば，90℃以上で生育できる超好熱菌は，そのタンパク質もDNAやRNAなどの核酸も細胞膜についても高温で機能を発揮できるように見事に分子設計されている[1]．また外部環境が高いアルカリ性を好む菌であっても細胞内のpHは中性近くに保たれているが，そのためには細胞膜を介したポンプ機能が充実している．好塩菌は細胞内に高濃度の「適合溶質」を保持するだけでなく，それが有するタンパク質の表面に酸性アミノ酸が局在する傾向が認められている．また自然界に目を向ければ，嫌気性微生物が共生する形でお互いの不足を補っている．南極で生育する貧栄養細菌（図9.2）は，極低濃度の有機物を取り込むために，千手観音のように多数の突起物を一つの細胞から出している．このように極限環境微生物の適応戦略は興味あるだけではなく，うまく利用すれば，産業展開にも通じるところがあるはずである．

第9章 アーキア研究の展望

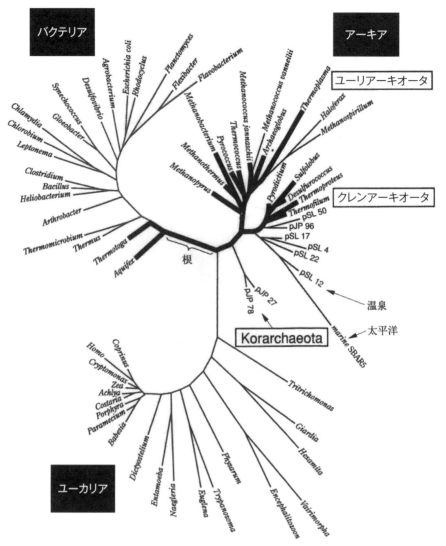

図9.1 全生物の系統樹．太線は超好熱菌を示す．pJP〜およびpSL〜は，PCR法によって存在が確認されているアーキアを示す．

　極限環境微生物を自然界から分離するにあたってはそれぞれの特殊なアイデア，手法，装置を要する場合が多い．嫌気性微生物を分離するには嫌気性のチャンバーが必要なのは当然だが，超好熱菌の場合は，寒天（高温で溶解してしまう）の代わりにゲルライトを用いた固形培地を準備する必要がある．好冷菌の生育温度の下限を調べるには，ポリエチレングリコールなどの不凍液を利用する．好圧菌の分離と培養には特殊な圧力容器が必要である．好アルカリ性菌や好酸性菌の場合は，それぞれに適したpHをセットすることになるが，緩衝作用のある培地を用いるのが望ましい．南極は有機物が少なく極寒の地であるから，貧栄養菌が多い．これを分離する場合には，通常の栄養培地では増殖しないので，それを10分の1または100分の1に希釈した寒天培地で分離することになる．この場合最初の3日間はほとんど何も生育せず1週間後に極めて小さいコロニーが出現することも多い．したがって，1週間であきらめて実

験を停止しない方が良い場合もある．極限微生物の分離には夢と期待を込めて諦めないことが大切である．

このようにアーキア研究とは進化の源流を探り，また極限環境微生物の特殊なシステムを理解するための研究であるともいえよう．例えば，pH3〜4以下で生育する好酸性菌，pH10以上で生育する好アルカリ性菌，岩石の内部で生きている微生物（Endolith），1 M以上の食塩を要求して生育する好塩菌，最適生育温度が

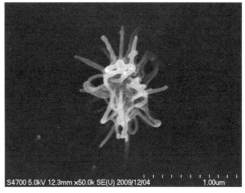

図9.2　貧栄養微生物の写真．

80℃以上（または90℃以上で生育）の超好熱菌，冷却化した砂漠で岩石の中で生きている微生物（Hypolith），高濃度の重金属（銅，カドミウム，ヒ素，亜鉛など）に耐性を持つ微生物，栄養分が極めて低濃度しかない環境で生育する貧栄養菌，40 MPa以上の高圧化で最適に生育する高圧菌，10℃以下で最適生育を示し最大生育温度が20℃である好冷菌（不凍タンパク質を有する場合が多い），放射線耐性菌，有機溶媒など毒性物質に耐性の微生物，低い水分活性状態で生育し乾燥に対して耐性を示す微生物，深海で生育する微生物，嫌気的環境でメタンを生成する共生微生物などである．最近，メタン菌に電気（電子）を与えるとCO_2を室温でメタンに変換できることや，超好熱菌を用いて効率的に水素を生産させることができるようになってきた．このように将来，アーキアの産業利用も大いに期待できる．これらの環境適応戦略，進化，産業展開などについて幅広く理解してもらうには文献[2,3,4]を参照していただけたら幸いである．

コラム2 「Archaea」は細菌ではない

1977年にWoeseらは，系統解析から従来の原核生物とは区別される分類グループとして，Archaebacteriaという語を提唱し，これを受けて日本では古細菌という語が広く使われてきた．ところが研究が進むにつれ，ArchaebacteriaはBacteriaとは明らかに異なり，むしろ真核生物と近縁であることが示された．事実，遺伝子解析や構造生物学的研究で蓄積された知見もこのことを支持している．例えば，生命現象の根幹である遺伝子の複製，転写や翻訳過程に関与する酵素は明らかに真核生物的である．国際的には1990年にWoeseら自身が，ArchaebacteriaをBacteriaではないとしてArchaeaという分類ドメインを提唱し現在に至っている．それに対応してEubacteriaとしていたのを元のBacteriaに戻している．その背景と内容は，J. N. Reeveにより詳しく説明されている（*Journal of Bacteriology*, Vol. 181, No. 12 p. 3613-3617, June 1999）．実際，国際的な報文では現在Archaea, Bacteria, Eucaryaを使用し，ArchaebacteriaやEubacteriaという語を使っていない．ArchaebacteriaとArchaeaの概念の違いを考慮せず，一つの訳語で表し続けるのは如何なものであろうか．これは用語の問題ではなく，概念の変化の問題である．

やはり内容を反映した学術用語の設定が重要であると考えられる．Archaeaは細菌ではないので古細菌という用語には問題がある．できるだけ原意を尊重して「始原菌」という語が適切であろう．カタカナ表記もありうるが，Bacteriaを「細菌」と訳すように日本文化を大切にしたい．

（今中忠行）

文　　献

1)　T. Imanaka: *Proc. Jpn. Acad. Ser. B* **87**, 587（2011）
2)　"Extremophiles Handbook", K. Horikoshi *et al.* (Eds.), (Springer, 2011)
3)　久保幹 他：『環境微生物学』，（化学同人，2011）
4)　今中忠行 監修：『極限環境生物の産業展開』，（シーエムシー出版，2012）

索　引

【数字・英字】

1 細胞ゲノム解析　37
2′-O-メチル化　119
3 ドメイン　1
5′ 側の非コード領域　122
6-4 光生成物　92

ABC transporter　133
AER　92
agmatidine　121
Ago タンパク質　167
Aigarchaeota 門　22
ANME　26
AOB　36
APE　90
AP 部位　90
archaellum　7
ASGARD グループ　22, 38
AspA　86
ATP 依存性 DNA リガーゼ　83
A サイト　123

Bathyarchaeota 門　26
boxC/D　164
boxH/ACA　164
branched ED 経路　135

C⁺　121
cas　170
Cas1-solo　174
Cas9　172
Cascade　172
Cas タンパク質　172
Cas タンパク質ファミリー　170
Cdv　86

CMG 複合体　76
CoA　142
CPD　92
CRISPR　5, 159, 169
CRISPR/Cas　171
cystein synthase　139

dif 部位　84
DNA 組換え　94
DNA グリコシラーゼ　90
DNA クロスリンク　89
DNA 結合タンパク質　186
DNA 修復　88
DNA 複製　73
DNA ヘリカーゼ　187
DNA ポリメラーゼ　4, 79, 82, 184, 188
DNA リガーゼ　82, 189
DPANN グループ　22, 38
dUTPase　186

Embden-Meyerhof-Parnas （EMP）経路　132
EndA　115
EndoMS　93
Entner-Doudoroff（ED）経路　132
ESCRT　86
E サイト　123

FBPase　136
Fd　154
FEN-1 エンドヌクレアーゼ　82
FtsZ　86

GAPN　133

GAPOR　133
GC 含量　51
GINS　76
GPI アンカー　61
G 期　87

Hef　89
hHef　89
HiPIP　155
HJ リゾルバーゼ　90
HR　94

Korarchaeota 門　22

LA-PCR　185
LA 型酵素　185
LDR / LCR　189
Leaderless 型　122
Lokiarchaeota 門　22
LUCA　57

MBGB　38
MBGC　37
MCG　37
MCM 複合体　76
MCM ヘリカーゼ　74
methylwyosine　121
MG I　35
MG II　38
MG III　38
mimG　121
MinD　86
mRNA　122, 159
MRX/N 複合体　96
M 期　87

197

索　引

NAD（P）　144
NAD（P）依存性脱水素酵素　181
NAD＋依存性 DNA リガーゼ　83
ncRNA　159
NER　88
non-coding RNA　118, 159
npED 経路　135
N 型糖鎖修飾　58

OB フォールド　78
OFOR　156
ORB　76
ORC　74
Orc1/Cdc6　74
oriC　73
OST　59
O 型糖鎖　61

p41-p46 複合体　77
PAM　172
PCNA クランプ　81, 187
Phr　105
PIP ボックス　81
PolD　74
PQQ 含有脱水素酵素　183
Ptr2　105
P サイト　123

Rad51　94
RadA　95
RAMPs　171
RecA リコンビナーゼ　94
RFC クランプローダー　82
RNAP　99, 100
RNase P　107, 165
RNA-seq 解析　165
RNA 結合モチーフ　112
RNA 酵素　108
RNA サイレンシング　167
RNA 修飾　118
RNA スプライシング　113
RNA ポリメラーゼ　3, 99
RNA リガーゼ　114, 116
RNA 連結酵素　114
RPA　78
RRM　112
rRNA　1, 164
rRNA 遺伝子　10

SAGMEG　37
SD 配列　122
SECIS　168
serine kinase　140
small RNA　165
SMC　85
snoRNA　118, 164
sn-グリセロール-1-リン酸　46
sn-グリセロール-3-リン酸　46
spED 経路　135
Sphl タンパク質　85
sR I　153
sR II　153
SRP RNA　165
SSB　78
SSRs　168
SSU　35
S 期　87
S 層　29
S レイヤー　7, 29, 60

TACK 上門　22
Taq ポリメラーゼ　184
TATA ボックス　102
TBP　102
TCR　89
TFB　102
TFE　102
TFS　103
Tgr　105
TLS　92
TMEG　37
tRF　167
tRNA　51, 125, 160

UDG　90

Verstraetearchaea 門　26

XPF　89

【ア行】

アーキア　2, 193
アーキア型イントロン　114
アーキアヒストン　63
アーキオウイルス　8, 19, 39
アーキバクテリア　2
アウトロン　113
アグマチン　66
アセチル CoA　48

アセチル化ポリアミン　69
アテニュエーション　107
アフィディコリン　79
アベーシックエンドヌクレアーゼ　90
アミノアシル tRNA　125
アミノ酸　139
アルギニン生合成　140
α-アミラーゼ　179
α-ヘリックス　56
アンチセンス RNA　166
アンモニア酸化バクテリア　36
アンモニアモノオキシゲナーゼ　10

異化代謝系　131
イソプレノイド　46
一本鎖 DNA 結合タンパク質　78
遺伝暗号　107
遺伝子工学用酵素　183
遺伝子破壊株　81
イニシエーター　73
イントロン　51, 113
イントロン　116

ウラシルポケット　186

エーテル結合　47
エキソン　113
エステラーゼ　180
エステル結合　47
エネルギー代謝　151
エピジェネティック　63
エフェクター　172
塩基除去修復　90
塩湖　30
塩析効果　57
エンタルピー　55
塩田　30
エンドグルカナーゼ　179
エンドヌクレアーゼ MS　93
エンドヌクレアーゼ Q　92
エントロピー　55

岡崎断片　82
オキサロ酢酸　131
オミクス研究　159
オリゴ糖鎖　57
オリゴ糖転移酵素　59
オリゴマー構造　56

198

索　引

温室効果ガス　27, 147

【カ行】

解糖系　131
解糖系遺伝子群　105
核酸　137
核小体 RNA　118
核小体低分子 RNA　164
加水分解酵素　178
カスポゾン　174
カルドアーキオール　48
カルドヘキサミン　65
カルドペンタミン　65
岩塩鉱床　30
環状アーキオール　48
γ-複合体　82

起点認識ボックス　76
機能性 RNA　159
機能性 RNA ドメイン　167
基本転写因子　102
キメラ遺伝子　188
極限環境　54
極限環境微生物　5
極性脂質　48

鎖交換反応　94
クランプ　81
繰り返し配列　168
グリコシダーゼ　178
グリセロ脂質　46
グループ II イントロン　117
クレンアーキオータ　4, 19
クレンアーキオール　48
クレンアクチン　87
クロマチン　62

ゲノム　50
ゲノム解析　21, 50
ゲノムサイズ　50
ゲノム編集　174

高圧菌　195
好塩性アーキア　19, 28, 178
高温岩盤　34
高度好塩菌　57
高度好塩性アーキア　8, 151
好熱菌　65
好熱性アーキア　19, 32
好冷菌　195

古細菌　2
コドン　107
コモノート　57
コンデンシン　85

【サ行】

サークルシークエンス法　184
サーモスペルミン　65
細胞周期　87
細胞内共生　21
細胞分裂　86
酢酸　150
酸化還元酵素　181
三分岐説　20

ジエーテル型　45
ジエーテル型コア脂質　47
磁気孔地帯　34
色素依存性脱水素酵素　182
自己合成トランスポゾン　174
脂質結合型糖鎖　59
歯周ポケット　27
シススプライシング　113
システイン生合成　139
次世代シークエンシング　184,
　189
ジデオキシ法　184
修飾ヌクレオシド　118
種間水素転移　23
食品加工用酵素　178
ショットガンメタゲノム解析　37
真正細菌　2

スプライシング　107
スプライシングエンドヌクレアー
　ゼ　115
スプリット型 tRNA　161
スペルミジン　65
スペルミン　65

制限酵素　183
生体触媒　178
セルフローディング　187
セルラーゼ　179
セルロース　179
セレノシステイン挿入配列　168
全生物の共通祖先　20
選択的スプライシング　118
セントロメア様部位　86

相同組換え　94
疎水性パッキング　55
祖先タンパク質　57
損傷乗り越え合成　92

【タ行】

耐熱性　55
耐熱性酵素　178
タウムアーキオータ　6, 10, 11,
　19, 35
脱アミノ化　90
脱塩基部位　90
単一塩基多型　189
タンパク質工学手法　188
単粒子解析技術　10

超好熱菌　6, 9, 32, 55
超好熱性アーキア　177
長鎖 ncRNA　165
超らせん構造　65

鉄硫黄タンパク質　154
鉄硫黄ワールド仮説　154
テトラエーテル型脂質　47
テトラエーテル型リン糖脂質　45
転移後修飾　59
転写　99
転写後修復　99, 107
転写伸長因子　103
転写制御　104, 106
転写装置　100
転写促進因子　102
天然状態　55

等温増幅法　188
糖鎖の刈り込み　59
糖脂質　58, 62
糖新生　135
糖新生系　131
糖新生系遺伝子群　105
糖タンパク質　58
糖中央代謝　131
トポイソメラーゼ　4
トランススプライシング　113,
　117
トランスファー RNA　51
ドリコール　59
トリ - スプリット型 tRNA　161
トレーラー配列　113

199

索　引

【ナ行】

二機能酵素　137
二分岐説　20
二本鎖切断　96

ヌクレオソーム　62
ヌクレオソームコア　62
ヌクレオチド除去修復　88

熱ショック応答性　105
熱ショックタンパク質　105

【ハ行】

バイオセンサー用素子　182
配糖化技術　178
バクテリア　2,193
バクテリオウイルス　8
バクテリオクロロフィル　37
バクテリオロドプシン　29,152
ハロロドプシン　29

光駆動形プロトンポンプ　153
非極限環境アーキア　19
ヒストンタンパク質　45,62
ヒストンフォールド　63
非翻訳RNA　159
表面負電荷　57
ピルビン酸　131
貧栄養細菌　193

ファミリーB酵素　79
ファンコニ貧血症　89
フェレドキシン　131,154
フェレドキシン代謝　154
複製因子C　82
複製起点　73
複製フォーク停止修復　89
複製ヘリカーゼ　76
プソイドウリジン（Ψ）化　119
プトレスシン　65

プライマー　77
プライマーゼ　77
ブラックスモーカー　34
フラップエンドヌクレアーゼ　84
フラビン含有脱水素酵素　182
プロゲノート　20
プロテアーゼ　180
分岐鎖ポリアミン　66
分子シャペロン　105

β-クランプ　81
β-グルコシダーゼ　179
β-シート　56
ペプチジルトランスフェラーゼ活性　126
変型ED経路　134
変型EMP経路　133
変形メバロン酸経路　48
変性状態　55
ペントースリン酸経路　137

放射線耐性菌　195
補酵素　142,149
ポリアミン　45,65
ポリアミン合成酵素　69
ポリアミンモジュロン　65
ポリシストロニックmRNA　100
ホリディジャンクション　90
ホリディジャンクションリゾルバーゼ　95
ポリプレノール　60
ポリプロイド　85
ホルホエノールピルビン酸　131
翻訳　99,121
翻訳因子　124
翻訳終結　127
翻訳伸長　125
翻訳装置　122

【マ行】

マイクロRNA　165

膜脂質　45

ミスマッチ修復　93

無機触媒　177

メタゲノム解析　10
メタン菌　3
メタン生成アーキア　19,23
メタン生成代謝　147,149
メタン生成反応　23
メタン発酵槽　27
メチル補酵素M還元酵素　37

モノシストロニックmRNA　100
モノプロイド　85

【ヤ行】

ユーカリア　2,193
ユーカリオウイルス　8
ユウバクテリア　2
ユーリアーキオータ　5,19

【ラ行】

リーダー配列　122
リジン生合成　140
リバースジャイレース　4
リブロースモノリン酸経路　137
リボザイム　108
リボスイッチ　107,167
リボソーマルRNA　1
リボソーム　123
リボソーム小サブユニット　35

ルーメン　27

レクチン　62
レチナールタンパク質　152
レプリケーター　73
レプリコン説　73

日本 Archaea 研究会

1988年10月7日に大島泰郎博士を代表に「日本 Archaebacteria 研究会」が設立され，それ以来毎年，日本各地で講演会を開催してきた．2002年からは「日本 Archaea 研究会」と改名された．講演会は1988年に第1回が東京大学総合研究資料館で開催されて以来，毎年1回開催されており，2017年には節目となる第30回が東北大学川内北キャンパスで開催された．

講演会にはアーキアの好きな研究者が集まり，生態学，生理学，生化学，分子生物学，構造生物学，進化学など幅広い分野で，アーキアについて1日半の熱い議論が繰り広げられる．本研究会は学会ではないので，会員登録する必要がない．アーキアに興味があり，参加したい人は，誰でも自由に講演会参加を申し込める．本研究会では新規参加を歓迎している．

日本 Archaea 研究会ホームページ　http://archaea.kenkyuukai.jp/

石野良純（いしの よしずみ）

九州大学大学院農学研究院生命機能科学部門　教授　薬学博士
生物機能分子化学講座 蛋白質化学分野

1983年大阪大学大学院薬学研究科博士前期課程を修了．同年宝酒造，1986年薬学博士，大阪大学微生物病研究所，米国 Yale 大学ポスドク，宝酒造バイオ研究所主任研究員，生物分子工学研究所主任，主席研究員を経て，2002年より現職．

跡見晴幸（あとみ はるゆき）

京都大学大学院工学研究科合成・生物化学専攻　教授　博士（工学）
生物化学講座 生物化学工学分野

1992年京都大学大学院工学研究科博士後期課程を修了．同年京都大学助手，独国 Stuttguart 大学ポスドク，京都大学大学院工学研究科助教授，准教授を経て2009年より現職．

アーキア生物学	監　修	日本 Archaea 研究会　ⓒ 2017
Biology of Archaea	編著者	石野良純・跡見晴幸
	発行者	南條光章
2017年10月25日　初版1刷発行	発行所	共立出版株式会社
		〒112-0006 東京都文京区小日向 4-6-19 電話　(03)3947-2511（代表） 振替口座　00110-2-57035 URL　http://www.kyoritsu-pub.co.jp/
	印　刷	精興社
	製　本	ブロケード

一般社団法人
自然科学書協会
会員

検印廃止
NDC 465.8

ISBN 978-4-320-05785-2　　Printed in Japan

JCOPY ＜出版者著作権管理機構委託出版物＞

本書の無断複製は著作権法上での例外を除き禁じられています．複製される場合は，そのつど事前に，出版者著作権管理機構（TEL：03-3513-6969，FAX：03-3513-6979，e-mail：info@jcopy.or.jp）の許諾を得てください．

日本生態学会 編／全11巻

シリーズ現代の生態学

次世代に残す11冊の教科書！　新進気鋭の生態学者が考える生態学の体系をシリーズ化!!

今日の生態学に求められる学術的・社会的ニーズはきわめて高く，かつ多様化している。これらのニーズに応えるべく，多様化する生態学の第一線で活躍している研究者を執筆陣に迎えた教科書シリーズとして企画した。時代を越えて変わらない普遍的な生態学原理から，近年めざましく発展した新しい分野までを大きくまとめ，さらなる生態学の普及と啓蒙を推進する。単に最新の知見を網羅するのではなく，研究の基盤となる原理から重要な研究が着想されるに至った経緯までをわかりやすく解説することを目指す。現在における生態学の中心的な動向をスナップショット的に切り取り，今後の方向性を探る道標としての役割を果たすシリーズである。

❶ 集団生物学
巌佐　庸・舘田英典

序論／生物の人口論／適応戦略（競争と共存他）／進化のメカニズム／系統と進化／生態系と群集／生物多様性保全／他
404頁・本体3600円・978-4-320-05744-9

❷ 地球環境変動の生態学
原　登志彦

地球環境変動と陸域生態系／陸域生態系研究における現地観測／リモートセンシングによってわかる陸上植生／他
296頁・本体3400円・978-4-320-05741-8

❸ 人間活動と生態系
森田健太郎・池田浩明

人間活動の歴史／生物多様性の危機／都市の自然環境／二次的な自然環境／生息地の分断化／外来生物の生態学／他
270頁・本体3400円・978-4-320-05743-2

❹ 生態学と社会科学の接点
佐竹暁子・巌佐　庸

生物の適応戦略と協力（動物の社会他）／環境問題解決の考え方／人間と生態系のかかわり（人類と環境とのかかわり他）
216頁・本体3200円・978-4-320-05742-5

❺ 行動生態学
沓掛展之・古賀庸憲

行動生態学の基礎／採餌，捕食回避／移動・どこに住むか／メカニズム・至近要因／表現型進化の理論／性・性淘汰／他
292頁・本体3400円・978-4-320-05738-8

❻ 感染症の生態学
川端善一郎・吉田丈人・古賀庸憲・鏡味麻衣子

基礎知識／感染症の生態学的機能と進化／感染症事例／対策と管理（院内感染他）
380頁・本体3600円・978-4-320-05746-3

❼ エコゲノミクス
―遺伝子からみた適応―
森長真一・工藤　洋

遺伝変異と適応研究／適応遺伝子の探索／適応遺伝子の機能／他
322頁・本体3400円・978-4-320-05740-1

❽ 森林生態学
正木　隆・相場慎一郎

森林の分布と環境／森林の分布と気候変動／森林の成立と撹乱体制／森林の遷移／森林の土壌環境／森林の水平構造／他
316頁・本体3400円・978-4-320-05736-4

❾ 淡水生態学のフロンティア
吉田丈人・鏡味麻衣子・加藤元海

淡水動物プランクトン種の地理的構造を形成した歴史的プロセス／環境の変化に対する柔軟な応答：表現型可塑性／他
290頁・本体3400円・978-4-320-05737-1

❿ 海洋生態学
津田　敦・森田健太郎

海洋生態学への招待／海洋生物の多様性／海中生態系／海底生態系／基礎生産過程／海洋生態系の食物関係／他
324頁・本体3400円・978-4-320-05745-6

⓫ 微生物の生態学
大園享司・鏡味麻衣子

微生物生態学の基礎知識（生態学からみた微生物の世界他）／微生物の多様性／生物間相互作用／微生物の機能
276頁・本体3000円・978-4-320-05739-5

【各巻】A5判・並製・税別本体価格
（価格は変更される場合がございます）

共立出版

 http://www.kyoritsu-pub.co.jp/
https://www.facebook.com/kyoritsu.pub